Peter Klaus Brandl
Crash-Kommunikation

Peter Klaus Brandl

Crash-Kommunikation

**Warum Piloten versagen
und Manager Fehler machen**

Unter Mitarbeit von Dr. Petra Begemann, Bücher für Wirtschaft + Management, Frankfurt am Main, www.petrabegemann.de

Bibliografische Information der Deutschen Nationalbibliothek

Die Deutsche Nationalbibliothek verzeichnet diese Publikation in der Deutschen Nationalbibliografie; detaillierte bibliografische Informationen sind im Internet über http://dnb.d-nb.de abrufbar.

ISBN 978-3-86936-055-3

3. Auflage 2012

Lektorat: Sabine Rock, Frankfurt/Main | www.druckreif-rock.de
Umschlaggestaltung: Martin Zech Design, Bremen | www.martinzech.de
Satz und Layout: Das Herstellungsbüro, Hamburg | www.buch-herstellungsbuero.de
Druck und Bindung: Salzland Druck, Staßfurt

© 2010 by GABAL Verlag GmbH, Offenbach
Alle Rechte vorbehalten. Vervielfältigung, auch auszugsweise, nur mit schriftlicher Genehmigung des Verlages.

www.gabal-verlag.de

Inhalt

Vorwort 7

Einführung: Von Crashs und ihren Ursachen 9

1. **Vergessen, die Landeklappen auszufahren**
   oder: Wenn der Stress die Regie übernimmt 15

   Das Crash-Beispiel: Madrid, August 2008 **16**
   Ein Unternehmensbeispiel: KfW – eine Bank verschenkt 320 Millionen **18**
   Stress und die Folgen **19**
   Die Tücken der menschlichen Wahrnehmung **26**
   Professionelles Stressmanagement im Unternehmen **34**
   Stress – und was Sie tun können **41**

2. **Wer kritisiert schon einen Kapitän?**
   oder: Wenn der Chef das Problem ist 42

   Das Crash-Beispiel: Puerto Plata, Februar 1996 **43**
   Ein Unternehmensbeispiel: Jürgen Schrempp und seine Welt AG – Milliardenverluste für DaimlerChrysler **45**
   Wenn der Kapitän am Steuerknüppel sitzt **47**
   Machtdistanz und Firmenerfolg **55**
   Kooperative Führung in der Praxis **65**
   Schlechte Kooperation – und was Sie tun können **72**

3. **Landen bei schlechtem Wetter**
   oder: Wenn man auf sein Ziel fixiert ist 73

   Das Crash-Beispiel: Zürich, November 2001 **75**
   Ein Unternehmensbeispiel: VW und der Vorstoß in die automobile Oberklasse **78**
   Verliebt ins Ziel und blind für Gefahr **80**
   Der menschlich-irrationale Umgang mit Risiken **87**
   Professioneller Umgang mit Zielen und Risiken im Unternehmen **93**
   Zielfixierung – und was Sie tun können **101**

4. **Maschine im Sinkflug und keiner merkt's**
   oder: Wenn man das Wesentliche aus den Augen verliert 102

   Das Crash-Beispiel: Miami, Dezember 1976 **103**
   Ein Unternehmensbeispiel: Dr. Jürgen Schneider – wie man Bankern Sand in die Augen streut **106**

Operative Hektik und geistige Windstille **108**
Situationsbewusstheit – Staying ahead of the aircraft **116**
Professionelle Steuerung im Unternehmen **124**
Operative Hektik – und was Sie tun können **132**

5. **»Ich dachte, Sie fliegen!«**
   oder: Wenn Zuständigkeiten verschwimmen **133**

   Ein Irrflug-Beispiel: Minneapolis, Oktober 2009 **134**
   Ein Unternehmensbeispiel: Airbus – die Führungskrise einer Doppelspitze **135**
   Der alltägliche Sand im Getriebe **138**
   Heikle Balance: Regulation und Eigenverantwortung **144**
   Professionelle Arbeitsteilung im Unternehmen **152**
   Unklare Zuständigkeiten – und was Sie tun können **159**

6. **Blame Culture**
   oder: Wenn Fehler vertuscht werden **160**

   Das (Beinahe-)Crash-Beispiel: Nordatlantik, Juli 1987 **162**
   Ein Unternehmensbeispiel: Weltwirtschaftskrise – Hauptsache, die Banker sind schuld **164**
   »Positive Fehlerkultur«: Was heißt das eigentlich? **166**
   Fehlertypen und Fehlerketten: den eigenen Blick schärfen **170**
   Professionelles Fehlermanagement im Unternehmen **177**
   Fehlervertuschung – und was Sie tun können **183**

7. **Crash-Kommunikation**
   oder: Wenn Killerphrasen den Ton angeben **184**

   Das Crash-Beispiel: Dawson, Texas, Mai 1968 **186**
   Ein Unternehmensbeispiel: Grundig – der Niedergang einer Traditionsmarke **188**
   »Destruktive Kommunikation« – der Crash beginnt beim Reden **190**
   Alltägliche Kommunikationssünden **198**
   Professionelle Kommunikation im Unternehmen **205**
   Destruktive Kommunikation – und was Sie tun können **212**

Schluss
Ressourcen nutzen – Company Resource Management **213**

Anmerkungen 217
Stichwortverzeichnis 224
Über den Autor 229

Vorwort

Ende der 1970er-Jahre gab es auf Teneriffa einen verheerenden Unfall mit zwei Jumbojets. Zwei voll besetzte Flugzeuge rasten auf der Startbahn ineinander. Die Folge: 583 Tote – die schlimmste Katastrophe aller Zeiten in der zivilen Luftfahrt. Wie war es möglich, dass zwei voll funktionierende Flugzeuge in einen derart dramatischen Crash verwickelt wurden? Welche Faktoren mussten zusammenkommen, welche Umstände mussten eintreten, um am Ende ein solches Desaster zu verursachen?[1]

Als eine Konsequenz dieses Unfalls entstand eine neue Wissenschaft: »CRM«. In der Fliegerei heißt CRM nicht Customer Relationship Management, sondern Crew Resource Management. Dabei geht man der Frage nach, warum Flugzeuge abstürzen, obwohl das Flugzeug funktioniert und es keine technischen Fehlfunktionen gibt. Häufig wird in diesem Zusammenhang von »menschlichem Versagen« gesprochen. Doch streng genommen ist diese Bezeichnung falsch. Eigentlich müsste es »menschliches Funktionieren« heißen. Wenn ich jetzt neben Ihnen stünde und Sie stark in den Oberarm kneifen würde, dann würden Sie höchstwahrscheinlich empört fragen: »Geht's noch?« oder »Was soll das?« Würde ich Ihnen mit der Faust in den Bauch schlagen, dann würden Sie sich mit hundertprozentiger Sicherheit nach vorn krümmen. Genauso wie es auf der körperlichen Ebene Auslöser gibt, die geradezu zwangsläufig in einer bestimmten Reaktion münden, gibt es auch auf der psychologischen Ebene und der Verhaltensebene solche Auslöser. Wenn bestimmte Faktoren in einer bestimmten Reihenfolge eintreten, folgen die entsprechenden Reaktionen mit an Sicherheit grenzender und vorhersagbarer Wahrscheinlichkeit. Die Schlüsselfrage lautet daher: Welches sind die Faktoren, die katastrophale Konsequenzen nach sich ziehen?

Was Crew Resource Management bedeutet

Wie Luftfahrt, Management und Geschäftsleben zusammenhängen

Dieser Frage geht das Crew Resource Management nach. Seit dem Flugzeugcrash auf Teneriffa hat man bereits viele Antworten gefunden, die das Fliegen sicherer machen. Faszinierend ist, dass sich viele dieser Fragen und Antworten beinahe eins zu eins auf das Management oder das Geschäftsleben übertragen lassen. Welche Lehren können also Manager und Führungskräfte aus den Erkenntnissen der Katastrophenvermeidung in der Luftfahrt (und damit auch aus folgenschweren Flugzeugabstürzen) ziehen? Genau davon handelt dieses Buch.

Über den Autor

Die Idee, Management und Fliegerei zusammenzubringen, drängt sich jemandem, der in beiden Welten zu Hause ist, förmlich auf. Als Führungskraft und Manager konnte ich oft genug erleben, wie kleine Kommunikationspannen sich im Unternehmen zu großen Problemen hochschaukeln. Als Linienpilot habe ich während der Ausbildung zahlreiche Crash-Beispiele analysiert und das Crew Resource Management selbst durchlaufen. Und als Trainer und Managementcoach bekomme ich nahezu täglich bestätigt, dass auch Unternehmen nur selten aufgrund dramatischer Einflüsse von außen in Schieflage geraten: Verantwortlich für den Crash sind auch hier fast immer Fehler im Unternehmenscockpit. Dabei ist systematische Crashprävention im Unternehmen ebenso möglich wie in der Luftfahrt. Aber lesen Sie selbst!

Wangen, im Dezember 2009
Peter Brandl

Einführung: Von Crashs und ihren Ursachen

Über drei Viertel aller Unfälle in der Luftfahrt sind auf »menschliches Versagen« zurückzuführen, also nicht auf schlechtes Wetter, Materialfehler oder Fehler der Flugverkehrskontrolle ATC (Air Traffic Control). »Menschliches Versagen« – diese Formel kennen wir alle aus den Abendnachrichten. Auch bei anderen Unglücken mit vielen Toten, vom schweren Verkehrsunfall bis zum Störfall im Atomkraftwerk, wird sie zuverlässig bemüht. Und fast immer schwingt in ihr eine Schuldzuweisung mit: Jemand trägt die Verantwortung für das Geschehen, weil er sich falsch verhalten hat. Im angloamerikanischen Sprachraum ist man hellsichtiger als bei uns: Dort spricht man nicht von schuldhaftem »Versagen«, sondern schlicht von »Human Factors«, die zu Pannen und Unfällen führen – von menschlichen »Faktoren«. Anders ausgedrückt: Menschen sind so. Menschen übersehen oder missinterpretieren Dinge, sie treffen – besonders unter Stress – übereilte Entscheidungen, sie sind vor Angst wie gelähmt oder blenden offensichtliche Gefahren einfach aus. Salopp gesagt: Shit happens.

Menschliches Versagen und »Human Factors«

Um noch einmal auf den verheerenden Crash von Teneriffa zurückzukommen, der in der Luftfahrt den Anstoß für die systematische Analyse der menschlichen Faktoren, Einflüsse und Begrenzungen gab: Wie kann es sein, dass zwei erfahrene Piloten im Vollbesitz ihrer geistigen Kräfte zwei technisch intakte Flugzeuge am Boden zusammenstoßen lassen? Nachvollziehbar wird das kaum Fassbare, wenn man sich folgende Faktoren vergegenwärtigt:

- Beide Flugzeuge, eine KLM-Maschine aus Amsterdam und eine Maschine der Pan Am aus New York, hatten außerplanmäßig auf Teneriffa landen müssen. Der eigentliche

Teneriffa: ungünstige Faktoren

Zielflughafen auf Gran Canaria war wegen einer Bombendrohung kurzfristig gesperrt worden.
- Bei beiden Maschinen handelte es sich um eine Boeing 747, ein Großflugzeug, das auf Teneriffa / Los Rodeos nur auf der Startbahn rollen konnte, da es zu breit für die eigentlichen Rollbahnen (neben der Startbahn) war.
- Während die Maschinen am überfüllten Flughafen warteten, zog Nebel auf.
- Die Flugsicherung dirigierte beide Maschinen auf die einzige Piste. Beide Piloten und die Flugsicherheit wussten voneinander. Sie wussten, dass sie sich in unmittelbarer Nähe befanden, hatten aber keinen Sichtkontakt. Ein Bodenradar gab es nicht.
- Die Besatzung der Pan Am kannte den Flughafen nicht. Das und der Ausfall der Mittelbeleuchtung auf der Piste trugen dazu bei, dass sie die entscheidende Abbiegung verpasste, um die Piste zu verlassen und sich hinter der KLM aufzustellen, als die Flugsicherung sie von der Piste lotsen wollte.
- Der Kapitän der KLM (nebenbei: der damals dienstälteste Pilot der KLM und Chefausbilder für die Boeing 747) missverstand ein Kommando der Flugsicherung, möglicherweise wegen des starken spanischen Akzents des Fluglotsen. Die Flugsicherung gab der KLM zwar die Flugstrecke frei (»Route Clearance«), hatte aber noch keine Starterlaubnis (»Take off Clearance«) erteilt, weil die Position der Pan Am-Maschine unklar war. Erst nach dem Unfall auf Teneriffa wurden für beide Anweisungen exakte Phrasen eingeführt.[1]
- Der KLM-Kapitän hatte bereits 3,5 Stunden Verspätung. Damit bestand die Gefahr, dass er die maximal zulässige Dienstzeit überschreiten würde. Er hätte dann auf Teneriffa übernachten müssen, und mit ihm alle Passagiere. Der Kapitän stand also unter Zeitdruck und wollte starten.
- Der KLM-Kopilot widersprach nicht, möglicherweise weil er sich das einem so erfahrenen Piloten gegenüber einfach nicht traute. Dieser war Trainingskapitän und in den Niederlanden so etwas wie ein fliegerischer Halbgott.

Der Zusammenstoß: unvermeidbar?

All das führte schließlich dazu, dass die KLM-Maschine anrollte. Als die beiden Piloten in einer Entfernung von etwa 700 Metern die jeweils andere Maschine sahen, war es bereits zu spät:

Obwohl die Pan Am-Maschine noch versuchte, die Piste zu verlassen, und der KLM-Kapitän sich bemühte, sein Flugzeug vom Boden wegzureißen, kam es zum Crash mit fast 600 Toten.

Bei der Aufarbeitung solcher Vorfälle ist in der Presse oft von einer »Verkettung unglücklicher Umstände« die Rede: die Sperrung eines anderen Flughafens, das schlechte Wetter, die identische Größe der Maschinen, die Bedingungen auf Teneriffa (nur eine entsprechende Startbahn), der Zeitdruck … Doch:

Was wäre wenn – Gegenfragen

- Was wäre passiert, wenn der Kopilot der KLM-Maschine dem fliegenden Kapitän widersprochen hätte?
- Was wäre passiert, wenn die Cockpitmannschaft der Pan Am-Maschine bei der Flugsicherung Alarm geschlagen hätte (Wir wissen nicht, wo wir uns befinden!)?
- Was wäre passiert, wenn der spanische Fluglotse besser Englisch gesprochen hätte?
- Was wäre passiert, wenn der KLM-Kapitän sicherheitshalber beim entscheidenden Kommando der spanischen Flugsicherung nachgefragt hätte?
- Was wäre passiert, wenn die KLM sich vorsichtshalber erkundigt hätte, ob die Piste frei ist? (Ist doch ein guter Plan, wenn ich nur 700 Meter weit sehen kann, aber drei Kilometer zum Abheben brauche, oder?)
- Was wäre passiert, wenn der Pilot der KLM für alle hörbar gesagt hätte: »KLM – beginne mit dem Start!«?

Die Rolle der Kommunikation

Wäre nur eine dieser Möglichkeiten genutzt worden, wäre die Geschichte wohl anders verlaufen. Im schlimmsten Fall hätten die KLM-Mannschaft und ihre Passagiere auf Teneriffa übernachten müssen und möglicherweise hätte das manche Passagiere verärgert – aber der Crash wäre wahrscheinlich verhindert worden und alle würden noch leben. Eigentliche Ursache des verheerenden Unfalls war also nicht der Nebel oder eine ausgefallene Pistenbeleuchtung. Die eigentliche Ursache waren Kommunikationspannen.

Pannen im Unternehmen

Was hat all das mit Ihnen und Ihren Aufgaben im Unternehmen zu tun? Vielleicht denken Sie einmal an die letzte gravierende Panne zurück, die dort passierte. Möglicherweise waren die Ursachen ähnlich banal und »menschlich«. Möglicherweise wollten auch Sie ein Ziel »auf Teufel komm raus« erreichen und haben Warnsignale und Bedenken systematisch ausgeblendet. Auch bekannte Topmanager sind dagegen nicht gefeit – denken Sie beispielsweise an Jürgen Schrempp, der immer noch an seiner »Welt AG« bastelte, als Außenstehenden wie Unternehmensangehörigen längst klar war, dass die Daimler-Chrysler-Mitsubishi-Welt nicht funktionierte. Oder denken Sie an Wendelin Wiedeking, der kein Jota von seinen kühnen Plänen einer VW-Übernahme abrückte, Porsche damit Milliardenschulden aufbürdete und letztlich zur Beute von VW machte. Oder an den Existenzgründer um die Ecke, der seinen Käse- oder Weinladen nur einen Steinwurf von einem etablierten Konkurrenten eröffnet und fast sicher Schiffbruch erleidet. Im Nachhinein scheint allen dreien die Sicht ähnlich vernebelt gewesen zu sein wie den Piloten auf Teneriffa.

Konsequenzen menschlichen Fehlverhaltens

Fehler, die der menschliche Faktor verursacht, haben unterschiedliche Konsequenzen: Was beim Verkauf von Käse oder in der Automobilproduktion »nur« Geld und Arbeitsplätze kostet, kann in anderen Bereichen lebensbedrohlich werden. In sicherheitsrelevanten Bereichen, etwa in der Luftfahrt, der chemischen Industrie, in Krankenhäusern oder Kernkraftwerken, versucht man daher, den menschlichen Faktor durch spezielle Trainings besser in den Griff zu bekommen. In »normalen« Wirtschaftsunternehmen spielt der menschliche Faktor bislang erstaunlicherweise keine Rolle. Dabei können Tunnelblick und Fehlentscheidungen, Handlungsunfähigkeit oder Aktionismus im Management ebenfalls »lebensbedrohliche« Folgen für ein Unternehmen haben – und schlicht in die Insolvenz führen.

Wie es zu Insolvenzen kommt

Wer nach den Ursachen für Insolvenzen fahndet, stößt oft auf Begründungen wie »geringe Eigenkapitalquote« oder »mangelnde Liquidität«. Das ist ungefähr so, als wenn man sagen würde, Flugzeuge stürzten deswegen ab, weil Berge im Weg seien oder der Treibstoff ausgehe. Die Auslöser zu benennen ist offenbar leichter, als tiefer – nach den eigentlichen Ursachen – zu graben. Wie kommt es dazu, dass manche Manager sehenden Auges in die Pleite wirtschaften? Selbst Insolvenzverwalter, eine eher nüchterne Berufsgruppe, führen »weiche« Faktoren ins Feld, wenn man sie nach den Ursachen von Insolvenzen fragt. Eine Studie, für die 2006 125 Insolvenzverwalter befragt wurden, ergab unter anderem:

- »96 Prozent der Insolvenzverwalter glauben, Unternehmer hegten die Hoffnung, es werde ›irgendwie von selbst wieder aufwärts gehen‹.
- 95 Prozent halten Angst vor Bloßstellung im Bekanntenkreis und in der Branche für einen Grund, die Insolvenz zu verzögern.
- 88 Prozent meinen, die Situation werde zu lange als Krise und nicht als Insolvenz eingestuft.«[2]

»Es ist irrational, was da passiert«, kommentiert Professor Georg Bitter vom Zentrum für Insolvenz und Sanierung an der Universität Mannheim (ZIS), das die Erhebung im Auftrag der Euler Hermes Kreditversicherung durchführte, die Situation.[3] In solchen Bewertungen schwingt immer ein wenig Erstaunen mit: Wie kann es sein, dass der Mensch im 21. Jahrhundert so irrational reagiert? Dabei ist das Ganze gar nicht so erstaunlich, denn die biologische Grundausstattung des Menschen hat sich in den letzten Jahrtausenden kaum verändert. Unsere Wahrnehmung, unsere Reflexe, unsere biologischen Möglichkeiten sind noch dieselben wie die unserer Urväter. Die Evolution verläuft eben in sehr langen Zyklen – auch wenn mancher unkt, Säuglinge kämen heute schon mit einem extrem flexiblen »Handydaumen« auf die Welt.

Die Natur des Menschen: nahezu unverändert

Radikal verändert hat sich dagegen unsere Umwelt. Dafür muss man nur auf die evolutionsgeschichtlich völlig unbedeutende Zeitspanne von 100 bis 150 Jahren zurückblicken: Während unsere Ururgroßväter noch Wochen auf die Postkutsche warten mussten, wenn ein Brief unterwegs war, flitzen heute E-Mails im Sekundentakt hin und her. Während unsere Großmütter noch den Küchenherd anfeuerten, ist für die Beherrschung heutiger Hightechküchen bisweilen ein Informatikstudium hilfreich. Und während unsere Vorfahren mangels Elektrizität und angesichts harter körperlicher Arbeit mit den Hühnern zu Bett gingen, können wir heute Abend für Abend unter zahlreichen Unterhaltungsangeboten wählen. Ließ man

Unsere Welt: dramatisch verändert

früher im Handelskontor in aller Ruhe Briefe tippen, ist heute fast jede Führungskraft damit konfrontiert, dass das E-Mail-Postfach überquillt, das Telefon pausenlos klingelt, ein Meeting das andere jagt, mindestens drei Mitarbeiter eine »wichtige« Frage haben und das Gespräch mit dem Vorstand am nächsten Tag eigentlich längst vorbereitet sein müsste ...

In den »Firmen-Cockpits« geht es kaum weniger stressig zu als im Cockpit eines modernen Flugzeugs. Und ein solches Cockpit sieht nicht nur so aus, als biete es mehr Informationen, als sie ein normaler Mensch verarbeiten kann: Das ist tatsächlich so. Als Pilot weiß ich, wovon ich rede. »Der technische Fortschritt überfordert das Orientierungsvermögen der Menschen«, stellt der *Spiegel* in einer Titelgeschichte über das »Lebensgefühl Angst« (!) im Sommer 2006 dazu lapidar fest.[4] Und doch müssen Sie im Arbeitsalltag Tag für Tag mit der wachsenden Fülle an Informationen und der enormen Beschleunigung aller Prozesse, die die moderne Technik erst ermöglicht hat, »irgendwie« klarkommen. Denn umkehrbar ist diese Entwicklung wohl kaum.

Von der Luftfahrt lernen!

Allerdings beschäftigt man sich in der Luftfahrt mit Strategien, wie diese Komplexität trotz unserer überholten biologischen Grundausstattung beherrschbar wird. Wie können wir Komplexität reduzieren, Informationen zusammenfassen und so verheerende Fehler vermeiden – auch wenn die Menschen noch genauso von Emotionen beeinflusst und in ihrer Wahrnehmung genauso limitiert sind wie ihre Vorfahren? In Wirtschaftsunternehmen sucht man solche Strategien vergeblich, sieht man einmal von Kernkraftwerken, Chemieproduktionen und ähnlichen gefahrenintensiven Bereichen ab. Uns Menschen fehlt eine »Gebrauchsanweisung für das Leben im 21. Jahrhundert«, und vielen Managern fehlt ein strategisches Sicherheitsnetz, das sie im Alltag vor »menschlichem Versagen« schützt. Anregungen zur Entwicklung solcher Schutzmechanismen für den Unternehmensalltag finden Sie in diesem Buch.

1. Vergessen, die Landeklappen auszufahren

oder: Wenn der Stress die Regie übernimmt

> + + + 20. August 2008, Flughafen Madrid/
> Barajas + + + Eine Maschine der Spanair
> stürzt unmittelbar nach dem Start ab und
> geht in Flammen auf. 154 Tote + + +

Augenzeugen sprechen von »Hölle« und »Inferno«: Die MD 82 der spanischen Fluggesellschaft Spanair stürzt kurz nach dem Start nur wenige Kilometer vom Flughafen Madrid entfernt in ein Flusstal. 154 der 172 Menschen an Bord kommen in den Flammen um. Zunächst wird über einen Triebwerksausfall spekuliert, doch wenige Wochen später steht die eigentliche Crashursache fest: Die Cockpitcrew hat vergessen, beim Start die Landeklappen auszufahren. Dadurch gewann das Flugzeug nicht ausreichend an Höhe.

Experten verweisen auf einen »technischen Defekt«, denn das für solche Fälle vorgesehene Alarmsystem habe versagt. Doch eigentlich ist das Ausfahren der Klappen bei Start und Landung eine absolute Routineangelegenheit, die jeder Pilot im Schlaf beherrscht. »Klappenfahren« vor einem Start ist für einen Piloten ungefähr so selbstverständlich wie Schuhe anziehen vor dem Verlassen des Hauses für Sie. Wie kann man so etwas »vergessen«?

Hauptursache für Fehler: Stress

Jeder von uns hat schon Fehler gemacht, die idiotisch waren. So dumm, dass wir dankbar waren, wenn uns niemand dabei beobachtet hat. »Menschliches Versagen« ist nicht auf Piloten beschränkt: Wenn kritische Faktoren zusammenkommen, sind wir alle zu erschreckenden Fehlleistungen fähig. Mit etwas Glück geht die Sache glimpflich ab, etwa wenn wir eine rote Ampel »übersehen« oder unsere EC-Karte im Geldautomaten vergessen. In der Fliegerei können solche Fehler verheerende Folgen haben – in Unternehmen ebenfalls. Einer der wichtigsten Faktoren, der zu krassen Fehlleistungen führt, ist schlicht – Stress.

Das Crash-Beispiel: Madrid, August 2008

Funktion der Landeklappen

Um den Spanair-Unfall zu verstehen, muss man wissen, wie ein Flugzeug funktioniert. Vielleicht haben Sie schon einmal beobachtet, wie eine Maschine bei Start oder Landung die Landeklappen ausfährt. Diese Klappen vergrößern die Oberfläche des Flügels und erhöhen dadurch den Auftrieb, der das Flugzeug abheben lässt. Der Auftrieb resultiert letztlich aus zwei Komponenten, nämlich der Oberfläche des Flügels und der Geschwindigkeit der Luft, die den Flügel umströmt. Bei Start und Landung ist das Flugzeug naturgemäß langsamer, und deshalb braucht man die Klappen. Ohne Klappen fliegt der Flieger einfach nicht. Jeder Pilot weiß das, und das »Klappenfahren« ist eine selbstverständliche Routineangelegenheit.

Gründe für einen Startabbruch

Was genau ist damals passiert? Die Crew hatte bereits zwei Startabbrüche hinter sich. Einen Startabbruch können Sie sich so vorstellen: Das Flugzeug steht auf der Piste. Die Motoren drehen hoch, und die Maschine beschleunigt mit Vollgas. Im Cockpit werden währenddessen verschiedene Parameter überprüft. Bestimmte Werte müssen angezeigt werden. Aber es leuchten auch verschiedene Lämpchen auf. Jedes dieser Lämpchen zeigt an, dass das dahinterliegende System einsatzbereit ist. Passt einer dieser Werte nicht oder leuchtet ein Lämpchen nicht rechtzeitig auf, muss der Start abgebrochen werden. In fast allen Fällen hätte der Flug dennoch problemlos durchgeführt werden können, da wirklich nur ein Lämpchen kaputt war. Der Startabbruch ist also normalerweise nur eine Vorsichtsmaßnahme. Nur, von alledem wissen Sie hinten im Passagierraum nichts. Sie merken nur, dass das Flugzeug stark beschleunigt und dann eine Vollbremsung macht und dass es Sie fast aus dem Sitz hebt.

Weitere Hindernisse

Unsere Crew hatte schon zwei Starts wegen blinden Alarms abbrechen müssen. Sie können sich vorstellen, dass die Passagiere inzwischen nicht mehr wirklich entspannt waren. Eine solche Situation wird verschärft durch weitere Faktoren wie »Slots« oder Ruhezeiten der Besatzungen. Ein Slot ist ein Zeitfenster, in dem man zum Beispiel gestartet sein muss. Klappt das nicht, muss ein neuer Slot beantragt werden. Wenn man Pech hat, wartet man dann mehrere Stunden. Aber auch die vorgeschriebenen Ruhezeiten spielen eine Rolle. Die maximalen Dienstzeiten einer Besatzung sind strikt begrenzt. Kann ein Flug etwa wegen einer Verspätung oder verpasster Slots nicht innerhalb der maximalen Dienstzeit zu Ende gebracht werden, muss man für eine neue Besatzung sorgen. Dass das schwierig ist, wenn Sie irgendwo auf der Welt auf einem Flugfeld stehen, können Sie sich sicherlich vorstellen.

Eine brenzlige Situation

Langsam braute sich daher ein explosiver Cocktail zusammen: zwei Fehlversuche; der nächste muss klappen, 162 Passagiere, die langsam rebellisch werden, extremer Zeitdruck, extremer Erfolgsdruck, jede Menge externer Faktoren, die den Druck ins Unermessliche steigen lassen – Stress. All das führte dazu, dass ein unsäglicher Leichtsinnsfehler passierte und die Piloten die Klappen nicht ausgefahren haben. Hätte das Alarmsystem funktioniert, hätte ein Warnton sie auf ihren Fehler aufmerksam gemacht und die Maschine wäre sicher gestartet. Das war aber nicht der Fall. Und auch auf das Abarbeiten der für den Start vorgesehenen Checkliste – das Ausführen sogenannter »Standard Operating Procedures« (SOPs) hatte die Crew leichtsinnig verzichtet.

> **CRASH-WARNUNG**
>
> Ab einem bestimmten Stressniveau unterliegt das Verhalten nicht mehr der rationalen Kontrolle. Es wird reflexartig, unreflektiert und unüberlegt, dafür aber schnell und hektisch.

Ein Unternehmensbeispiel: KfW – eine Bank verschenkt 320 Millionen

Wie schon gesagt: Jeder von uns hat in seinem Leben schon erstaunliche Fehlleistungen vollbracht. Doch was muss passieren, damit ein ganzes Unternehmen »den Kopf« verliert? Was muss passieren, damit eine deutsche Staatsbank wie die KfW 320 Millionen Euro auf Nimmerwiedersehen an ein Pleiteunternehmen überweist? Und was muss passieren, damit ein mittelständisches Unternehmen völlig überhastete und unverhältnismäßige Entscheidungen trifft?

KfW: Pleiten, Pech und Pannen

Die Geschichte der KfW ist bekannt, sie löste im September 2008 einen Sturm der Entrüstung aus: Obwohl die Krise bei der US-Investmentbank Lehman Brothers selbst Gelegenheitszeitungslesern bekannt ist, überweist die KfW noch am 15.09.2008 über 300 Millionen Euro an das insolvente Unternehmen. Niemand hatte die automatische Anweisung des Geldes rechtzeitig gestoppt. Ob wir als Steuerzahler davon jemals etwas wieder sehen würden, war lange Zeit sehr fraglich. Im Dezember 2009 wurde bekannt, dass die KfW 200 Millionen Euro zurückerhält und der Steuerzahler 120 Millionen zahlen muss. Zur Erinnerung: Die KfW stand zu dem Zeitpunkt, als es zu dieser fatalen Überweisung kam, schon seit Monaten in der Kritik, vor allem wegen des Debakels bei der hoch verschuldeten IKB-Bank, an der die KfW mit 43 Prozent beteiligt war. Die KfW musste der IKB mehrfach unter die Arme greifen und wies im Geschäftsjahr 2007 einen Verlust von 6,2 Milliarden Euro auf, den größten Verlust in ihrer Firmengeschichte. Die Vorstandsvorsitzende Ingrid Matthäus-Maier musste erst als Sprecherin der Bank gehen und dann schließlich ganz zurücktreten. Der neue Vorstand Ulrich Schröder war bei der Überweisungspanne erst zwei Wochen im Amt. Man kann sich vorstellen, dass die ehrwürdige KfW in dieser Situation eher einem aufgescheuchten Hühnerhof glich als einer geordneten Institution. Der enorme Druck der Öffentlichkeit, der neue Vorstand, vermutlich die Sorge um Posten und Pöstchen auf allen Ebenen – eigentlich kein Wunder, dass trotz eines Meetings am Freitag vor dem verheerenden »Unfall« am Montag die wirklich entscheidende Entscheidung nicht getroffen wurde: Niemand stoppte die Überweisung.

Solche Pannen sind nicht auf größere Unternehmen oder beschränkt. Für Verlage ist die Frankfurter Buchmesse der wichtigste Event des Jahres. Ein bekannter Verlag war so mit den Vorbereitungen für diese Messe beschäftigt, dass man die Standbuchung in der Hektik völlig vergaß! Zahlreiche Aktionen waren penibel vorgeplant, nur der Stand dafür fehlte. Und die Wiesbadener SPD versäumte es um die Jahreswende 2007, ihren Oberbürgermeisterkandidaten zur Wahl zu nominieren. Das kam erst dann heraus, als der Kandidat und Stadtdekan seine Anstellung bei der Kirche schon gekündigt hatte und der Wahlkampf bereits anlief. Wir haben in der entscheidenden KfW-Sitzung am Freitag nicht unterm Konferenztisch gesessen und mitgehört, genauso wenig, wie wir den Wiesbadener SPD-Wahlkampf begleitet haben. Aber finden Sie nicht auch, dass beide Debakel fatal an das vergessene Klappenfahren der Spanair-Piloten erinnern? In allen drei Fällen standen die Beteiligten unter starkem Stress.

Stressbedingte Fehlentscheidungen überall

Stress und die Folgen

Warum kann sich Stress so verheerend auswirken? Warum treffen »eigentlich« besonnene und kompetente Menschen eklatante Fehlentscheidungen, vergessen das Nächstliegende? Warum übersehen wir Dinge, die wir unter normalen Umständen nie übersehen würden? Fragen wie diese drängen sich auf, weil »menschliches Versagen« dem Selbstbild widerspricht, das wir im Alltag gerne pflegen: Wir sehen uns normalerweise als rationale Wesen, die »vernünftig« auf ihre Umwelt reagieren, diese logisch analysieren und »zuverlässig« einschätzen. »Homo sapiens« ist schließlich der Mensch als vernunftbegabtes Wesen. Im Unternehmenskontext, in der Welt der Macher und Manager, gilt diese Prämisse erst recht. Seit dem 18. Jahrhundert ist sie fest in der europäischen Geistesgeschichte verwurzelt, im Verständnis der Aufklärung wird der Mensch durch seine Ratio bestimmt. »Ich denke, also bin ich«, sagte Descartes; Kant forderte den Einzelnen auf, den Weg der Aufklärung zu beschreiten und gab ihm dazu einen für ihn ungewöhnlich schlichten Rat: »Habe den Mut, dich deines eigenen Verstandes zu bedienen.«

Der Mensch: das vernunftbegabte Wesen

Der Mensch: das emotionale Wesen

Dieses optimistische Menschenbild wird durch die moderne Wissenschaft mehr und mehr erschüttert und widerlegt: Neurologie und Hirnforschung erkennen den Menschen als emotionsgetrieben und von unbewussten Einflüssen gesteuert. Es wird immer deutlicher, wie selektiv unsere Wahrnehmung ist, wie vorurteilsbelastet wir in unseren Urteilen und Einschätzungen sind. Besonders offenbar wird die Irrationalität des Menschen angesichts der eklatanten Fehlleistungen, zu denen er unter Stress fähig ist.

Eine typische Stressreaktion: Großhirn ade!

Typische Stressreaktionen

Vielleicht erinnern Sie sich noch an das letzte Mal, als Sie selbst unter starkem Stress standen. Damit meine ich nicht den üblichen Zeitdruck, den die meisten von uns im Alltag mittlerweile fast ständig empfinden und der uns abends beim Bier über »Stress« klagen lässt. Ich meine vielmehr eine Situation, die Sie als wirklich bedrohlich, vielleicht sogar als Angst einflößend erlebt haben – eine heftige Attacke in einem wichtigen Meeting mit dem Vorstand; ein Zusammenbruch des Servers, der Ihnen den gesamten Geschäftsbetrieb lahm legt; die Nachricht, dass Ihr größter Kunde insolvent ist. Wahrscheinlich wurde Ihnen heiß, Ihr Puls beschleunigte sich, der Herzschlag dröhnte in den Ohren. Sie hatten möglicherweise das Gefühl, nicht mehr klar denken zu können. Waren Sie wie gelähmt? Vielleicht hatten Sie einen Blackout. Gerade dann, wenn wir sie am nötigsten brauchen, scheint uns die Ratio besonders gerne im Stich zu lassen.

Stammhirn versus Großhirn

In akuten Stresssituationen übernimmt das Stammhirn die Regie. Das ist der Bereich unseres Gehirns, in dem die Vitalfunktionen und Grundemotionen lokalisiert sind. Das Stammhirn wird manchmal auch als »Reptiliengehirn« bezeichnet. In dieser evolutionär gesehen ältesten Gehirnregion sind archaische Reaktionsmuster gespeichert – es geht darum, das nackte Überleben zu sichern. Die Möglichkeiten dafür sind überschaubar: angreifen, abhauen oder tot stellen. Das sind exakt die drei Optionen, die schon dem Urmenschen zur Verfügung standen, wenn er auf einen Säbelzahntiger traf. Das Großhirn, das für das

Denken, Analysieren und Planen zuständig ist, wird bei akutem Stress weitgehend außer Kraft gesetzt. »Wenn das Stammhirn kommt, geht das Großhirn in die Bar einen trinken«, sage ich in meinen Seminaren gerne scherzhaft. Und sobald das Großhirn Pause macht, kann man schon mal Dinge übersehen, die man sonst niemals versäumen würde, wie etwa das Ausfahren der Klappen oder die Kontrolle einer Millionenüberweisung.

Wenn sich der Fokus verschiebt

Rüdiger Trimpop, Professor für Arbeits-, Betriebs- und Organisationspsychologie an der Universität Jena und einer der renommiertesten deutschen Unfallforscher, liefert dafür eindrucksvolle Beispiele: »Aus der Stress- und Unfallforschung ist bekannt, dass Menschen in Entscheidungssituationen unter Zeitdruck eine Tunnelsicht entwickeln«, erläutert er. Trimpop berichtet von Fluglotsen, die in einer simulierten stressigen Arbeitssituation (Ausfall von Monitoren, brüllender Chef, Störgeräusche aus den Lautsprechern) zwar das Flugzeug, für das sie zuständig waren, sicher zum Boden dirigierten, die aber gleichzeitig eine Kollision zweier anderer Maschinen auf ihrem Schirm glatt übersahen. »Die gesamte Energie, die gesamte Aufmerksamkeit ist auf die eine Aufgabe konzentriert, alles andere wird ausgeblendet. Und je komplexer eine Handlung, desto größer die Wahrscheinlichkeit, sich auf das falsche Thema zu fokussieren«, so Trimpop. Das gilt nicht nur für Fluglotsen: Autofahrer beispielsweise übersehen einen Radfahrer, der ihnen in der Einbahnstraße entgegenkommt, wenn man sie unter Stress setzt. Der Rat des Unfallforschers: »Es geht darum, sich davor zu schützen, nur als Reflex-Amöbe zu reagieren«.[1]

Kontrollierter Stress

Solange wir noch die Hoffnung haben, eine herausfordernde Situation in den Griff zu bekommen, bleibt eine Stressreaktion kontrollierbar: Das Gehirn wird durch irritierende Signale in Alarmbereitschaft versetzt, die Nebennieren schütten Adrenalin ins Blut aus, das Herz beginnt, schneller zu schlagen, wir sind angespannt und mobilisieren all unsere Energie. Möglicherweise haben Sie sich in der letzten Prüfung, die Sie absolvieren mussten, so gefühlt. Sobald Sie aber die ersten Aufgaben gelöst, die ersten Fragen beantwortet hatten, entspannte sich die Situation wieder.

Unkontrollierter Stress Was dagegen in unserem Körper passiert, wenn wir mit einer unkontrollierbaren Stressreaktion kämpfen, beschreibt der renommierte Neurobiologe Gerald Hüther ebenso eindrucksvoll wie bildhaft: »Dann, wenn alle Wege blockiert oder verbaut sind, gehen zusätzlich zu den Alarmglocken noch die Sirenen an ... der Angstschweiß tropft uns von der Stirn. In unserem Gehirn ist der Teufel los, alles geht durcheinander.« In der Folge wird von der Hirnanhangdrüse ein Hormon ausgeschüttet, das wiederum die Nebennieren veranlasst, große Mengen des Stresshormons Kortisol auszuschütten. »Aus der anfänglichen Angst wird Verzweiflung, Ohnmacht, Hilflosigkeit. Die im Körper ablaufende Stressreaktion ist nicht mehr aufzuhalten ... Vergeblich suchen wir noch immer nach einer Lösung oder warten darauf, dass ein Wunder geschieht und alles wieder so wird, wie es vorher war.« In der Folge machen sich Resignation, Mutlosigkeit, »ein Gefühl gleichzeitiger Unruhe und Lähmung« breit.[2] Ein Zustand, in dem wir weder Prüfungen bestehen noch Flugzeuge fliegen oder ein Unternehmen sicher führen können.

Stress im Unternehmen

Stress ist relativ Was als stressig empfunden wird, variiert von Mensch zu Mensch. Nicht immer liegt der Fall so eindeutig wie beim Säbelzahntiger. Wesentlich ist das Gefühl von Kontrollverlust, von Überforderung. Reize, die plötzlich auftreten, solche, die als bedrohlich empfunden werden, oder solche, die unbekannt sind, erzeugen Stress. Wenn Ihnen spätabends auf dem Nachhauseweg in einer dunklen Seitengasse plötzlich jemand in den Weg springt, wenn Ihr eben noch friedlicher Gesprächspartner sich plötzlich die Ärmel hochkrempelt und sie dabei wütend fixiert oder wenn Sie als Sportmuffel im Managementseminar unverhofft im Kletterwald in luftiger Höhe herumturnen sollen, empfinden Sie sehr wahrscheinlich Stress. Ein Kollege hingegen, der begeisterter Freeclimber ist, wird der Übung im Kletterwald recht gelassen entgegensehen, und Vladimir Klitschko wird die Situation in der dunklen Gasse wahrscheinlich anders wahrnehmen als Inge Meysel.

Mit Übung den Stress kontrollieren

»Stressig« ist also nicht eine Situation an sich, sondern die Bewertung der Situation durch den Einzelnen. In vielen Fällen werden Menschen sich in dieser Bewertung einig sein (Säbelzahntiger und andere ernst zu nehmende Angreifer etwa), in anderen hängt die Wahrnehmung der Situation von Vorerfahrung und Übung ab. Denken Sie beispielsweise an Ihre erste praktische Fahrstunde: Für viele Menschen waren das extrem stressige 60 Minuten, nach denen sie mit steifem Nacken und völlig erschöpft aus dem Wagen gestiegen sind. Heute können sie darüber nur noch lächeln. Die damals unbekannte Situation ist längst zur Routine geworden. Übung und Training kann also helfen, eine Stresssituation als kontrollierbar zu erleben und damit zu bewältigen. Nicht ohne Grund trainieren Piloten gefährliche Situationen immer wieder im Flugsimulator. Das lässt hoffen: Auf alle heiklen Momente, die vorstellbar oder vorhersehbar sind, kann man hintrainieren. Und dieses Training verhindert (mit ein bisschen Glück), dass das Großhirn im Falle eines Falles einen Ausflug macht.

Stressoren-Typen

Vielleicht fragen Sie sich inzwischen, was Säbelzahntiger, Klettergärten oder angriffslustige Fremde in dunklen Gassen mit Ihrem Managementalltag zu tun haben sollen. Natürlich ist die Gefahr, im Büroflur einem Raubtier zu begegnen, vergleichsweise gering. Die Stressoren in den Unternehmen sind anderer Natur, aber nicht weniger wirksam. In der Stressforschung ist man sich heute einig, dass neben »objektiven Stressoren« (wie Hitze, Kälte, Lärm, Schlafentzug, Verletzungen oder akute Gefahr) auch »subjektive« Stressoren eine starke Wirkung entfalten. Solche subjektiven Stressoren sind zum Beispiel Sorgen, ausgelöst durch eine negative Grundhaltung, oder ein stark empfundener Leistungsdruck als Folge von Perfektionismus. Dasselbe gilt für »soziale Stressoren«. »Ähnliche Konsequenzen wie Stress und Zeitdruck könnten emotionale Konflikte, Überforderung und zu große Komplexität auslösen«, warnt Rüdiger Trimpop. Der Mathematiker und Wirtschaftspsychologe Franz Reither, der ein lesenswertes Buch zum *Komplexitätsmanagement* verfasst hat, schlägt in dieselbe Kerbe: »Kontrollverlust und damit Stress entsteht nicht nur, wenn einem die Dinge ›aus der Hand‹ gleiten. Bereits Ungewissheit und mangelnde Vorhersagbarkeit genügen, um das besagte Gleichgewicht zu verletzen.«[3]

Ursachen von Stress

Stress am Arbeitsplatz entsteht also auch,

- wenn Menschen nicht wissen, wie es weitergeht,
- wenn Menschen nicht einschätzen können, was um sie herum vor sich geht,
- wenn der eigene Selbstwert durch die Entwicklung bedroht ist (beispielsweise durch Konflikte mit Vorgesetzten, Kollegen oder Mitarbeitern),
- wenn Menschen das Gefühl haben, dass sie eine Situation nicht mehr beherrschen können.

Stressauslösende Situationen in Unternehmen

Damit sind wir schon ziemlich nah an typischen Unternehmenssituationen und ihren Folgen für die Mitarbeiter. Unternehmen strukturieren um; dadurch verändern sich Aufgabenbereiche, aber auch Teams. Eine Fusion mit einem Mitbewerber steht an, und keiner kann abschätzen, wie sich das auf den eigenen Arbeitsplatz auswirkt. Sinkende Absatzzahlen verschärfen den Konkurrenzkampf, intern wie extern. Oft ist es schlicht die zunehmende Komplexität von Aufgaben in einer globalisierten Hightechwirtschaft, die das Gefühl von Ohnmacht und Überforderung und damit Stress auslöst. Macht man sich diese Prozesse bewusst, so lassen sich Handlungsweisen in Unternehmen mit stammhirngesteuerten Reflexen erklären.

Abhauen als Reaktion auf Stress

Da ist zum Beispiel der Geschäftsführer eines mittelständischen Maschinenbauers, der tief in der Krise steckt. Die Umsätze brechen ein, die Billigkonkurrenz aus Fernost macht schwer zu schaffen, zu allem Überfluss hat ein Großkunde den Vertrag gekündigt – eine Insolvenz scheint nicht mehr ausgeschlossen. Man sollte meinen, dass der Geschäftsführer in dieser heiklen Situation mit Volldampf an der Sanierung seines Unternehmens arbeitet. Doch stattdessen lässt er sich für ein zeitraubendes Ehrenamt gewinnen und ist kaum noch vor Ort. Er stürzt sich mit Feuereifer auf repräsentative Aufgaben und mischt aktiv in der Pressearbeit des Vereins mit – von der Bildauswahl bis zur peinlich genauen Korrektur der Satzfehler im neuesten Flyer (!) ist er sich für keine Aufgabe zu schade. Abhauen – eine klassische Fluchtreaktion, erwartungsgemäß mit wenig Erfolg. Das Unternehmen muss Insolvenz anmelden und wird von einem Wettbewerber übernommen.

Oder nehmen Sie zahlreiche Traditionsunternehmen, die irgendwann den Zug der Zeit verpassen und sehenden Auges in den Untergang steuern. So konzentrierte Märklin sich unverdrossen weiter auf Modelleisenbahnen, als längst Playstations und Computer in die Kinderzimmer Einzug gehalten hatten und sich fast nur noch ältere Herren für die kleinen Eisenbahnen interessierten. Das Unternehmen musste Insolvenz anmelden. Auch Uhrenhersteller Junghans schaffte die Wende nicht, obwohl die Firma durch Billigkonkurrenz mehr und mehr unter Druck geriet. »Zu spät stellte die Firma von Massenware auf hochwertige Uhren um«, urteilte die *Frankfurter Rundschau*. Im Januar 2009 wurde das Unternehmen an einen Investor verkauft.[4] Nicht eine unvorhersehbare Krise machte den Traditionsmarken den Garaus, sondern ein schleichender Prozess, vor dem die Inhaber offensichtlich die Augen verschlossen. In beiden Unternehmen wird der Vertrieb von Jahr zu Jahr sinkende Absatzzahlen gemeldet haben. In beiden Unternehmen wird die Buchhaltung schrumpfende Gewinne und irgendwann steigende Verluste verzeichnet haben. Offenbar übte sich das Management in Vogel-Strauß-Politik. Man könnte auch sagen: tot stellen – wenn ich mich nicht rühre …

Tot stellen als Reaktion auf Stress

Und auch reflexhaftes Angreifen ist Managern nicht fremd. Ein Beispiel: Ein mittelständisches Medienunternehmen geht an die Börse. Der Börsengang spült zwar das erwartete Kapital in die Kasse, doch die kühn gestarteten Projekte – darunter der Einstieg ins Film- und ins Beratungsgeschäft – verschlingen Unsummen und bescheren nur magere Umsätze. Während der Aktienkurs immer weiter in den Keller geht, zettelt der zunehmend unter Druck geratene Vorstand und Mitgründer des Unternehmens zu allem Überfluss noch einen Prozess mit einem Hauptaktionär an. Aus seiner Sicht regiert ihm der zu viel ins Geschäft hinein und maßt sich damit Eingriffe an, die ihm nicht zustehen. In der Presse wird daraufhin mehr über die neuesten Entwicklungen in dieser juristischen Auseinandersetzung berichtet als über die Produkte des Unternehmens. Die Folge: Negativschlagzeilen ohne Ende, sinkende Umsätze, die Aktie stürzt weiter ab. Der Prozess, in dem es unter anderem um den Ausschluss einer Investorengemeinschaft um den Hauptaktionär von den Hauptversammlungen des Unternehmens geht, wird

Angreifen als Reaktion auf Stress

verloren. Am Ende wird der Vorstand entlassen. Das Unternehmen überlebt vorerst, doch der neue Vorstand muss Mitarbeiter entlassen, Programme zusammenstreichen und Kosten sparen, wo es nur geht. Das nennt man dann wohl wildes Angreifen – koste es, was es wolle.

> **ANTI-CRASH-FORMEL**
>
> Fragen Sie sich gerade in schwierigen Situationen gelegentlich: Wer führt hier gerade Regie – Stammhirn oder Großhirn?

Die Tücken der menschlichen Wahrnehmung

Solche Beispiele machen Betrachter oft ratlos: Sehen die Akteure denn nicht, was sie anrichten? Die Umsatzzahlen liegen doch auf dem Tisch; die negativen Presseberichte kann man »eigentlich« ebenso wenig übersehen wie die Flut von Uhren der Billigkonkurrenz im Schaufenster um die Ecke oder auf Branchenmessen. Das führt uns zu einer heiklen Frage.

Wie wirklich ist die Wirklichkeit?

Die »objektive« Wahrnehmung der Welt

So lautet der provokative Titel eines Buches von Paul Watzlawick. Der bekannte Kommunikationspsychologe und Philosoph war radikaler »Konstruktivist«. Watzlawicks Antwort auf die Titelfrage lautet schlicht: Die Welt ist nicht, wie sie ist – sie ist das, was wir aus ihr machen. Jeder von uns »konstruiert« sich seine eigene Wirklichkeit. Wir leben in dem sicheren Glauben, die Welt »objektiv« wahrzunehmen. Doch diese lieb gewonnene Wahrheit stellen schon lange nicht mehr nur Kognitionspsychologen infrage, denn menschliche Wahrnehmung ist hochgradig selektiv und subjektiv. Ein ebenso simples wie augenfälliges Beispiel: Sie haben sich gestern Abend entschieden, ein neues Auto der Marke XY zu kaufen – Sie denken nur noch über die Farbe nach. Heute Morgen auf dem Weg ins Büro sehen Sie auf dem Arbeitsweg überall Wagen der Marke XY und vergleichen im Geiste die Farben. Hat sich die Zahl der Autos dieser Marke über Nacht explosionsartig vermehrt? Sicher nicht. Gestern haben Sie sie nur nicht gesehen.

Ein anderes Beispiel für die Unzuverlässigkeit unserer vermeintlich »objektiven« Wahrnehmung liefert ein Film, der gerne in Vorträgen gezeigt wird: Zwei Teams mit je fünf Personen werfen sich Bälle zu. Ein Team trägt schwarze, das andere weiße T-Shirts. Das Publikum wird gebeten, bei der kurzen Filmsequenz mitzuzählen, wie häufig das weiße Team Ballkontakt hat. Die meisten Anwesenden schauen daraufhin hochkonzentriert zu. Doch nachdem die Ergebnisse der Zählung im Plenum verglichen worden sind, überrascht der Vortragende mit der Frage: »Wer von Ihnen hat den Gorilla gesehen?« Wer den Film noch nicht kennt, reagiert in der Regel ungläubig. Und doch stimmt es: Mitten in der Filmsequenz läuft ein Mann in einem Gorillakostüm durch das Bild, er blickt sogar direkt in die Kamera. Kaum einer der Zuschauer sieht ihn.[5] Wie kommt das?

Die Tücken der Wahrnehmung

WAHRNEHMUNGSFILTER

Bei der Fülle von Informationen, die ständig auf uns einströmen, kann unser Gehirn gar nicht anders, als radikal auszuwählen. Jeder Bewohner einer Industrienation wird tagtäglich allein mit circa 2000 Werbebotschaften konfrontiert, und das ist nur ein winziger Bruchteil dessen, was wir an einem ganz normalen Tag zu sehen und zu hören bekommen. Damit wir bei dieser Reiz- und Informationsfülle handlungsfähig bleiben, ist unser Gehirn mit einer erstaunlichen Fähigkeit ausgestattet: Das Gehirn selektiert, bewertet und verarbeitet schon einmal sämtliche eingehenden Informationen, bevor sie in unser Bewusstsein gelangen. Der erste und ganz entscheidende Schritt dieser Vorverarbeitung des Gehirns sind die Wahrnehmungsfilter. Vergleichbar mit einem Spamfilter blendet das Gehirn einen Großteil aller eingehenden Informationen und Reize als unbedeutend aus. Wir nehmen diese Informationen dann nicht mehr (bewusst) wahr. Das Problem bei einem Spamfilter ist aber, dass öfter auch Informationen abgefangen werden, die für uns wichtig sind. Dasselbe passiert bei unserer Wahrnehmung.

Filterfunktion im Gehirn

Filtertypen Wahrnehmungsfilter lassen sich grob in drei Gruppen einteilen.

- Biologische Filter: Wir sehen nur einen bestimmten Teil des Lichtspektrums; wir hören nur einen bestimmten Teil der Schallwellen und auch unser Empfinden ist auf einen bestimmten Bereich beschränkt.

- Filter der Vorerfahrungen: Unsere Wahrnehmung wird etwa durch bisherige Erfahrungen und Erlebnisse, Ausbildung und Kenntnisse beeinflusst. Ein Architekt nimmt eine Altstadt anders wahr als ein Polizist, ein Sternekoch beurteilt ein Restaurant anders als ein Fast-Food-Fan, und jemand, der schon einmal aufgrund einer Insolvenz den Arbeitsplatz verloren hat, registriert Warnsignale, die ein unbekümmerter Kollege vermutlich gar nicht sieht.

- Filter des Interesses: Wir nehmen nur wahr, was wir wahrnehmen wollen. Wer sich nicht für Mode interessiert, sieht kaum, was sein Gegenüber trägt (von Extremfällen, also besonders starken Signalen, einmal abgesehen). So zucken viele Männer nur hilflos die Achseln, wenn es am Tag nach einer Feier heißt: »Frau Mai war aber elegant angezogen!«

VERZERRUNGEN

Veränderung von Informationen Unter Verzerrungen versteht man die Prozesse der Wahrnehmung, bei denen die ursprüngliche Bedeutung der Information verändert wird. So wird einer Information eine unangemessen hohe oder unangemessen niedrige Bedeutung zugeordnet. Am bekanntesten dürften hier das »Schönreden« oder das »Madigmachen« sein. Aber auch viele rational nicht begründbare Ängste lassen sich den Verzerrungen zuordnen. Verfolgungswahn ist ein Extrembeispiel für dieses Phänomen. Eine der schönsten positiven Wahrnehmungsverzerrungen dagegen ist das Verliebtsein: Zwei Menschen sitzen an einer Bushaltestelle in einer Plattenbausiedlung im Regen, und es ist für sie der schönste Platz der Welt – da muss das Gehirn manchmal richtig was leisten. Aber: Wir können eben nicht nur Beton und Dauerregen ausblenden und uns auf andere Dinge konzentrieren. Manchmal blenden wir auch besorgniserregende Verkaufszahlen oder Umsatzeinbrüche aus. Wer möchte, dass es weitergeht und noch dazu unter Stress steht, sieht möglicherweise Indizien dafür, dass es demnächst wieder besser wird, auch wenn Außenstehende längst Realitätsverlust wittern.

ERGÄNZUNGEN

Reparaturen im Gehirn

Was nicht passt, wird passend gemacht. Der menschliche »Wahrnehmungsprozessor« strebt nach Konsistenz, also nach innerer Logik, Stimmigkeit und Struktur. Nun kommt es immer wieder vor, dass Informationen unvollständig oder nicht zusammenhängend ankommen. Sind diese Inkonsistenzen groß genug, werden sie bewusst. Häufig jedoch fällt uns entweder gar nichts auf oder wir versuchen uns zu erinnern: »Wie war das noch …?« Das Gehirn schaltet nun so etwas wie eine »Auto-Repair-Funktion« ein, die Unklarheiten repariert oder beseitigt. Diese Funktion fügt scheinbar passende Bruchstücke ein, wenn Sie zum Beispiel einen Moment lang nicht richtig zugehört haben. Auch Buchstaben oder Worte, die in einem Text (wiederholt) fehlen, werden so ergänzt – mehr noch: Wir machen ohne Probleme aus einem Buchstabensalat eine sinnvolle Botschaft. Oder fällt es Ihnen etwa schwer, den folgenden Text zu verstehen?

> *Luat enier sidtue an eienr elgnhcsien uvrsnäiett, ist es eagl in wcheler rhnfgeeloie die bstuchbaen in eniem wrot snid. das eniizg whictgie ist, dsas der etrse und der lztete bstuchbae am rtigeichn paltz snid. der rset knan tatol deiuranchnedr sien und man knan es ienrmomch onhe porbelm lseen. das legit daarn, dsas wir nhcit jeedn bstuchbaen aeilln lseen, srednon das wrot als gzanes.**

---

* Hier der Text in korrekter Schreibweise: Laut einer Studie an einer englischen Universität ist es egal, in welcher Reihenfolge die Buchstaben in einem Wort sind. Das einzig Wichtige ist, dass der erste und der letzte Buchstabe am richtigen Platz sind. Der Rest kann total durcheinander sein, und man kann es immer noch ohne Probleme lesen. Das liegt daran, dass wir nicht jeden Buchstaben allein lesen, sondern das Wort als Ganzes.

Echte Information vs. subjektive Veränderung

Besonders kreativ ist unser Gehirn, wenn Zusammenhänge scheinbar unlogisch sind. Hier geht das Gehirn teilweise so weit, Informationen völlig neu zu erschaffen. Im Alltag leistet uns diese Funktion oft gute Dienste. Sie hat nur einen gravierenden Haken: Das Gehirn kennzeichnet nicht, was es verändert oder ergänzt. Wir können also nicht zwischen echter Information und subjektiver Veränderung unterscheiden und könnten Stein und Bein schwören, dass etwas genau so und nicht anders war. Polizeibeamte, die Zeugenbefragungen zum selben Vorfall vergleichen, können ein Lied davon singen. Die Wahrscheinlichkeit ist groß, dass drei Zeugen den Hergang drei Mal mehr oder weniger unterschiedlich schildern. Ähnliche Erfahrungen machen wir im Alltag, wenn wir beispielsweise einen Familienkrach nachträglich »aufarbeiten«: Fast immer haben die verschiedenen Parteien ganz unterschiedliche Versionen des Ablaufs im Kopf. Die ebenso beliebte wie fruchtlose Frage, wie alles anfing (oder: wer anfing), lässt sich meist nicht mehr beantworten.

GENERALISIERUNGEN

Die Macht des ersten Eindrucks

Eine einmal gefasste Einstellung hat die Tendenz, sich selbst zu bestätigen und zukünftige Informationen zu überlagern, auch wenn diese neuen Informationen der Einstellung widersprechen. Eine Form dieser Generalisierung ist der Effekt des ersten Eindrucks. Auch wenn neue und andere Informationen eintreffen, die eine andere Einstellung begründen würden, bleibt der erste Eindruck lange einstellungs- und damit handlungsbestimmend. Wer sich zum Beispiel einmal entschlossen hat, jemanden für fähig und vertrauenswürdig zu halten, hält lange daran fest, auch wenn sich Gegenbeweise häufen. Auf diese Weise können Firmenerbinnen durch angestellte Manager ruiniert werden, weil sie Alarmsignale für deren fragwürdiges Handeln bis zum bösen Erwachen systematisch übersehen – man denke nur an Madeleine Schickedanz und ihr unglückliches Händchen bei der Auswahl von Managern für den Karstadt-Quelle-Konzern.

Nimmt man all diese Faktoren zusammen, wird deutlich, dass es so etwas wie eine »objektive Realität« nicht geben kann.

Wahrnehmung – und damit zwangsläufig auch das, was wir als »Wirklichkeit« empfinden – ist hochgradig selektiv und subjektiv. Paul Watzlawick verdeutlicht das mit einem Witz, in dem eine Laborratte zur anderen sagt: »Ich habe diesen Mann so trainiert, dass er mir jedes Mal Futter gibt, wenn ich diesen Hebel drücke.«[6] In ihrer Welt hat sie tatsächlich recht – sprechen nicht alle Indizien dafür? Auch wir reden im Alltag ja manchmal davon, dass jemand in einer anderen Welt lebt. Das trifft tatsächlich in stärkerem Maße zu, als wir ahnen. Unsere »Welten« überschneiden sich zwar glücklicherweise, weil wir ähnliche Vorerfahrungen, Kenntnisse und Interessen teilen. Aber jede Welt für sich bleibt eine individuelle Konstruktion – wir können unsere Wahrnehmungsfilter nicht ausschalten. Überrascht es da noch, dass mancher Manager optimistisch in die Insolvenz wirtschaftet, selbst wenn für Außenstehende die Alarmglocken schon Sturm läuten?

Verschiedene Welten sind möglich

ANTI-CRASH-FORMEL

Trauen Sie Ihren Augen und Ohren nicht (immer)! Gleichen Sie Ihre Einschätzung der Situation regelmäßig mit der anderer ab – Führungskollegen, Mitarbeiter, ggf. Außenstehende (Coaches, Berater). Machen Sie sich eigene Erfahrungen und Interessen bewusst: Inwieweit beeinflussen diese Ihre Beurteilung der Situation?

Stress, Wahrnehmung und Kommunikation

Unsere Wahrnehmung ist also bereits in »Normalsituationen« höchst unzuverlässig. Doch was passiert, wenn wir unter Stress stehen? Vom Unfallforscher Rüdiger Trimpop haben wir bereits gehört, dass Menschen sich in heiklen Situationen noch stärker auf einen kleinen Wirklichkeitsausschnitt konzentrieren und vom Radfahrer in der Einbahnstraße bis zum Flugzeugcrash auf dem Radarschirm alles Mögliche übersehen. Im Crew Resource Management geht man von folgenden Wahrnehmungsveränderungen in Stresssituationen aus:

Wahrnehmungsveränderungen unter Stress

- Die Wahrnehmung wird eingeschränkt,
- man entwickelt einen Tunnelblick,
- es kommt zu stressbedingten Wahrnehmungsverzerrungen.

Crash wegen Treibstoffmangel: New York 1990

Gleichzeitig verändert sich auch das Kommunikationsverhalten: Es wird weniger kommuniziert, die Neigung zu stillschweigenden Interpretationen des Verhaltens anderer wächst. Die Hemmschwelle etwa für verbale Angriffe auf das Gegenüber sinkt. Ein typisches Beispiel für einen Flugzeugcrash, der durch mangelnde Kommunikation verursacht wurde, ist der Absturz einer Maschine der kolumbianischen Fluglinie Avianca im Januar 1990 unweit des New Yorker Kennedy Airports. An der amerikanischen Ostküste herrschte schlechtes Wetter mit Nebel und starkem Wind. Deshalb wurde die Maschine, die in Medellin gestartet war, in etliche Warteschleifen dirigiert und erhielt erst mit 90 Minuten Verspätung die Landeerlaubnis für den Kennedy Airport. Ihr Treibstoff reichte für den Flug nach New York sowie für zwei weitere Flugstunden. Unglücklicherweise misslang der erste Landeversuch: Der Pilot musste wegen starker Scherwinde durchstarten und verlor weitere kostbare Zeit – und Treibstoff. Schließlich fiel ein Triebwerk nach dem anderen aus, die Boeing 707 stürzte auf Long Island ab. 73 der 158 Insassen starben. Die Übrigen überlebten, weil kein Feuer ausbrach, denn: Die Tanks der Maschine waren leer.

Kommunikationsprobleme im Cockpit

Der Wissenschaftsjournalist Malcolm Gladwell, der dieses Beispiel in seinem Buch *Überflieger* verarbeitet, wundert sich über die Passivität der Besatzung, während die Katastrophe immer unausweichlicher wurde: »Und während all dem herrschte im Cockpit bleiernes Schweigen.«[7] Zuvor war es dem Kopiloten als eine Folge von Missverständnissen nicht gelungen, der Flugsicherung am Kennedy Airport klarzumachen, wie verzweifelt die Lage inzwischen war. Das simple Wort »Notfall« (Emergency) kam ihm nicht über die Lippen. Stattdessen begnügte er sich mit einem vergleichsweise schwachen »We need priority« (Wir brauchen Vorrang) und dem Hinweis »Wir haben kaum noch Treibstoff«. Da das bei allen landenden Flugzeugen der Fall ist, war niemandem im Tower die Dramatik der Lage klar.[8] Wer die aufgezeichneten Cockpitäußerungen liest, bekommt den Eindruck, der Kopilot habe irgendwann resigniert. Hinzu kamen kulturelle Barrieren, die es dem Südamerikaner offensichtlich erschweren, mit der als »ruppig« bekannten US-Flugsicherung Klartext zu reden.

Rückzug und Resignation, Misstrauen und negative Unterstellungen, Erstarrung und Passivität, ein stures Festhalten am einmal eingeschlagenen Kurs, »Eigenbrötlertum« und weniger Abstimmung im Team – dies sind typische Reaktionsweisen in Stresssituationen, die im Crew Resource Management bekannt sind. Denken Sie an die letzte Krisensituation im Unternehmen zurück: Fallen Ihnen Parallelen auf? Was passiert, wenn Umsätze sinken, Karrieren bedroht sind, drastische Einschnitte angekündigt werden? Wie wirkt sich das auf die Kommunikation im Team aus? Wie differenziert wird noch argumentiert? Wie planvoll wird noch reagiert? Wie nüchtern wird die Situation noch analysiert? Franz Reither diagnostiziert in seinem Buch über Komplexitätsmanagement eine Neigung zum Rückgriff auf »intellektuelle Notfallmaßnahmen« in unsicheren Situationen, in denen Misserfolg droht. Dazu zählt er »Fluchtreaktionen, Ausweichmanöver, Einkapselung, Verharmlosung, Irrationalismus, Resignation, vorschnelles Reagieren, unzuverlässige Vereinfachungen, Herabsetzung der Selbstkontrolle, Gewaltlösungen«.[9] Da ist sie wieder: die unheilvolle Trias von Abhauen, Angreifen oder tot stellen, mit der schon unsere Ahnen in grauer Vorzeit Bedrohungen begegneten. Doch was im Neandertal noch wunderbar funktioniert haben mag, kann in den Bürotürmen und Produktionsstätten von heute direkt in die Insolvenz führen. Was also können Sie tun, um Stress im Unternehmen professionell zu managen?

Intellektuelle Notfallmaßnahmen

ANTI-CRASH-FORMEL

Vermeiden Sie Sprachlosigkeit, Abschottung und Resignation – fördern und fordern Sie das Gespräch mit Ihrer Mannschaft! Hören Sie zu, auch wenn Ihnen nicht gefällt, was Sie hören.

Professionelles Stressmanagement im Unternehmen

Erfolgsduo: Stressprävention plus Notfallplan

Wie gut ist Ihr Unternehmen auf kritische Situationen vorbereitet? Auch gut ausgebildete Mitarbeiter, ein professionelles Controlling und regelmäßige Abstimmungen und Meetings auf Leitungsebene können nicht verhindern, dass eine Organisation ins Trudeln gerät. Wie vermeiden Sie, dass sich Probleme aufschaukeln, bis Kopflosigkeit um sich greift? Das beste Stressmanagement ist Stressprävention. Und ist die Krise erst mal da, sollten Sie einen Notfallplan haben.

Krisensimulation: Vorbereitung für den Ernstfall

Fehlende Krisenprävention in der Managerausbildung

Das Training im Flugsimulator ist fester Bestandteil jeder Pilotenausbildung, und auch später müssen Linienpiloten ihre Fähigkeiten und ihre »Krisenfestigkeit« regelmäßig im Simulator überprüfen lassen. Wer stressige Situationen vorab durchgespielt hat, kann im Ernstfall besonnener handeln. Diese Erkenntnis steckt auch hinter den Übungen von Einsatzkommandos der Polizei oder im militärischen Bereich: Stress ergibt sich nicht (nur) aus äußeren Stressoren, sondern aus dem Zusammenspiel von Situation und Wahrnehmung durch den Einzelnen. Warum gibt es eigentlich keinen »Krisensimulator« in der Managerausbildung? Rund 30 000 Unternehmensinsolvenzen jährlich allein in der Bundesrepublik sollten eigentlich Grund genug sein, über potenzielle Gefahren nachzudenken, auch wenn momentan noch alles rund läuft.

Mögliche Worst-Case-Szenarien überdenken

Wer im schlimmsten Fall nicht kopflos reagieren will, sollte vorbereitet sein. Es lohnt sich daher, Worst-Case-Szenarien durchzuspielen: Was wäre die schlimmstmögliche Entwicklung, mit der Sie in absehbarer Zeit konfrontiert sein könnten? Konkret könnte das der Verlust eines wichtigen Schlüsselkunden sein, mit dem Sie mehr als ein Drittel Ihres Umsatzes bestreiten. Es könnte das Billigangebot eines ausländischen Konkurrenten sein, der zu Konditionen liefert, bei denen Sie nicht mehr mithalten können. Im Konsumgüterbereich könnte es eine Veränderung der Konsumentengewohnheiten geben, die zu drastischen Umsatzeinbrüchen bei Ihrem bis dato bestverkäuflichen Produkt führt. Der

Zeitgeschmack könnte sich wandeln, Ihr Produkt könnte – aus welchen Gründen auch immer – Negativschlagzeilen machen. Ihre Bank könnte Ihnen die Kreditlinie streichen, Ihre Finanzierung zusammenbrechen. Nehmen Sie sich die Zeit und sammeln Sie so viele potenzielle Bedrohungsszenarien wie möglich. Hüten Sie sich vor vorschnellen Verharmlosungen à la »Das kann eh nicht passieren«. Spielen Sie den Ernstfall konkret durch: Wie würden Sie handeln? Was spricht eigentlich dagegen, sich im Leitungsteam einmal im Jahr aus der Alltagsroutine auszuklinken und für den Worst Case zu planen?

ANTI-CRASH-FORMEL

Proben Sie den Worst Case im Krisensimulator – mindestens ein Mal jährlich für einen Tag!

Möglicherweise werden bei Vorbereitung wie Durchführung eines solchen Planspiels Sorgen und Befürchtungen zur Sprache kommen, für die im Alltagsgeschäft sonst kein Platz ist. Und sehr wahrscheinlich werden Sie aus der Diskussion möglicher Gefahren auch konkrete Anregungen für den Alltag mitnehmen – sei es, dass Sie Ideen entwickeln, wie man die Abhängigkeit von einem Schlüsselkunden reduzieren und sich »breiter aufstellen« kann; sei es, dass Sie jemanden in der Marketingabteilung zum Trendscout ernennen, der von jetzt ab Verbrauchergewohnheiten sorgfältiger beobachtet. Was wäre beispielsweise passiert, wenn Junghans regelmäßig auch nur 20 Uhrenkäufer unterschiedlichen Alters nach ihren Vorlieben und Kaufgründen befragt hätte? Was, wenn man bei der KfW extreme Verluste im eigenen wie im Tochterunternehmen vorab einmal durchgespielt hätte – spätestens als sich die ersten Krisenwölkchen am Finanzmarkthorizont zeigten? Vogel-Strauß-Politik und Schockstarre wären möglicherweise vermieden worden.

Krisensimulation als Chance

»Was wäre, wenn ...?« und »Wie würden wir im Ernstfall reagieren?« beziehungsweise »Was würden wir konkret tun?«, sind ebenso simple wie fruchtbare Fragen, die sich jedes Unternehmen regelmäßig stellen sollte. In guten Zeiten lässt sich

Mögliche Ergebnisse der Krisensimulation

besonnener für schwierige Situationen planen, als dann, wenn einem das Wasser schon bis zum Hals steht und Panik um sich greift. Außerdem untergräbt ein solches Planspiel, selbst wenn Sie es nur ein Mal pro Jahr veranstalten, die menschliche Trägheit und das Gefühl der Sicherheit, in dem wir uns gerne wiegen. Und: Indem Sie das Undenkbare durchdenken, verliert es einen Teil seines Schreckens. Am Ende eines solchen Krisenstrategietages sollte ein »Notfallplan« stehen, der Gegenmaßnahmen konkret benennt und besonnenes Handeln erleichtert, wenn es hart auf hart geht. Auch für mich ist der Verlust eines Großkunden natürlich ein bedrohliches Szenario. Deshalb liegt in meiner Schreibtischschublade ein Aktionsplan mit konkreten und durchdachten Akquisemaßnahmen, die ich in dem Moment in die Tat umsetzen werde, in dem einer meiner Schlüsselkunden ausfällt.

> **ANTI-CRASH-FORMEL**
>
> Entwickeln Sie Notfallpläne und Checklisten für mögliche unternehmerische Störungen. Überprüfen und aktualisieren Sie diese Listen und Pläne regelmäßig.

Alarmsystem installieren: Wahrnehmung kritischer Faktoren

Warnsignale installieren
In jedem Cockpit gibt es zahlreiche optische und akustische Anzeigen, die die Crew über technische Fehlfunktionen, kritische Grenzwerte und heikle Flugsituationen informieren. Hätte der entsprechende Warnton funktioniert, wäre der Spanair-Crew ihr fatales Versäumnis – nicht ausgefahrene Landeklappen – vermutlich rechtzeitig aufgefallen. Welche »Warnlämpchen« gibt es in Ihrem Unternehmen? Welche Warnlämpchen haben Sie für sich selbst definiert?

Frühwarnsysteme entwickeln
Natürlich erfüllen betriebswirtschaftliche Kennzahlen in gewisser Weise eine solche Warnfunktion. Doch Kostenexplosionen, Umsatzrückgänge oder einbrechende Gewinne sind häufig die Folge von Versäumnissen, die weit vorher passieren. Im Ideal-

fall verfügt Ihr Unternehmen oder Ihre Abteilung deshalb zusätzlich über ein »Frühwarnsystem«. Anders als bei den standardisierten Abläufen in einem Flugzeugcockpit gibt es für die komplexen und differenzierten Situationen in Wirtschaftsunternehmen kein Allroundsystem, das Sie fix und fertig bestellen und bei sich installieren können. Was Ihnen jedoch möglich ist: Sie können etwas aus brenzligen Situationen in der Vergangenheit lernen.

So erarbeiten Sie ein Frühwarnsystem:

1. Überlegen Sie bitte, wann Sie selbst in der Vergangenheit Fehler gemacht haben, die Sie leicht den Kopf hätten kosten können:
   - Welche Fehler waren das?
   - Lässt sich ein Muster ableiten?
   - Welche Faktoren, welche Stressoren müssen zusammenkommen, um in Ihnen dieses Muster auszulösen?
   Notieren Sie diese Faktoren.

Schritt für Schritt zum Frühwarnsystem

2. Überlegen Sie auch: Wann wurden in Ihrem Unternehmen, in Ihrer Abteilung Entscheidungen getroffen, die bei rationaler Betrachtung unangemessen, überzogen oder übereilt, die also im wahrsten Sinne des Wortes »kopflos« waren? Welche Faktoren mussten gegeben sein, damit das Unternehmen oder das Team derartig den Kopf verlieren konnte, dass es letztlich zu solchen Fehlleistungen kam?
   Notieren Sie sich diese Faktoren und Rahmenbedingungen auf einem separaten Blatt.

3. Können diese Faktoren wieder eintreten? Mit einer hohen Wahrscheinlichkeit wird Ihr Team auf diese Auslöser mit den gleichen Verhaltensmustern reagieren wie beim ersten Mal. Identifizieren Sie diese Auslöser. Analysieren und beschreiben Sie die neuralgischen Faktoren möglichst genau.

4. Ermitteln Sie Frühindikatoren für das Eintreten dieser Faktoren und etablieren Sie ein Alarmierungssystem. Funktioniert Ihr Alarmsystem? Das beste Warnlämpchen bringt nichts, wenn die Birne kaputt ist!

> **ANTI-CRASH-FORMEL**
>
> Lernen Sie aus der Vergangenheit: In welchen Situationen kam es zu schwerwiegenden Fehlern? Wie groß ist die Gefahr, dass sich diese Fehler wiederholen? Installieren Sie ein Frühwarnsystem – und achten Sie darauf, dass die Lämpchen funktionieren!

Unnötigen Zeitdruck vermeiden

Es gibt Abteilungen, in denen wichtige Aufgaben grundsätzlich auf den letzten Drücker erledigt werden – die Vorbereitung der wichtigsten jährlichen Branchenmesse, die Zusammenstellung der Quartalszahlen, die Auslieferung eines neuen Produkts. Dabei passieren dann regelmäßig kleinere und größere Pannen, bis hin zum organisatorischen Super-GAU (denken Sie nur an die eingangs zitierte vergessene Messeanmeldung). Zeitdruck als einer der wichtigsten Stressoren wird schon Wochen vorher vorprogrammiert und beginnt häufig mit kleinen Verschiebungen, die sich mehr und mehr summieren. In einem Unternehmen der Süßwarenbranche gibt es beispielsweise immer, wenn ein neues Produkt lanciert werden soll, ein langes Hin und Her zwischen Marketingleitung und Geschäftsführung über die Verpackung. Die wird zwar (ebenso wie das Produkt selbst) ausgiebigen Verbrauchertests unterworfen. Das hindert die Damen und Herren auf der Teppichetage jedoch nicht daran, munter weiter darüber zu diskutieren, ob der Bonbonwickler nicht doch einen Streifen mehr erhalten sollte? Und sollte die Tüte vielleicht doch ein wenig bunter werden? Die termingerechte europaweite Auslieferung der Produkte erfordert im Anschluss ein permanentes Krisenmanagement. Zeitlich definierte Warnlämpchen könnten das ebenso verhindern wie organisatorische: Spätestens mit dem dritten Meeting zur Verpackungsfrage befindet man sich wieder im alten Verhaltensmuster!

Standardprozeduren festlegen: besonnen handeln

Panik vermeiden

Das Ungünstigste, was in einer kritischen Situation passieren kann, sind hektische, unüberlegte Panikreaktionen, die sich als kontraproduktiv erweisen und die Lage nur verschlimmern. Ein Beispiel aus der Fliegerei ist der Absturz einer Maschine der Caribbean Airlines im August 2005 auf dem Flug von Panama Stadt nach Fort de France auf Martinique. Vorher waren beide Triebwerke ausgefallen. Selbst in dieser Extremsituation ist ein Verkehrsflugzeug weiter flugfähig – es wird zum Segelflugzeug und könnte notlanden, wenn eine entsprechende Landebahn in Reichweite ist. Doch die Piloten klammerten sich in Panik wohl an ihren Steuerhörnern fest, um die Maschine in der Luft zu halten, anstatt das Steuerhorn nach vorne zu drücken, dadurch die Nase zu senken und so die Geschwindigkeit und damit den Auftrieb zu erhöhen.[10] Diese reflexhafte Panikreaktion (Wir stürzen ab! → Nase hochziehen) hat auch in anderen Fällen zum Crash geführt.

Das Tempo rausnehmen: entschleunigen

Anders als in der Fliegerei entscheiden in Unternehmen nur äußerst selten Sekundenbruchteile über Sein oder Nichtsein. Sie können daher fast immer eine Option wählen, auf die man auch in der Fliegerei wenn möglich zurückgreift: den Go-around. Brechen Sie die Landung ab und starten Sie durch! Drehen Sie einfach noch eine Runde, ehe Sie unüberlegte Entscheidungen treffen. Ob Sie dabei tatsächlich einmal »um den Block« gehen oder die Angelegenheit überschlafen und für den nächsten Tag das Team zusammentrommeln, um gemeinsam nach einer Lösung zu suchen, der Effekt ist derselbe: keine hektische Panikaktion. Bewusste Entschleunigung ist eines der wirksamsten Mittel gegen unüberlegte Reaktionen unter Stress.

> **ANTI-CRASH-FORMEL**
>
> Stoppen Sie Ihren spontanen Handlungsimpuls! Müssen Sie wirklich jetzt entscheiden und handeln? Machen Sie ein Go-around, bevor Sie das Falsche tun.

Vorteile von Checklisten

In der Luftfahrt ist außerdem seit Langem anerkannt, dass sämtliche kritischen Phasen des Fluges anhand einer Checkliste akkurat abgearbeitet werden müssen. Auch und gerade bei Manövern, die teilweise mehrfach täglich ausgeführt werden, ist dieses

Vorgehen zwingend. Checklisten halten die jeweils festgelegten SOPs – die Standard Operating Procedures – für den jeweiligen Arbeitsgang fest. Wenn Sie jetzt an die Prozessdokumentation im Rahmen von Qualitätsmanagement denken müssen, liegen Sie gar nicht so falsch. TQM (Total Quality Management) hat inzwischen bei manchem leider den Ruf eines nutzlosen Datenfriedhofs, in dem auch Trivialitäten in aller Ausführlichkeit dokumentiert und dann in Ordnern oder Datenbanken auf Nimmerwiedersehen versenkt werden. Das mag auf einzelne Arbeitsabläufe in Unternehmen zutreffen. Doch was wäre gewesen, wenn in der KfW die Freigabe von Überweisungen ab einer bestimmten Höhe an die Abarbeitung einer Checkliste gekoppelt gewesen wäre, die auch nach Besonderheiten beim Empfänger fragt? Auch bei der Arzneimittelproduktion, der Lebensmittelherstellung oder beim Austausch Ihrer Winterreifen ist der Gedanke beruhigend, dass hier standardisierte Vorgehensweisen definiert sind und anhand von Listen abgearbeitet werden.

In jedem Cockpit gibt es Checklisten für normale und für außergewöhnliche Verfahren. Die Spanair-Crew im Eingangsbeispiel hat offensichtlich auf diese Checklisten verzichtet, es war ja schließlich »nur« eine Routinetätigkeit. Welche Checklisten gibt es in Ihrem Unternehmen? Gerade für die schon angesprochenen neuralgischen Punkte, die sich zu schwerwiegenden Fehlern und Problemen im Unternehmen auswachsen können, empfiehlt sich die Festlegung von SOPs. Jede Fehleranalyse sollte in eine entsprechende »vorbeugende« Checkliste münden, und auch Notfallpläne für kalkulierbare Ernstfälle sind am besten als knappe Handlungsanweisungen gestaltet. Verwenden Sie – gerade in Ausnahmesituationen – Checklisten und halten Sie sich daran!

ANTI-CRASH-FORMEL

Legen Sie SOPs für Arbeitsprozesse fest, bei denen kleine Fehler große Folgen haben können. Formulieren Sie entsprechende Checklisten.

Abschließend eine Übersicht der Maßnahmen, durch die Sie unüberlegtes Handeln unter Stress besser in den Griff bekommen können:

> **Stress – und was Sie tun können**
>
> **DIE ANTI-CRASH-FORMELN AUF EINEN BLICK**
>
> 1. Fragen Sie sich gerade in schwierigen Situationen gelegentlich: Wer führt hier gerade Regie – Stammhirn oder Großhirn?
> 2. Trauen Sie Ihren Augen und Ohren nicht (immer)! Gleichen Sie Ihre Einschätzung der Situation regelmäßig mit der anderer ab – Führungskollegen, Mitarbeiter, ggf. Außenstehende (Coaches, Berater). Machen Sie sich eigene Erfahrungen und Interessen bewusst: Inwieweit beeinflussen diese Ihre Beurteilung der Situation?
> 3. Vermeiden Sie Sprachlosigkeit, Abschottung und Resignation – fördern und fordern Sie das Gespräch mit Ihrer Mannschaft! Hören Sie zu, auch wenn Ihnen nicht gefällt, was Sie hören.
> 4. Proben Sie den Worst Case im Krisensimulator – mindestens ein Mal jährlich für einen Tag!
> 5. Entwickeln Sie Notfallpläne und Checklisten für mögliche unternehmerische Störungen. Überprüfen und aktualisieren Sie diese Listen und Pläne regelmäßig.
> 6. Lernen Sie aus der Vergangenheit: In welchen Situationen kam es zu schwerwiegenden Fehlern? Wie groß ist die Gefahr, dass sich diese Fehler wiederholen? Installieren Sie ein Frühwarnsystem – und achten Sie darauf, dass die Lämpchen funktionieren!
> 7. Stoppen Sie Ihren spontanen Handlungsimpuls! Müssen Sie wirklich jetzt entscheiden und handeln? Machen Sie ein Go-around, bevor Sie das Falsche tun.
> 8. Legen Sie SOPs für Arbeitsprozesse fest, bei denen kleine Fehler große Folgen haben können. Formulieren Sie entsprechende Checklisten.

2. Wer kritisiert schon einen Kapitän?

oder: Wenn der Chef das Problem ist

> + + + 6. Februar 1996, bei Puerto Plata + +
> + Eine Maschine der Birginair stürzt 26
> Kilometer vom Flughafen Gregorio Luperón
> entfernt in den Atlantischen Ozean + + +
> 189 Tote + + +

Für den *Spiegel* ist es die »größte Katastrophe der deutschen Charterfluggeschichte«[1]: Nur knapp fünf Minuten nach dem Start stürzt eine Maschine der türkischen Airline Birginair vor der Küste der Dominikanischen Republik ins Meer. Alle Insassen kommen ums Leben. Die meisten von ihnen sind Deutsche auf dem Weg nach Berlin und Frankfurt am Main.

Auslöser des Unglücks ist ein defekter Geschwindigkeitsmesser. Ein Flugzeug hat drei unabhängig arbeitende Geschwindigkeitsanzeigen. Die Anzeige des Kapitäns funktioniert nicht und zeigt im Reiseflug eine zu hohe Geschwindigkeit an. Das ist auch allen bekannt. Um das Tempo zu drosseln, hebt der Autopilot die Nase an. Die Anzeige steigt weiter, während die Maschine immer langsamer wird. Als das Flugzeug schon fast senkrecht steht, zieht der Kapitän immer noch. Kopilot und Flugingenieur schreien beide: »Nicht ziehen, sondern drücken!« Ihre Instrumente funktionieren. Keiner von beiden traut sich jedoch, dem Kapitän die Kontrolle abzunehmen. Und der Kapitän traut nur sich und seinen Anzeigen.

»Der Chef hat immer recht«? Eigentlich sollte dieses Modell längst der Vergangenheit angehören. Fast jeder Vorgesetzte behauptet von sich, einen partnerschaftlichen Führungsstil zu pflegen, und betont, dass seine Mitarbeiter jederzeit zu ihm kommen können. Aber wie viele Mitarbeiter wagen es tatsächlich, ihrem Vorgesetzten im Ernstfall zu widersprechen? Die meisten Menschen sind in diesem Punkt eher zurückhaltend. Das ist zwar verständlich, geht aber nicht immer gut aus, denn Führungskräfte sind keineswegs unfehlbar. Als häufigste Ursache von Unternehmenszusammenbrüchen nennen Insolvenzverwalter Managementfehler. In einer Umfrage des Zentrums für Insolvenz und Sanierung der Mannheimer Universität wird neben »fehlendem Controlling« und »Finanzierungslücken« ausdrücklich auch »autoritäre, rigide Führung« genannt.[2]

Autoritäre Führung als Ursache für Insolvenzen

Das Crash-Beispiel: Puerto Plata, Februar 1996

Wie kann einem versierten Piloten ein derart drastischer Fehler unterlaufen, dass er eine Maschine sehenden Auges zum Absturz bringt? Ausgangspunkt der Katastrophe waren – wie so häufig – einige unglückliche Zufälle. Ursprünglich sollte der Flug durch eine Maschine der ALAS Nacionales durchgeführt werden. Wegen eines Defekts kam jedoch stattdessen die Boeing 757 der Birginair zum Einsatz. Diese Maschine stand seit knapp drei Wochen auf dem Vorfeld des Flughafens Gregorio Luperón. Gleich zu Beginn des Starts, während der Kopilot routinemäßig die Geschwindigkeit von 80 Knoten ansagte, stellte sich heraus, dass der Geschwindigkeitsmesser des Kapitäns falsche Werte anzeigte. Trotzdem wurde der Start fortgesetzt – schließlich waren noch zwei intakte Geschwindigkeitsmesser an Bord. Hinterher rekonstruierte man, dass offensichtlich ein außen am Rumpf angebrachtes Staurohr verstopft war, vermutlich durch Staub oder Insekten. Solche Staudrucksonden messen die Geschwindigkeit der anströmenden Luft und dienen so zur Geschwindigkeitsmessung während des Fluges. Ist die Sonde verstopft, reagiert der Fahrtmesser auf den sich ändernden Luftdruck im System. Wahrscheinlich haben Sie schon mal diese roten Bänder gesehen, auf denen steht: »Remove before

Anhäufung unglücklicher Zufälle

flight«. Mit diesen Abdeckungen sollten die Sonden eigentlich geschützt sein, wenn ein Flugzeug längere Zeit irgendwo herumsteht – damit sie eben nicht verstopfen. Das war hier augenscheinlich versäumt worden. Noch so ein unglücklicher Zufall.

Unkooperativer Führungsstil wird zum Verhängnis

Durch den sinkenden Luftdruck nach dem Abheben begann der Geschwindigkeitsmesser des Kapitäns dann doch zu arbeiten. Obwohl das Gerät offensichtlich defekt war und stark überhöhte Geschwindigkeitswerte anzeigte, verließ sich der Kapitän auf seine Anzeige (nicht etwa auf die anderen beiden) und aktivierte den Autopiloten. Der Autopilot funktionierte perfekt. Leider reagierte er auf die (falschen) Werte und versuchte, das vermeintlich zu schnelle Flugzeug abzubremsen. Die Folge: Die Nase der Maschine wurde steiler und steiler angehoben, die Triebwerke wurden gedrosselt, das Flugzeug wurde langsamer und langsamer. Irgendwann wurde der sogenannte Stick Shaker aktiviert: ein Rütteln der Steuersäule, das die Piloten vor einem drohenden Strömungsabriss warnt. Spätestens jetzt deutete eigentlich alles darauf hin, dass die Maschine zu langsam war. Aber immer noch ergriff die Besatzung keine Gegenmaßnahmen. Weitere kostbare Sekunden verstrichen, bevor das Flugzeug schließlich ins Meer stürzte. Das geschah nicht etwa, weil eines der Staurohre verstopft war. Die Ursache lag vielmehr darin, dass der Kapitän das Ruder nicht aus der Hand gab und nur sich selbst und seinen Instrumenten vertraute.

CRASH-WARNUNG
Jede Hierarchie braucht funktionierende Systeme, die den Chef kontrollieren.

Ein Unternehmensbeispiel: Jürgen Schrempp und seine Welt AG – Milliardenverluste für DaimlerChrysler

»Wie glaubwürdig ist ein Manager, der bei der Fusion angekündigt hat, er werde das profitabelste Automobilunternehmen der Welt schaffen, um dann nach zwei Jahren die Halbierung des Gewinns melden zu müssen?«, fragten Journalisten bereits 2001 süffisant.³ Gemeint war Jürgen Schrempp, Vorstandsvorsitzender der DaimlerChrysler AG. Schrempp war die schwäbische Welt zu klein geworden: Er hatte sich das ehrgeizige Ziel gesetzt, die Autoschmiede Daimler zu einem Weltkonzern auszubauen. Dafür fusionierte er 1998 mit Chrysler und beteiligte sich 2000 mit über 2 Milliarden Euro an Mitsubishi. Größe sollte das Unternehmen davor bewahren, selbst zum Übernahmekandidaten zu werden; Synergien sollten teure Entwicklungskosten senken. Doch es kam anders als gedacht: In den Jahren 1998 bis 2000 schrumpfte der Börsenwert des Unternehmens um 26 Milliarden DM, der Gewinn von 12,2 auf 6,8 Milliarden DM. Sowohl Chrysler als auch Mitsubishi schrieben hohe Verluste. In dieser Situation erkundigten sich zwei Reporter des *Spiegel* bei Schrempp, ob er manchmal an Rücktritt denke. Schrempp habe sich zurückgelehnt und gelacht: »Können Sie sich das vorstellen, bei einer Person wie mir?« Da müsse man ihn schon rausschmeißen: »Wenn jemand, der dazu befugt ist, den Kapitän wechseln will – okay, dann wird das eben getan.«⁴

DaimlerChrysler: Wunsch und Wirklichkeit

Auch bei DaimlerChrysler dauerte es lange, bis jemand dem »Kapitän« Jürgen Schrempp Paroli bot. 2001 fuhr Chrysler 5,3 Milliarden Euro Verlust ein; DaimlerChrysler verbuchte in diesem Jahr ein Minus von 622 Millionen Euro.⁵ Die Talfahrt setzte sich fort, Aktionäre forderten immer wieder Schrempps Rücktritt. Doch geschasst wurden erst einmal hausinterne Kritiker, etwa der designierte Chef der Mercedes-Group, Dr. Wolfgang Bernhard, der es gewagt hatte, auf einer Aufsichtsratssitzung im April 2004 anderer Meinung zu sein als sein Mentor Schrempp. Bernhard stimmte in die Kritik von Arbeitnehmervertretern und einigen Vorständen ein und sprach sich für eine Beendigung des Engagements bei Mitsubishi aus. Eine Woche später, am 29. April, gab der Konzern offiziell bekannt, »dass

Rasante Talfahrt

Dr. Wolfgang Bernhard nicht die Leitung der Mercedes-Group übernehmen wird«. Das war exakt zwei Tage, bevor Hoffnungsträger Bernhard diese Position übernehmen sollte.[6]

(Zu) späte Trennung vom Kapitän

Schrempps Vertrag dagegen wurde vom Aufsichtsrat noch bis 2008 verlängert. Als Vorstandsvorsitzender konnte er sich dennoch nur noch bis Ende 2005 halten, um dann von Dieter Zetsche abgelöst zu werden. Als der Kapitän das Unternehmensschiff endlich verließ, atmete man auch an der Börse auf: Am Tag, als der Schrempp-Rücktritt bekanntgegeben wurde, meldete das *Handelsblatt* einen »markanten Kurssprung« der DaimlerChrysler-Aktie. Zeitweise lag das Papier mehr als 11 Prozent im Plus und war damit so teuer wie seit fast drei Jahren nicht mehr.[7] Der Rest ist Geschichte: 2007 wurde die Daimler-Chrysler-Ehe nach weniger als einem Jahrzehnt geschieden und Chrysler mehrheitlich an die Investmentgesellschaft Cerberus verkauft. Für den schwäbischen Konzern endete damit ein teures Abenteuer.

Wenn der Patriarch nicht einlenken kann

Kann es sein, dass manche Alphatiere den Bezug zu Umwelt und Realität verlieren? Führungskräfte, die unbeirrt am einmal eingeschlagenen Kurs festhalten, auch wenn dieser sich als problematisch erweist und Mitarbeiter längst zu zweifeln beginnen, gibt es nicht nur in Weltkonzernen. Sie alle kennen vermutlich irgendein kleines oder mittelständisches Unternehmen, in dem ein in die Jahre gekommener Patriarch einsame Entscheidungen trifft und seine Firma damit an den Rand des Abgrunds führt. Die Forscher des Mannheimer ZIS kolportieren den Fall eines 80-jährigen Firmenlenkers im Maschinenbau, der darauf bestand, jede Entscheidung im familieneigenen Unternehmen selbst zu treffen und mutig Preise festlegte – ohne Rücksicht auf Kalkulationen, sondern »wie das Orakel von Delphi«. Millionenteure Maschinen wurden so zu teils ruinösen Preisen verkauft, mit vorhersehbarem Ergebnis: Das Unternehmen musste Insolvenz anmelden. Das Management hatte bis zum Schluss nur hilflos die Achseln gezuckt.[8] Tragisch ist der Fall des ratiopharm-Gründers Adolf Merckle, der sich im Januar 2009 nach dem Zusammenbruch seines Imperiums das Leben nahm. Sein Sohn Philipp Daniel Merckle erklärte einige Monate später gegenüber dem *Spiegel*, sein Vater habe ein »unüberschaubares Konzerngeflecht« geschaffen, das nicht mehr beherrschbar gewesen sei. Die Wirtschaftskrise habe den Zerfall »nur beschleunigt«. Auch hier gab es augenscheinlich kaum Gegenstimmen, denn über die Familie, die das Unternehmen führte, sagt der zweitälteste Sohn: »Es herrschte eine Kultur der Sprachlosigkeit«.[9] Kommt Ihnen das bekannt vor? Auch in Stresssituationen (siehe Kapitel 1) war der Zusammenbruch der Kommunikation ein Faktor, der den Crash beschleunigte. Unternehmen mögen wegen »schlechter Zahlen« Insolvenz anmelden – sie scheitern jedoch ursächlich an ihrer destruktiven Kommunikationskultur, wie wir immer wieder sehen werden.

Wenn der Kapitän am Steuerknüppel sitzt

Gleichgültig, mit welcher Gesellschaft Sie heute fliegen, ob Sie in Südamerika oder in Europa, in den USA oder in Kenia in ein Flugzeug steigen: Im Cockpit gibt es eine eindeutige Arbeitsteilung. Dort sitzen ein »Pilot Flying« (PF) und ein »Pilot Non-Flying« (PNF). Der PF steuert das Flugzeug und trifft alle wesentlichen Entscheidungen; der PNF übernimmt Assistenz- und Kontrollfunktionen sowie den Funk. Diese Rollen sind nicht mit der des Kapitäns und des Kopiloten identisch – beide können sowohl PF als auch PNF sein. Hand aufs Herz: Wann wäre Ihnen als Fluggast wohler: wenn der erfahrene und länger ausgebildete Kapitän oder wenn der weniger erfahrene Kopilot am Steuer sitzt? Die meisten Flugreisenden würden vermutlich den Kapitän vorziehen. Doch die Unfallstatistik spricht eine deutlich andere Sprache: Als Reisender sollten Sie beruhigt sein, wenn der weniger erfahrene Kopilot fliegt.

Arbeitsteilung im Cockpit

Das Kapitänsparadoxon: mehr Erfahrung = mehr Unfälle

Flugzeuge sind sicherer, wenn der weniger erfahrene Pilot fliegt. Das verblüfft uns, denn Erfahrung ist in unserem Alltagsverständnis ein ziemlich zuverlässiger Garant für ein gutes Arbeitsergebnis. Egal ob Zahnarzt, Steuerberater oder Handwerker – wir vertrauen uns lieber jemandem mit mehr Praxis an

Ist Erfahrung alles?

als einem »Grünschnabel«. Warum gilt diese Regel nicht mehr, wenn es um die Arbeitsteilung im Cockpit geht?

Die wichtigen 5 Prozent

Vergegenwärtigen wir uns kurz, worauf es beim Fliegen ankommt. »Pilot« wird gerne zu den stressigsten Berufen gezählt, vergleichbar mit dem des Fluglotsen, Rettungssanitäters oder Gefängnisaufsehers.[10] Meiner Erfahrung nach stimmt das nur bedingt: 95 Prozent der Arbeit beim Steuern eines modernen Verkehrsflugzeuges sind bloße Routine, man könnte fast sagen: Langeweile. Im Normalfall fliegt so ein Vogel fast von selbst; der Pilot bedient ein paar Hebel, drückt ein paar Knöpfe, kaum anders als ein Busfahrer. Doch die restlichen 5 Prozent haben es in sich: Wenn die Routine durchbrochen wird, Unvorhergesehenes passiert, schwierige Bedingungen herrschen, sind Piloten extrem gefordert. Gut, wenn dann nicht blanke Panik ausbricht. Und noch besser, wenn sie überhaupt rechtzeitig bemerken, dass die aktuelle Situation alles andere ist als »Business as usual«. Dem Pilot Non-Flying kommt vor diesem Hintergrund eine wichtige Funktion zu: Er beobachtet die Instrumente, gibt wichtige Hinweise, macht im Rahmen der »Standard Operating Procedures« (SOPs, siehe Kapitel 1) vorgeschriebene Ansagen (»Call-outs«) – kurz, er unterstützt und kontrolliert den Piloten, der am Steuer sitzt. Er ist sogar befugt (und angewiesen), dem PF das Steuer aus der Hand zu nehmen, wenn dieser gravierende Fehler macht. Er signalisiert das mit dem Kommando »My Controls« oder »I have Control«. Preisfrage: Wem fällt es wohl leichter, dem anderen die Kontrolle zu entziehen – einem Flugkapitän oder einem Kopiloten?

Korean Airlines: die Katastrophen-Fluggesellschaft der 1990er

Es ist nicht einfach für einen Mitarbeiter, seinem Chef zu widersprechen. Das muss man niemandem erklären, der ein Unternehmen mehr als zwei Tage von innen gesehen hat; und dabei ist es völlig gleichgültig, ob es um die Produktion von Autoteilen oder Sauerkonserven geht und ob wir uns in einem Krankenhaus oder im Maschinenbau befinden. Im Flugzeugcockpit kann diese Scheu tödliche Folgen haben. Und je größer die Scheu ist, desto gefährlicher wird das Fliegen. Die Geschichte von Korean Airlines ist eines der besten Beispiele für diese These. In den 1980er- und 1990er-Jahren machte diese Fluggesellschaft durch eine Reihe spektakulärer Abstürze auf sich aufmerksam: Zwischen 1988 und 1998 verzeichnete sie 17 Mal so viele Unfälle wie die US-Fluglinie United, hat der Wissenschaftsjournalist Malcolm Gladwell errechnet. In seinem Buch *Überflieger* zeichnet er einige von ihnen nach, vom Beinaheabschuss einer Boeing 707 im sowjetischen Luftraum über der Barentssee, den Absturz einer Boeing 747 in Seoul, den Abschuss einer Boeing 747 durch russische Kampfjets bis zu einer Boeing 747, die in den frühen Morgenstunden des 6. August 1997 auf Guam, der größten Insel der Marianengruppe, an einem Berg zerschellte.[11] Den in Südkorea stationierten Angehörigen der US Army war es zeitweise untersagt, mit Korean Airlines (heute: Korean Air) zu fliegen.

Auch dem Absturz der Maschine auf Guam, bei dem 228 der 253 Insassen an Bord ums Leben kamen, ging wieder die sprichwörtliche Verkettung unglücklicher Umstände voraus: Das Instrumenten-Landesystem auf Guam (ILS) stand wegen Wartungsarbeiten an diesem Tag nicht zur Verfügung; das Sicherheitshöhen-Warnsystem (MSAW) war durch einen Programmierfehler lahmgelegt. Der Flugsicherung in Agana (Guam) fiel nicht auf, dass die Maschine viel zu niedrig flog.[12] Dennoch: Am Steuer saß ein ehemaliger Luftwaffenpilot mit fast 9000 Stunden Flugerfahrung, der bereits acht Mal nach Guam geflogen war und das Terrain gut kannte. Sein Flugzeug funktionierte technisch einwandfrei. Was war passiert?

Erschwerende Umstände

Der Kapitän hatte sich entschieden, eine Sichtlandung durchzuführen. Der Vorteil dieses Verfahrens liegt darin, eventuell umständliche Anflugstrecken abkürzen zu können. Aber: Wie der Name schon sagt, braucht man für dieses Anflugverfahren Sicht. Sicht zum Boden und Sicht nach vorn, auf die Piste. Der Himmel war bedeckt, die Sicht schlecht, es regnete. Das Flugzeug durchstieß für einen kurzen Moment die Wolkendecke, die Besatzung sah in der Ferne Lichter, die sie für den Flughafen hielt. Doch selbst, als sich die Maschine nur noch 500 Fuß (160 Meter) über dem Boden befand, war keine Landebahn zu sehen. Die Maschine steuerte stattdessen auf die Flanke von Nimitz Hill zu, eines Berges direkt in der Einflugschneise. Der Stimmenrekorder hat aufgezeichnet, wie sich die Besatzung wunderte. »Nichts zu sehen?«, fragt der Kopilot, und der

Die Situation im Cockpit

Bordingenieur stößt ein erstauntes »Eh?« aus. Kostbare Sekunden später schlägt der Kopilot vor, die Landung abzubrechen: »Führen wir einen Fehlanflug durch.« Hätte er zu diesem Zeitpunkt eingegriffen und die Kontrolle übernommen, wäre der Absturz wahrscheinlich vermieden worden, so der spätere Untersuchungsbericht. Doch das tut er nicht. Der Bordingenieur wiederholt: »Nicht in Sicht.« Darauf der Kopilot noch einmal »Nicht in Sicht, Fehlanflug.« Der Bordingenieur: »Durchstarten.« Endlich sagt auch der Kapitän: »Durchstarten.« Doch es ist bereits zu spät: Drei Sekunden später erfolgt der Aufprall. Von den ersten vorsichtigen Warnungen seitens Kopilot und Bordingenieur bis zu diesem Kommando ist fast eine halbe Minute vergangen, während der die Maschine auf den Berg zusteuerte. Dem Kopiloten war längst klar, dass man die Orientierung verloren hatte. Dennoch griff er nicht ein. Offenbar setzte er lieber sein Leben aufs Spiel.[13]

Koreanische Höflichkeit ...

Heute gilt Korean Air als eine der sichersten Fluglinien der Welt. Was ist in der Zwischenzeit passiert? Ganz einfach: Die koreanischen Bordingenieure und Kopiloten lernten systematisch, ihre Stimme zu erheben, und zwar auch dann, wenn ihr Vorgesetzter das Flugzeug fliegt. Sie wurden darin trainiert, ihr Kommunikationsverhalten zu verändern. Wo sie sich früher nur auf höfliche Andeutungen und Vorschläge beschränkten, äußern sie sich heute eindeutig und klar. Feste, unmissverständliche Formeln sind wesentlicher Bestandteil des Crew Resource Managements. Ein Beispiel: Während des Anflugs auf Guam sagt der Bordingenieur in Anbetracht der schlechten Sicht vorsichtig zum Kapitän: »Das Wetterradar hat uns heute sehr geholfen.«[14] Was er eigentlich meint, ist vermutlich: »Angesichts dieses Wetters sollten wir nicht auf Sicht fliegen, sondern einen sicheren Anflug nach Instrumenten machen.« Das bekommt der fliegende Kapitän jedoch nicht mit. Kein Mensch versteht vorsichtige Andeutungen, wenn er müde und gestresst ist oder sich beispielsweise gerade fragt, wo die verd… Landebahn geblieben ist.

... und westliche Höflichkeit

Es ist kein Zufall, dass das umfassende Training, das Korean Air ab 2000 für alle Crewmitglieder zur Pflicht machte, von einem westlichen Trainingsunternehmen durchgeführt wurde. Die koreanischen Piloten der Unglücksmaschinen wurden im

Grunde zu Opfern ihrer nationalen Kultur, die sich durch fein abgestufte Hierarchien, extreme Höflichkeit und eine indirekte, verklausulierte Form der Kommunikation auszeichnet. Doch was im allgemeinen gesellschaftlichen Umgang für ein formvollendetes Miteinander sorgt, erwies sich im Flugzeugcockpit als verheerend. In Krisensituationen ist rücksichtsvolles Übersehen von Versäumnissen und Fehlern gefährlich, und höfliche Andeutungen bergen ein hohes Risiko. In westlichen Nationen wird (wenn auch mit Unterschieden) direkter kommuniziert, und die reglementierende Macht von Hierarchien ist schwächer. Insbesondere in individualistisch orientierten Gesellschaften wie der nordamerikanischen, in der jeder das Recht (und damit schon fast die Pflicht) hat, sein Glück selbst zu machen, fällt es leichter, miteinander Tacheles zu reden. Dass ein US-Kopilot lieber sein Leben opfert, als seinem Boss zu widersprechen, ist nur schwer vorstellbar. Man könnte also sagen, die Koreaner lernten, sich im Cockpit »westlicher« zu verhalten.

Das Konzept der Machtdistanz

Gladwell weist in diesem Zusammenhang auf das Konzept der »Machtdistanz« hin, das der Wirtschaftspsychologe Geert Hofstede auf der Basis umfangreicher internationaler Studien zu den prägenden Dimensionen einer Kultur zählt (andere sind Individualismus versus Kollektivismus und Risikobereitschaft versus Unsicherheitsvermeidung). Je größer die Machtdistanz in einer Gesellschaft ist, desto größer ist der Respekt vor Autoritäten und desto höher sind die Hemmungen, einen Konflikt mit jemandem zu riskieren, der hierarchisch übergeordnet ist.[15] Es wird Sie kaum noch überraschen, dass Wissenschaftler eine statistische Korrelation von hoher Machtdistanz zwischen Pilot und Kopilot und Zahl der Flugzeugabstürze nachweisen konnten. Je autoritärer und hierarchischer die Beziehung im Cockpit ist, desto größer ist die Gefahr eines Crashs.[16]

Zunehmende Komplexität in Cockpit und Management

Das Fliegen ist in dem guten Dutzend Jahren, die seit dem Crash auf Guam vergangen sind, sicher nicht einfacher geworden, auch wenn (und gerade weil) die Bordelektronik immer leistungsfähiger und komplexer wurde und den Piloten immer mehr Arbeit abnimmt. »Bereits jetzt ist der Mensch im Cockpit vor allem visuell an der Grenze dessen angelangt, was sein Wahrnehmungssystem noch verarbeiten kann«, sagt beispielsweise der Flugpsychologe Reiner Kemmler, und: »Der Pilot von heute muss mehr wissen, besser planen, das System mehr verfolgen und vorausdenken können.«[17] Erinnert das nicht fatal an die Rolle des Managers in einer globalisierten und immer komplexeren Wirtschaft? Ebenso wenig wie der Pilot heute mit dem Steuerknüppel alle Ruder direkt bedient und manuell alles im Griff hat, kann der Manager in den meisten Unternehmen alle Teile seines Verantwortungsbereichs im Detail übersehen und beeinflussen. In beiden Fällen ist es gut, wenn es starke Instanzen gibt, die den Mann (oder die Frau) am Steuer unterstützen und notfalls korrigieren.

> **ANTI-CRASH-FORMEL**
>
> Achtung – wenn der Kapitän selbst am Steuerknüppel sitzt, ist die Crashgefahr umso höher, je weniger der Kopilot gehört wird. Wenn Sie schon unbedingt selbst steuern wollen, dann sorgen Sie für einen Ko, der Ihnen widerspricht!

Wenn Chefs nicht loslassen können

Ist Erfahrung immer gut? Mein Fluglehrer hat immer gesagt: »Erfahrung ist die Summe aller überlebten Fehler.« Wer sich mit Flugzeugabstürzen beschäftigt, beginnt allerdings unweigerlich, den Faktor »Erfahrung« mit gemischten Gefühlen zu betrachten. Einerseits macht Praxiserfahrung zweifellos kompetenter, souveräner und sicherer. Wer Erfahrung hat, urteilt im Allgemeinen schneller und zutreffender. Er kann die aktuelle Situation mit vorigen ähnlichen Situationen vergleichen und seine Schlüsse daraus ziehen. Wahrscheinlich hat man schon den einen oder anderen Fehler begangen und vermeidet diesen Fehler beim nächsten Mal. Insofern macht Erfahrung tatsächlich klug. Doch andererseits scheint Erfahrung auch »dumm und blind« machen zu können – oder zumindest sorglos. Was ist, wenn der Situationsvergleich hinkt, wenn die eigenen Transferschlüsse nicht stimmen? Der Pilot der Korean Airlines hatte den Flughafen auf Guam schon acht Mal angeflogen und war sich sicher, »wieder« auf die Landebahn zuzufliegen. Sie war ja immer da und musste gleich auftauchen. Ein fataler Irrtum. Stattdessen flog er mit circa 250 Kilometer pro Stunde auf einen nur fünf Kilometer entfernten Berg zu.

Je öfter eine Sache gut gegangen ist, desto sorgloser werden wir Menschen offenbar. Auch dieser Effekt ist nicht auf Flugzeugcockpits beschränkt: Denken Sie an die Investmentbanker in den internationalen Bankenmetropolen, die sich noch als »Masters of the Universe« fühlten, als sie die Weltwirtschaft mit Unterstützung sorgloser Anleger längst an einen tiefen Abgrund spekuliert hatten. »Herren des Universums« – schöner und entlarvender kann man die eigene Selbstüberschätzung und Sorglosigkeit kaum auf den Punkt bringen. Diese Sorglosigkeit des »Es ist noch immer gut gegangen« ist so verbreitet, dass wir ihr ein eigenes Kapitel widmen (siehe Kapitel 3: Landen bei schlechtem Wetter).

Sorglosigkeit als Folge von Erfahrung

ANTI-CRASH-FORMEL

Erfahrung macht klug und dumm zugleich. Klug, weil man Vergleichssituationen heranziehen und danach entscheiden kann. Und dumm, weil Vergleiche manchmal kräftig hinken können.

Ein anderer Nebeneffekt dieser »erfahrungsbedingten« Selbstüberschätzung ist der Glaube, man könne »es« selbst am allerbesten. Er veranlasst Vorgesetzte, auch dort ins operative Geschäft hineinzuregieren, wo sie eigentlich für Übersicht, Kontrolle und Planung gefragt wären. Einer meiner Kunden ist eine kleine, anfänglich sehr erfolgreiche Firma, die Stahlkonstruktionen herstellt und montiert. Der Chef montierte mit, auch als das Unternehmen größer wurde. Die Folge: Man versank im operativen Geschäft und versäumte wichtige Weichenstellungen für die Zukunft, etwa in den Bereichen Organisation, Marketing und Neukundenakquise. Als die Verantwortlichen sich dessen bewusst wurden, war es schon fast zu spät. Liefer-

Chefs am falschen Platz

engpässe und bürokratisches Chaos hatten etliche Kunden vergrault. Auch hier hatte intern niemand interveniert, obwohl die Schwierigkeiten kaum mehr zu übersehen waren – ganz ähnlich wie bei türkischen Chefpiloten oder koreanischen Kapitänen.

Lieber Kleinarbeit als Übersicht

Umfassende Erfahrung wird weitaus effektiver eingesetzt, wenn sie nicht im Sumpf der Detailarbeit erstickt. Gerade wer das Geschäft »aus dem Effeff« kennt und »von der Pike auf« gelernt hat, tut sich mit diesem Rollenwechsel auf einem kontrollierenden Beobachter- und Planerposten oft schwer und flüchtet gerne weiterhin in die Niederungen des Operativen. Das betrifft nicht nur Chefs kleiner Familienunternehmen. Ich kenne den Vorstandsvorsitzenden eines großen Mittelständlers, der qua Ingenieursausbildung zeitlebens ein begeisterter Tüftler blieb. Bei Rundgängen durchs Unternehmen erschreckte er seine Entwicklungsingenieure regelmäßig mit konkreten Tipps. Niemand wagte zu widersprechen, und manche Idee wurde nur deshalb weiterverfolgt, weil sie »von oben« kam, auch wenn die Zeit längst über den propagierten Lösungsansatz hinweggegangen war. Dabei hätte es auch hier, im hart umkämpften Maschinenbaumarkt, genügend strategische Aufgaben gegeben. Statt sich selbst in die Entwicklung einer neuen Steckverbindung zu vertiefen, hätte der CEO besser im Auge behalten sollen, ob die Arbeit seiner Ingenieure insgesamt in die richtige Richtung ging.

Die wertvolle Rolle des PNF

Eine solche Flucht in »Lieblingsaufgaben« ist so selten nicht. Schauen Sie sich einmal in Ihrem Kollegen- oder Bekanntenkreis um: Vermutlich kennen Sie selbst einen Juristen, der auch als Geschäftsführer mit Vorliebe seiner Rechtsabteilung ins Handwerk pfuscht, einen Personalfachmann, der sein Faible für Personalarbeit auch dann nicht verleugnen kann, wenn er längst eine ganze Firma führt, oder einen Informatiker, der auch als Chef einer mittelgroßen IT-Beratung gerne mal selbst programmiert, statt Budgets zu planen und Kunden zu akquirieren. Dabei lehrt uns die Fliegerei: Als PNF – als »Pilot Non-Flying« – sind Sie viel wertvoller! Es ist gut, wenn Sie Ihren Erfahrungsschatz einbringen, aber nicht, indem Sie selbst das operative Geschäft übernehmen, sondern indem Sie das operative Geschäft optimal überwachen und wirklich nur im Notfall eingreifen.

> **ANTI-CRASH-FORMEL**
>
> Als Führungskraft machen Sie als »Pilot Non-Flying« den besten Job. Behalten Sie das Gesamtsystem im Auge und greifen Sie nur ein, um Fehlentwicklungen zu korrigieren. Hüten Sie sich vor »Lieblingsaufgaben«!

Machtdistanz und Firmenerfolg

Bei einer komplexen Aufgabe ist es gut, wenn nicht nur eine Stimme Gehör findet. So könnte man die Ergebnisse aus dem Cockpit auch interpretieren. Die meisten Arbeitsaufgaben in Unternehmen sind heute komplex. Natürlich ist es besser, wenn nicht einer allein das Sagen hat und alle anderen zu reinen Statisten oder ausführenden Organen degradiert. So neu ist das nicht, meinen Sie? Autoritäre Führung sei schließlich nicht erst seit gestern verpönt? Mag sein. In der Theorie führen alle »kooperativ«, jedenfalls wenn man im Vorstellungsgespräch danach fragt. Doch wie sieht die Praxis wirklich aus?

Kooperative Führung: Theorie ...

Wie ist die Führungskultur in Ihrem Unternehmen?

Wie oft kommt es vor, dass in einem Meeting bei Ihnen im Unternehmen tatsächlich die Chefposition hinterfragt wird? Wie oft kommt es vor, dass ein Mitarbeiter zumindest im Zweiergespräch vorsichtig Bedenken anmeldet? Machen wir uns nichts vor: Das Vertrauen vieler Menschen in die tatsächliche Kooperationsbereitschaft ihrer Vorgesetzten scheint gedämpft. Zur Erinnerung: »Kooperative Führung« bedeutet im Kern, dass ein Vorgesetzter ein offenes Ohr für Ideen und Anregungen seiner Mitarbeiter hat und deren Meinungen in wichtigen Fragen systematisch berücksichtigt, bevor er selbst seine Entscheidung fällt. (Anders als im Cockpit muss im Unternehmen glücklicherweise nur selten binnen Minuten oder sogar Sekunden entschieden werden.) Kooperative Führung hat also nichts

... und Praxis

mit demokratischer Mehrheitsbildung und erst recht nichts mit führungslosem Laisser-faire zu tun. Vernünftig ist eine kooperative Vorgehensweise auch deshalb, weil kein noch so fähiger Manager heute alles wissen kann und weil eine Führungskraft so am meisten von der Kompetenz ihrer Mannschaft profitiert – vom Motivationseffekt des Gehörtwerdens für die Mitarbeiter einmal ganz zu schweigen.

Was autoritäre Führung bewirkt

Die negativen Folgen autoritärer Führung sind bekannt. Thomas Gordon hat sie schon vor über 30 Jahren in seinem zigfach aufgelegten Buch *Managerkonferenz* beschrieben. »Widerstand«, »Trotz«, »Feindseligkeit«, »Lügen«, »Mogeln«, »Unterwürfigkeit«, »Konformismus«, »Speichelleckerei«, »Rückzug«, »Flucht«, »Angst, etwas Neues oder Kreatives zu wagen« nennt Gordon unter anderem.[18] Das erinnert nicht zufällig an die Atmosphäre früher in der Schule, wenn der gefürchtete »strenge« Lehrer das Regiment führte: Die meisten in der Klasse tauchten ab und warteten im Wesentlichen auf die ersehnte Pausenklingel, ein paar Mutige begehrten auf, provozierten und riskierten eine Strafe und die kleine Abteilung der Streber versuchte sich möglichst beliebt zu machen und hing zumindest äußerlich wie gebannt an den Lippen des herrischen Pädagogen. Eine Unternehmensabteilung, in der nach diesem Muster kommuniziert wird, ist nicht gerade das, was man sich im harten Wettbewerb des 21. Jahrhunderts als Vorgesetzter wünschen sollte.

Die Folgen rigider Führung

Dennoch ist die Kritik am autoritären Gestus bis heute notwendig. Barbara Kellerman, Harvard-Professorin und Führungsexpertin, hat ein Buch über »Bad Leadership« geschrieben, in dem sie sieben Spielarten schlechter Führung differenziert. Eine davon (neben Inkompetenz, Korruption usw.) ist »rigide Führung«. Als Beispiel nennt die Autorin US-Verteidigungsminister Donald Rumsfeld: »Er war sicherlich kein Idiot und auch nicht inkompetent, aber er war unfähig, aus seinen Fehlern zu lernen und neue Ideen zu akzeptieren.«[19] Die Folge einer solchen Haltung: Die Mitarbeiter halten sich mit Vorschlägen oder gar Kritik ängstlich zurück und sie zögern, ihrem Boss reinen Wein einzuschenken, wenn es Probleme gibt. Dieses »Schonverhalten« ist in den Topetagen vieler Unternehmen zu beobachten. Da heißt es dann oft, dies oder jenes könne man dem

Chef »jetzt aber nicht sagen« – ganz so, als werde der Überbringer schlechter Nachrichten auch heute noch geköpft. Oder können Sie sich vorstellen, dass jemand halbwegs entspannt zu Jürgen Schrempp (oder Ferdinand Piëch oder Hartmuth Mehdorn oder, oder) ins Büro marschiert und lässig sagt: »Chef, wir haben ein Problem. Gerade ist etwas richtig schiefgelaufen«? Wenn Sie jetzt grinsen müssen, ist Ihr Vertrauen in eine offene Kommunikationskultur – als Voraussetzung »kooperativer Führung« – offenbar auch nicht allzu groß. Genau diese vorsichtige Zurückhaltung der »Untergebenen« kostete Korean Airlines ein Flugzeug nach dem anderen und viele Menschen ihr Leben.

Natürlich kann man anzweifeln, dass das Verhalten der Alphatiere im Topmanagement repräsentativ ist für das Führungsverhalten mittlerer Manager, die 20 oder 30 Jahre jünger und entsprechend anders sozialisiert sind. Diesen Führungskräften kommt das Bekenntnis zur Kooperation im Allgemeinen recht flott über die Lippen, und es ist in den allermeisten Fällen sicher von echter Überzeugung begleitet. Doch was bleibt von dieser Überzeugung im Führungsalltag übrig, insbesondere dann, wenn mal nicht alles »rund läuft«?

Autoritäre Führung: eine Frage des Alters?

Der Autor Franz Reither ist dieser Frage empirisch auf den Grund gegangen. Er untersuchte das Entscheidungsverhalten von rund 5700 Führungskräften bei »niedriger«, »mittlerer« und »hoher« Problemlage. Das Ergebnis ist interessant: Bei ruhiger Geschäftssituation (»niedrige Problemlage«) handelt die Mehrzahl der Führungskräfte überraschenderweise entschlossener und »rabiater« als bei durchschnittlicher Problemlage, vermutlich in dem Bemühen, dem Unternehmen neue Impulse zu geben. Noch weit drastischer sind die Reaktionen jedoch bei schwieriger Geschäftslage. Typisch sind hier Handlungsmuster, »die missliebige Zustände unter schwierigen Bedingungen – womit noch keine Krisen- oder Katastrophenszenarien gemeint sind – bereits nach wenigen moderaten Bewältigungsversuchen mit Stumpf und Stiel auszumerzen trachten«. »Hemdsärmeliges Zupacken« oder auch die Neigung »Gewaltmaßnahmen anzuwenden« scheint in diesen Situationen charakteristisch zu sein. Reithers Fazit: »Beim Umgang mit komplizierten Problemen besteht die Tendenz, sich dominant zu verhalten. Unerwünsch-

Führungsverhalten in unterschiedlich schwierigen Situationen

te Entwicklungen werden frontal bekämpft, und es wird versucht, das gesamte Geschehen ausschließlich nach den eigenen Prinzipien zu erklären und zu steuern.«[20]

Die Folgen einsamer Entscheidungen

Einfacher ausgedrückt: Man führt zwar »eigentlich« kooperativ, aber wenn es ernsthafte Probleme gibt, ist Schluss mit lustig. In der Politik spricht man in solchen Fällen auch gerne vom »Machtwort«. Und in der Tat wird gerade in heiklen Situationen deutlich, wie groß das Machtgefälle in einer Abteilung tatsächlich ist. Wer unter Druck autoritär agiert, darf sich nicht wundern, wenn seine Mitarbeiter auch in Normalsituationen anschließend lieber die Klappe halten. Dabei geht ein sachliches, objektiv nachweisbares Risiko ein, wer unter Druck zu einsamen Beschlüssen neigt und diese autoritär durchzieht. Das ist in etwa so, als sagte beim Fliegen der Pilot Flying gerade in dem Moment, in dem die Maschine ins Trudeln gerät, alle Warnlämpchen hektisch zu blinken beginnen und ein schriller Alarmton ertönt, zum Pilot Non-Flying: »Ruhe! *Sie* halten sich da jetzt mal raus!«

ANTI-CRASH-FORMEL

Gerade in schwierigen Situationen ist die Versuchung groß, ein Machtwort zu sprechen. Doch vor allem hier lohnt es sich, die Meinung der Mitarbeiter einzuholen, bevor Sie eine Entscheidung treffen.

Warum man Mitarbeiter zum Widerspruch »erziehen« muss

Das Milgram-Experiment

Im Cockpit ist der PNF darauf trainiert, den fliegenden Piloten zu kontrollieren und ihm notfalls sogar das Kommando abzunehmen. Im Alltag sind die meisten Menschen es eher gewohnt, Autoritäten zu gehorchen. Vielleicht haben Sie in diesem Zusammenhang schon mal vom »Milgram-Experiment« gehört: Anfang der 1960er-Jahre veranlasste der US-Psychologe Stanley Milgram in einem spektakulären Versuch Probanden dazu, eine zweite Versuchsperson mit Elektroschocks zu »bestrafen«, wenn diese bei der Ausführung einer Aufgabe (der Bildung von Wortpaaren) Fehler machte. Dabei wurde die Heftigkeit der (vermeintlichen) Stromstöße langsam gesteigert. Während den Probanden gesagt wurde, es ginge in dem Versuch um Lernprozesse, stand in Wahrheit das Ausmaß ihrer eigenen Autoritätsgläubigkeit auf dem Prüfstand: Wie weit ist ein Mensch bereit zu gehen, wenn eine Autorität ihn dazu auffordert?

Der übergroße Einfluss von Autoritäten

Das ernüchternde Ergebnis: Nur eine Minderheit der Probanden brach den Versuch ab, obwohl sich der von ihnen »Bestrafte« – in Wirklichkeit ein Schauspieler – am Ende vor Schmerzen wand und schrie und schließlich apathisch in seinem Stuhl zusammensank. Solange der Versuchsleiter sie zum Weitermachen aufforderte, gehorchten die meisten Menschen widerspruchslos, und zwar bis zur maximalen Stärke von 450 Volt. Das ist umso erstaunlicher, als die Probanden keinerlei Sanktionen befürchten mussten, wenn sie sich widersetzt hätten: Was konnte ihnen der Versuchsleiter, bei dem sie sich auf eine Zeitungsannonce hin eingefunden hatten, schon anhaben? Das sieht beim Verhältnis Mitarbeiter–Chef im Unternehmen schon deutlich anders aus.

Neurologische Ursachen

Sich gegen Autoritäten zu behaupten ist offenbar sehr schwer, denn Konflikte riskieren die meisten Menschen nur ungern. Die moderne Hirnforschung erhärtet Milgrams Befund. Aus neurologischer Perspektive sind soziale Konflikte ein wesentlicher Stressfaktor, der rationales Handeln beeinträchtigen kann: »Bei allen sozial organisierten Säugetieren und insbesondere beim Menschen ist psychosozialer Konflikt die wichtigste und häufigste Ursache für die Aktivierung der Stressreaktion, die leicht unkontrollierbar werden kann«, schreibt etwa der renommierte Neurobiologe Gerald Hüther in seinem Buch *Biologie der Angst* und fährt fort: »Besonders betroffen sind Individuen mit einem unzureichend entwickelten Repertoire an sozialen Verhaltens- (Coping-)Strategien.«[21] Ein simples Beispiel aus meiner Beratungspraxis: Eine Personalleiterin, mit der ein Trainingskonzept aufwendig abgestimmt ist, legt dieses abschließend ihrem Vorgesetzten, dem Geschäftsführer des Unternehmens, vor. Der übt nicht einmal Kritik, sondern er fragt lediglich: »Und was kann ein Externer, was unsere eigenen Trainer nicht können?« Statt einfach die Frage zu beantworten (oder sie an mich weiterzureichen), cancelt die Personalerin umgehend das Projekt. Man muss das vielleicht nicht gleich »vorauseilenden Gehorsam« nennen, doch: Schon die bloße Möglichkeit, sich einer Diskussion stellen zu müssen, führt oft zum Rückzug – das ist Konfliktvermeidung pur und ein Indiz für eine hohe Machtdistanz im Unternehmen.

Statistischer Nachweis: Die Deutschen wollen autoritäre Chefs

Ob sich an der Neigung, Konflikte zu meiden und sich Autoritäten lieber unterzuordnen, in den letzten 40 Jahren grundsätzlich etwas geändert hat, bezweifle ich daher. Im Sommer 2007 veröffentlichte das Münchener geva-institut das Ergebnis einer überbetrieblichen Mitarbeiterbefragung, an der über 11 000 Menschen in 25 Ländern teilnahmen. Danach bejahen immerhin 41 Prozent der befragten Deutschen den Satz: »Eine Führungskraft sollte Mitarbeitern eindeutige Anweisungen geben; sich nicht von abweichenden Vorstellungen oder äußeren Veränderungen beeinflussen lassen.« Und sogar 80 Prozent meinen, der Vorgesetzte solle »entscheidungsfreudig und durchsetzungsfähig« sein. »Deutsche lieben starke Chefs«, titelte das Institut seine Pressemitteilung.[22] Gefragt sind bei vielen Menschen ganz offensichtlich die Alphatiere, die sagen, wo es langgeht (… und uns damit die Last der Verantwortung abnehmen?).

Typische Führungsmythen

Das aber bedeutet: Nicht nur in Kulturen mit einer ungewöhnlich hohen Machtdistanz (wie etwa der koreanischen) besteht die Gefahr der »Chefgläubigkeit«. Was sich im Alltag oft beobachten lässt – sobald ein Vorgesetzter ein wenig energisch wird, breitet sich vorsichtige Zurückhaltung unter den Mitarbeitern aus, und kaum jemand wagt noch einen leisen Einwand –, stellt der Psychologe Oswald Neuberger in einen größeren Kontext. In seinem Standardwerk *Führen und führen lassen* weist er auf typische Führungsmythen hin. Diese fördern bei näherer Betrachtung im Unternehmensalltag eine Art Duckmäusertum oder zumindest einen »Der Chef wird's schon richten«-Glauben. Mythen bieten Orientierung und Rechtfertigung in mehrdeutigen Situationen; gleichzeitig artikulieren sich in ihnen verborgene Sehnsüchte. Zu den Führungsmythen zählt Neuberger unter anderem Glaubenshaltungen wie:

- »Es geht rational zu.«
- »Alles ist machbar.«
- »Der/die Beste setzt sich durch.«
- »Die Führungskraft hat alles im Griff.«
- »Das Ziel ist Erfolg.«[23]

Solche Glaubenssätze nähren den Glauben an die Allmacht des Mannes (oder der Frau) an der Spitze, und das nicht nur in den Köpfen der Mitarbeiter. Auch die Wirtschaftspresse strickt eifrig an diesem Mythos mit, wenn beispielsweise Wiedeking jahrelang zum »Retter von Porsche« verklärt, Apple-Gründer Steve Jobs zum »Visionär« geadelt oder Linde-Chef Helmut Reitzle als »großer Stratege« gepriesen wird. Erfüllen die zuvor mystifizierten Helden die Erwartungen nicht (mehr), ist die Enttäuschung umso größer – man denke nur an Wiedeking. All das mündet im Alltag leicht in ein achselzuckendes »Der Chef wird schon wissen, was er tut«, auch wenn sich die Warnsignale vielleicht schon häufen. Und das würde bedeuten: Die korrigierende »zweite Meinung«, die im Cockpit eines Flugzeugs zum Sicherheitssystem gehört, fehlt in den meisten Unternehmen. Wer möchte, dass seine Mitarbeiter ihre eigene Sicht der Dinge schildern und Bedenken und Einwände offen äußern, muss sie ausdrücklich dazu ermuntern. Und er muss vor allem einen Kardinalfehler vermeiden: harsch zu reagieren, wenn jemand sich tatsächlich aus der Deckung traut.

Mitarbeitermeinung: erwünscht!

> **ANTI-CRASH-FORMEL**
>
> Sorgen Sie dafür, dass aus Ihren Mitarbeitern selbstbewusste, kritische Kopiloten werden – nicht desinteressierte Befehlsempfänger.

Das Führungsdilemma: »Captain's Decision« *und* Zuhören können

Unpopuläre Entscheidungen treffen

Eine gute Führungskraft hört sich die Argumente ihrer Mitarbeiter an und trifft dann wohlüberlegt und unter Abwägung des Gehörten eine Entscheidung. So schöpft sie am besten die Kompetenz in ihrer Abteilung ab und sorgt außerdem am ehesten für eine motivierte Umsetzung dessen, was auf diese Weise beschlossen wurde. Klingt prima, ist aber leider nur die halbe Wahrheit. Fast jede Führungskraft ist im Laufe der Jahre zu Entscheidungen gegen den Widerstand der Mitarbeiter gezwungen. Wer Budgets kürzen oder Kollegen entlassen muss, kann kaum auf kreative Unterstützung seiner Mitarbeiter zählen. Und selbst wer lediglich lieb gewonnene Rituale verändern will, sieht sich unversehens einer mauernden Mannschaft gegenüber. Wer schon mal verkündet hat, man plane die Umstellung auf eine neue Computersoftware, weiß, wovon ich rede.

Chesley Sullenbergers »Captain's Decision«

Den Mut, eindeutige Entscheidungen zu treffen und seine Position auch bei möglichem Gegenwind zu behaupten, bezeichnet man in der Fliegerei als »Captain's Decision«. Chesley B. Sullenberger, der im Januar 2009 einen voll besetzten Airbus A320 auf dem Hudson River mitten in New York notlandete, traf eine solche Entscheidung und rettete damit allen 155 Menschen an Bord das Leben. Die Maschine war unmittelbar nach dem Start auf dem La-Guardia-Flughafen mit einem Gänseschwarm kollidiert, beide Triebwerke fielen daraufhin aus. Das Flugzeug hatte nicht mehr genug Schub, um einen Ausweichflughafen zu erreichen oder nach La Guardia umzukehren. Als glücklicher Umstand erwies sich, dass Sullenberger mehr als 40 Jahre Flugerfahrung besaß und sich zudem mit einer eigenen Sicherheitsfirma auf das Handeln von Piloten in Krisensituationen spezialisiert hatte. Auch psychisch war er offenbar gut vorbereitet. Da alles gut ging, wird Sullenberger bis heute als »Held vom Hudson« gefeiert.

Doch was, wenn es schiefgegangen wäre? Wenn die Maschine beim Aufprall auf die Wasseroberfläche auseinandergebrochen wäre oder vorher gar die Wolkenkratzer New Yorks gestreift hätte? Höchstwahrscheinlich hätten sich rasch kritische »Experten« gefunden, die der Welt erklärten, wie »unverantwortlich« Sullenberger gehandelt habe und welches hohe Risiko er eingegangen sei.

Natürlich könnten Sie einwenden, Sullenberger habe überhaupt keine andere Möglichkeit gehabt, als auf dem Hudson notzuwassern, da eine Rückkehr zum Flughafen unmöglich und sonst kein freies Gelände für eine Notlandung in Sicht war. Das Besondere am Verhalten von Captain Sullenberger ist auch etwas anderes: Er traf die Entscheidung, den Hudson anzufliegen, ohne zu zögern. Wahrscheinlich wusste er, dass sein Vorhaben riskant war. Aber anstatt zu zaudern und über die Konsequenzen im Falle des Scheiterns nachzudenken, nutzte er jede Sekunde für einen möglichst optimalen Anflug auf den Hudson. Zweifeln wäre mit Sicherheit tödlich gewesen.

Wenn schnelles Handeln gefragt ist: im Cockpit ...

Der Unterschied zwischen Chesley Sullenberger und den meisten Führungskräften ist, dass sie nur äußerst selten binnen Sekunden eine weitreichende Entscheidung treffen müssen. Natürlich: Wenn das Unternehmen brennt, beruft man keine Gruppensitzung ein und beratschlagt erst einmal ganz in Ruhe, welches denn der beste Fluchtweg sein könnte. Aber derartige Situationen, in denen sofort – in dieser Minute – etwas passieren muss, um größeren Schaden abzuwenden, sind im Managerleben doch eher selten. Ein Beispiel gibt der Medienmanager und frühere Premiere-Chef Georg Kofler 2008 in einem Interview. Als die Kirch-Media Insolvenz angemeldet hatte, drohte der Bezahlsender mit in den Abgrund gerissen zu werden. Noch während der live übertragenen Pressekonferenz von Insolvenzverwalter und Insolvenzgeschäftsführer traf Kofler eine typische Captain's Decision: »In der Situation bin ich in meinem Büro zweimal um den Tisch gegangen und habe dann zu meinem Pressesprecher gesagt: ›Premiere dementiert.‹ Zwei Minuten später wurde das als News-Ticker auf dem Fernsehschirm eingeblendet, was dazu führte, dass die Journalisten in der laufenden Pressekonferenz nachhakten: ›Ja, aber hören Sie, Premiere dementiert.‹«[24] Selbst der als Tausendsassa bekannte Kofler betrachtet das offensichtlich als absolute Ausnahmesituation.

... oder im Management

Das bedeutet: Entscheiden müssen Sie. Und manchmal werden Sie auch unpopuläre oder riskante Entscheidungen treffen

Den goldenen Mittelweg finden

MACHTDISTANZ UND FIRMENERFOLG

müssen. Ganz selten aber müssen Sie diese Entscheidungen *sofort* und unter extremem Zeitdruck treffen. Dennoch neigen Führungskräfte gerade in schwierigen Situationen zur Abschottung und zu radikalen Entschlüssen im stillen Kämmerlein (siehe Reithers Erkenntnisse zum Entscheidungsverhalten). Selten sehen Mitarbeiter ihre Chefs so wenig wie in Krisensituationen. Dann wird oft hinter verschlossener Bürotür gebrütet, bevor irgendwann die Hiobsbotschaften überbracht werden. Was spricht eigentlich dagegen, auch in diesen Situationen erst einmal die Position anderer Menschen anzuhören? Das ist auch deswegen ratsam, weil jede Entscheidung zwangsläufig vor einem subjektiven (und selektiven) Wahrnehmungs- und Erfahrungshorizont erfolgt. Manager, denen man nachsagt, sie hätten die Bodenhaftung verloren und wüssten gar nicht mehr, wie es um ihr Unternehmen steht, sollten Warnung genug sein. Ob Sie den Ideen und Anregungen Ihrer Mannschaft folgen oder nicht, können (und müssen) Sie dann ohnehin noch abwägen. Unterm Strich bedeutet das: Eine gute Führungskraft muss in der Lage sein, im entscheidenden Moment »das Richtige« auch gegen Widerstände durchzusetzen. Sie muss aus meiner Sicht aber ebenso in der Lage sein, vorher andere Meinungen zu berücksichtigen, um Tunnelblick und Fehlentscheidungen zu vermeiden. Versöhnen lässt sich dieser potenzielle Widerspruch schlicht durch die Bereitschaft zum Zuhören.

ANTI-CRASH-FORMEL

Benutzen Sie die Captain's Decision nicht als Rechtfertigung für autokratische Selbstherrlichkeit. Bevor Sie eine Captain's Decision fällen, überlegen Sie genau: Muss das wirklich jetzt sofort sein? Haben Sie alle Informationen, um Ihre Entscheidung auf sichere Beine zu stellen?

Kooperative Führung in der Praxis

Experten wie Praktiker sind sich einig, dass Komplexität ein Merkmal heutiger Unternehmenswelten ist. Die Prozesse, die Arbeitsaufgaben und die Anforderungen an jeden Einzelnen in einer global vernetzten und hoch arbeitsteiligen Wirtschaft lassen sich nicht mehr mit denen noch vor 100, 50 oder auch nur 20 Jahren vergleichen, bevor Internet und E-Mail für eine weitere Beschleunigung im Arbeitsalltag sorgten. Wer in den 1950er-Jahren einen traditionellen Produktionsbetrieb führte, in dem am Fließband die immergleichen Handgriffe auszuführen waren, konnte »seinen Laden« vielleicht noch überblicken und sich als Führungskraft auf ein autoritäres Anweisen zurückziehen. Wer heute ein Unternehmen oder eine Abteilung leitet, wird in den wenigsten Fällen für sich beanspruchen, alle Prozesse und Abläufe im Detail zu verstehen und par Ordre de Mufti regeln zu können. Ähnlich wie der Pilot im Cockpit einer modernen Maschine ist er auf kompetente Partner angewiesen. Ein ausgeprägt hierarchisches Denken – eine große Machtdistanz – im Unternehmen verhindert eine fruchtbare Kooperation. Sie hindert Mitarbeiter daran, eigene Ideen einzubringen und auch mal Einwände zu äußern. »Mitdenken ist hier ja nicht gefragt«, heißt es dann. Das mag manchmal eine Schutzbehauptung sein und auch nur die eigene Trägheit kaschieren; oft ist es aber auch Ausdruck echter Resignation angesichts einer in Zuständigkeiten und Statusdenken erstarrten Hierarchie.

Komplexität der heutigen Arbeitswelt

Voraussetzungen schaffen: Machtdistanz verringern

Wer einsame (Fehl-)Entscheidungen verhindern will, tut gut daran, »kooperative« Führung tatsächlich in die Tat umzusetzen und dafür zu sorgen, dass die »Machtdistanz« zu seinen Mitarbeitern nicht zu groß wird. Dabei helfen flache Hierarchien. Gibt es nur zwei oder drei Ebenen im Unternehmen, fällt ein offenes Wort leichter als in einer fein ausgetüftelten Großbürokratie mit einer Vielzahl hierarchischer Abstufungen und sorgsam überwachten Kompetenzen und Zuständigkeiten. Es ist sicher kein Zufall, dass innovative Organisationen wie Google, die es in 20 Jahren vom Zweimann-Start-up zu einem

Google: ein Beispiel für flache Hierarchien

der weltweit erfolgreichsten Unternehmen brachten, bis heute auf eine offene Kultur mit niedrigen hierarchischen Hürden setzen: »Innovation als unser Unternehmensziel kann nur erreicht werden, wenn alle Mitarbeiter selbstbewusst eigene Ideen und Meinungen vorbringen. Das heißt im Klartext: Jeder Mitarbeiter ist eine wertvolle Ressource für das Unternehmen und bekleidet verschiedene Rollen. Da jedem Mitarbeiter bewusst ist, dass er einen gleich wichtigen Anteil am Erfolg von Google hat, zögert auch niemand, … eine gezielte Frage an Larry Page oder Sergey Brin zu richten oder einen Volleyball auf ein Mitglied der Unternehmensführung zu schmettern«, heißt es auf der Homepage.[25] Können Sie sich vorstellen, dass in einem deutschen Traditionskonzern Mitarbeiter beim Fußball einem Vorstandsmitglied den Ball abjagen?

Gelebte Kommunikation

Mindestens ebenso wichtig wie Organigramm und Titel ist jedoch die gelebte Kommunikation. Prägend für eine Abteilung ist dabei der Stil des Vorgesetzten. Das gibt Ihnen gewisse Einflussmöglichkeiten, auch wenn Sie nicht in der komfortablen Situation sind, das Unternehmensorganigramm neu zu schreiben. Konkrete Maßnahmen sind:

Tipps für eine bessere Kommunikationskultur

– Trainieren Sie die wichtigste (und seltenste) kommunikative Fähigkeit: gut zuhören. Schenken Sie Mitarbeitern Ihre volle Aufmerksamkeit, wenn diese sich zu inhaltlichen Fragen äußern; vermeiden Sie vorschnelle Interpretationen und Einwürfe; fragen Sie nach – kurz: Hören Sie »aktiv« zu (wie es ja heute in jedem Führungsseminar gelehrt wird).
– Fragen Sie Mitarbeiter nach ihrer Einschätzung und nehmen Sie Meinungsäußerungen ernst.
– Sorgen Sie in Meetings für ein konstruktives Klima; unterbinden Sie persönliche Attacken und unfaire Rhetorik anderer.
– Beobachten Sie sich in der Kommunikation: Lassen Sie Mitarbeiter ausreden? Vermeiden Sie es, Kritiker abzukanzeln, bloßzustellen oder hinterher abzustrafen? Denken Sie an Ihre Vorbildfunktion.
– Wer Informationen will, muss Informationen geben: Betreiben Sie keine Machtspielchen, keine Geheimnistuerei.

Kommunizieren Sie fair. Wenn Sie zu einer Angelegenheit noch nichts sagen können, sprechen Sie das an.
- Gehen Sie auf Mitarbeiter zu, interessieren Sie sich für deren Meinung. Das muss nicht im formellen Rahmen eines Meetings geschehen – siehe die Idee des »Management by walking around«.
- Begründen Sie Entscheidungen, vermeiden Sie herrische Machtworte à la »Tun Sie einfach, was ich sage« (»... weil ich es so will«, »Überlassen Sie das Denken lieber anderen ...«).
- Sorgen Sie für eine positive Fehlerkultur. Zu einer offenen Kommunikation gehört auch, dass Fehler gemacht werden dürfen und dass konstruktiv mit Fehlern umgegangen wird (zu einem »Non-Punishment Reporting System« siehe Kapitel 6). Mitarbeiter, die Angst haben müssen, Fehler zu machen, werden sich generell mit Meinungsäußerungen und Vorschlägen eher zurückhalten.
- Schulen Sie Ihren Blick: Nicht nur, *was* gesagt wird, sondern auch, *wie* etwas gesagt wird, ist wichtig. Wenn Sie in Meetings regelmäßig auf eine Mauer des Schweigens, verschränkte Arme, spöttische Bemerkungen oder eilfertiges Nicken stoßen, haben Sie Ihren Kopiloten verloren.

ANTI-CRASH-FORMEL

Wer kooperativ führen will, muss vor allem offen und fair kommunizieren.

Fehleinschätzungen vorbeugen: für ein Korrektiv sorgen

In seinem Buch *Anleitung zum Unglücklichsein* erzählt Paul Watzlawick eine inzwischen weltberühmte Geschichte – die Geschichte vom Mann mit dem Hammer:

> »Ein Mann will ein Bild aufhängen. Den Nagel hat er, nicht aber den Hammer. Der Nachbar hat einen. Also beschließt unser Mann, hinüberzugehen und ihn auszuborgen. Doch da kommt

Der Mann mit dem Hammer: Erkennen Sie sich selbst?

ihm ein Zweifel: Was, wenn der Nachbar mir den Hammer nicht leihen will? Gestern schon grüßte er mich nur so flüchtig. Vielleicht war er in Eile. Aber vielleicht war die Eile nur vorgeschützt, und er hat etwas gegen mich. Und was? Ich habe ihm nichts angetan; der bildet sich da etwas ein. Wenn jemand von mir ein Werkzeug borgen wollte, ich gäbe es ihm sofort. Und warum er nicht? Wie kann man einem Mitmenschen einen so einfachen Gefallen abschlagen? Leute wie dieser Kerl vergiften einem das Leben. Und da bildet er sich noch ein, ich sei auf ihn angewiesen. Bloß weil er einen Hammer hat. Jetzt reicht's mir wirklich. Und so stürmt er hinüber, läutet, der Nachbar öffnet, doch bevor er ›Guten Tag‹ sagen kann, schreit ihn unser Mann an: ›Behalten Sie Ihren Hammer, Sie Rüpel‹.«[26]

Bevor Sie diesen aufbrausenden Zeitgenossen belächeln, überlegen Sie bitte einen Moment, wie Sie selbst zu Urteilen und Entscheidungen kommen: Sie rufen bisherige Eindrücke und Erfahrungen ab und ziehen Ihre Schlüsse daraus. Diese Schlussfolgerungen bestimmen wiederum Ihr Handeln. Wenn Ihr Leben bisher einigermaßen erfolgreich verlaufen ist, deckten sich Ihre Interpretationen augenscheinlich weitgehend mit denen Ihrer Umgebung. Wenn nicht, geht es Ihnen wie dem Mann mit dem Hammer. Dass Ihre Nachbarn längst nicht mehr mit Ihnen reden, dürfte dann Ihr geringstes Problem sein …

Ein Korrektiv ist wichtig

Was Watzlawick uns in seiner fantastischen Art zeigt, ist: Wir alle sind Gefangene unserer eigenen Erfahrungen und Deutungen – wir »konstruieren« unsere Wirklichkeit, und wir können auch gar nicht anders, denn die Barriere unserer eigenen Wahrnehmung können wir nicht überspringen. Es ist daher nur vernünftig, unsere eigene Weltsicht nicht für allgemeingültig und unfehlbar zu halten. Wir sollten uns stattdessen gezielt um Korrektive bemühen. Im Unternehmensalltag kann ein vertrauenswürdiger und kompetenter Kollege oder Vorgesetzter ein solches Korrektiv sein – ein Gesprächspartner, der verhindert, dass man sich verrennt und alle Warnlämpchen übersieht. Gibt es im eigenen Umfeld niemanden, dem Sie das zutrauen, bietet sich ein externer Sparringspartner an, etwa ein Coach. Am besten sind Sie hier mit jemandem beraten, der über Erfahrung in der Wirtschaft (möglichst auch Führungspraxis) und ein psychologisches Instrumentarium gleichermaßen verfügt. Ein guter Coach wird Ihnen nicht sagen, was Sie tun müssen, aber er wird sehr gezielt die richtigen Fragen stellen und so im besten Sinne »Hilfe zur Selbsthilfe« leisten. Und er wird mit Ihnen in einem Vorgespräch die genauen Inhalte seines Auftrags klären und Auskunft über seine Methode(n) geben.

Viele große Firmen setzen außerdem auf 360-Grad-Befragungen, vor allem, um blinde Flecken in der Selbstwahrnehmung ihres Führungspersonals zu korrigieren. Auf der Basis eines professionell entwickelten Fragebogens geben hier alle Instanzen, mit denen eine Führungskraft im Alltag zusammenarbeitet, ihre Einschätzung anonym zu Protokoll: Mitarbeiter, Vorgesetzte, Kunden, ausgewählte Geschäftspartner. Manche Betroffenen lehnen die 360-Grad-Befragung als verstecktes Disziplinierungsinstrument ab, und gelegentlich mag sie tatsächlich als solches missbraucht werden. Im Normalfall bekommen Sie jedoch wertvolle Anregungen für Ihre persönliche Weiterentwicklung. Möglicherweise werden Sie auf Eigenheiten aufmerksam gemacht, mit denen Sie sich manchmal selbst ein Bein stellen, etwa die Neigung zu einsamen Entschlüssen, mangelnde Abstimmung im Team oder auch längeres Aussitzen von Entscheidungen. Auch reine Mitarbeiterbefragungen können diesen Zweck erfüllen. Im Idealfall allerdings kommunizieren Sie so offen mit Ihren Mitarbeitern, dass Sie keine extra Befragung brauchen!

360-Grad-Befragungen als Kontrollinstrument

Die Kultur in Ihrer Abteilung wird natürlich stark durch die Menschen geprägt, mit denen Sie sich umgeben. Achten Sie also am besten schon im Vorstellungsgespräch darauf, dass Sie nicht nur »pflegeleichte« Jasager einstellen. Das Unternehmen und auch Sie profitieren stärker von selbstbewussten Naturen, die Sie auch mal (heraus-)fordern. Und umschiffen Sie eine andere Klippe gleich mit: die Neigung, sich vorwiegend an Menschen zu halten, die ähnlich »ticken« wie man selbst. »We like each other when we are like each other« (wir mögen uns, wenn wir uns ähnlich sind), stellt man in den USA zutreffend fest. Das sorgt zwar häufig für spontane Sympathie, aber langfristig auch für personelle Monokulturen. Und wenn sich alle immer hübsch einig sind, kann man auch wunderbar gemeinsam Schiffbruch erleiden.

Auf eine gute »Durchmischung« achten

> **ANTI-CRASH-FORMEL**
>
> Werden Sie misstrauisch, wenn Sie im Unternehmensalltag nie mit Einwänden konfrontiert werden. Entweder Sie sind unfehlbar ;-), oder Sie haben es versäumt, für funktionierende Korrektive zu sorgen.

Diskussionsrahmen bieten: Blogs und Kummerkästen

Fehlende Kritikmöglichkeiten für Mitarbeiter

In jedem Mittelklasse-Hotelzimmer liegt heute ein Feedbackbogen aus; im Internet kann man sich binnen Sekunden einen Überblick verschaffen, wie Reiseveranstalter, Restaurants oder Bücher von anderen beurteilt werden; als Trainer stelle ich mich nach jedem Seminar der Bewertung durch meine Teilnehmer. Nur im Firmenalltag sind die Möglichkeiten der Meinungsäußerung für die »User« ziemlich eingeschränkt. Wer sich nicht traut, im Zweiergespräch oder im wöchentlichen Abteilungsmeeting offen seine Meinung zu sagen, ist eigentlich zum Schweigen verurteilt. Häufig sucht sich der Frust dann im Flurfunk ein Ventil. Hinzu kommt: Wenn die Unternehmenskultur eher durch vorsichtiges Taktieren und Schweigsamkeit geprägt ist (oder in Ihrer Abteilung ein eher autoritärer Vorgänger das Regiment führte), werden Sie die Kommunikation in Ihrem Bereich nicht von heute auf morgen verändern können. Vertrauen entsteht langsam, kann aber erdrutschartig schnell zerstört werden.

Unwillkommene Kritik

Was spricht dann eigentlich dagegen, Mitarbeitern Möglichkeiten der »gefahrlosen« (weil anonymen) Meinungsäußerung zu Verfügung zu stellen – vom simplen »Kummerkasten« bis zum Unternehmensblog? Großunternehmen wie Siemens boten diese Möglichkeit im Intranet. Das geschah zu einer Zeit, als sich das Unternehmen in einer wirtschaftlich schwierigen Phase befand – 2006, als Massenentlassungen drohten und der Vorstand sich unklugerweise gleichzeitig um 30 Prozent höhere Bezüge genehmigen ließ. Das Unternehmensblog wurde eifrig genutzt, so sehr, dass *Spiegel online* meldete »Siemens Mitarbeiter revoltieren im Intranet«. Das war offenbar mehr Feedback, als sich die Siemens Geschäftsleitung gewünscht hatte. Offiziell bekundete man, hier melde sich doch nur eine kleine Minderheit von »Verärgerten«.[27] Schade um die verpasste Chance zur Kommunikation. Wer Meinungen einholt, sollte auch konstruktiv damit umgehen. Gehen Sie davon aus, dass Ihnen nicht immer gefällt, was Sie hören, aber wie heißt es doch so schön: Eine Kröte wird nicht schöner, wenn man ein besticktes Kissen drauf legt.

> **ANTI-CRASH-FORMEL**
>
> Wenn sich Ihre Mitarbeiter beim offenen Austausch schwer tun, senken Sie die psychologischen Hürden, indem Sie Möglichkeiten anonymer Meinungsäußerungen anbieten.

Zum Schluss dieses Kapitels noch einmal alle Maßnahmen, mit denen Sie dem Kapitänsparadoxon entgehen können …

Schlechte Kooperation – und was Sie tun können

DIE ANTI-CRASH-FORMELN AUF EINEN BLICK

1. Achtung – wenn der Kapitän selbst am Steuerknüppel sitzt, ist die Crashgefahr umso höher, je weniger der Kopilot gehört wird. Wenn Sie schon unbedingt selbst steuern wollen, dann sorgen Sie für einen Ko, der Ihnen widerspricht!

2. Erfahrung macht klug und dumm zugleich. Klug, weil man Vergleichssituationen heranziehen und danach entscheiden kann. Und dumm, weil Vergleiche manchmal kräftig hinken können.

3. Als Führungskraft machen Sie als »Pilot Non-Flying« den besten Job. Behalten Sie das Gesamtsystem im Auge und greifen Sie nur ein, um Fehlentwicklungen zu korrigieren. Hüten Sie sich vor »Lieblingsaufgaben«!

4. Gerade in schwierigen Situationen ist die Versuchung groß, ein Machtwort zu sprechen. Doch vor allem hier lohnt es sich, die Meinung der Mitarbeiter einzuholen, bevor Sie eine Entscheidung treffen.

5. Sorgen Sie dafür, dass aus Ihren Mitarbeitern selbstbewusste, kritische Kopiloten werden – nicht desinteressierte Befehlsempfänger.

6. Benutzen Sie die Captain's Decision nicht als Rechtfertigung für autokratische Selbstherrlichkeit. Bevor Sie eine Captain's Decision fällen, überlegen Sie genau: Muss das wirklich jetzt sofort sein? Haben Sie alle Informationen, um Ihre Entscheidung auf sichere Beine zu stellen?

7. Wer kooperativ führen will, muss vor allem offen und fair kommunizieren.

8. Werden Sie misstrauisch, wenn Sie im Unternehmensalltag nie mit Einwänden konfrontiert werden. Entweder Sie sind unfehlbar ;-), oder Sie haben es versäumt, für funktionierende Korrektive zu sorgen.

9. Wenn sich Ihre Mitarbeiter beim offenen Austausch schwer tun, senken Sie die psychologischen Hürden, indem Sie Möglichkeiten anonymer Meinungsäußerungen anbieten.

3. Landen bei schlechtem Wetter

oder: Wenn man auf sein Ziel fixiert ist

> + + + 24. November 2001 + + + Ein Crossair Jumbolino zerschellt im Anflug auf Zürich Kloten im Wald + + + 24 Tote + + +

»Pilot schuld am Crossair-Absturz bei Bassersdorf«, meldete die *Neue Zürcher Zeitung* nach Abschluss des offiziellen Untersuchungsberichtes im Februar 2004.[1] Was war passiert?

Eine Maschine der Schweizer Fluggesellschaft Crossair steuert an diesem Novemberabend von Berlin kommend den Züricher Flughafen an. Die Sicht ist mäßig und wird durch tief hängende Wolken und leichtes Schneetreiben behindert. Im Cockpit freut man sich bereits auf den Feierabend. Der Pilot, ein Fluglehrer mit fast 20 000 Flugstunden Erfahrung, entschließt sich trotz der schlechten Wetterbedingungen zum Sichtanflug. Im Landeanflug unterfliegt die Maschine bestimmte Mindesthöhen, und die Piloten wissen das auch. Dafür gibt es schließlich elektronische Warnsysteme. Obwohl die Wolkenfetzen nur gelegentlich die Sicht auf den Boden freigeben, setzt der Kapitän unbeirrt die Landung fort und hofft darauf, dass er die Landebahn schon rechtzeitig sehen wird. Das hat bisher noch immer geklappt. Doch diesmal kommt es anders: Plötzlich kracht es, die Maschine streift einige Bäume auf einer Hügelkuppe und stürzt in eine bewaldete Senke. 24 der 33 Bordinsassen sterben.[2]

»Ankommeritis«, eine Form der Zielfixierung

Es gibt eine sarkastische Bezeichnung für das, was hier geschehen ist: »Ankommeritis«. Kaum etwas ist verführerischer, als schon »fast« am Ziel zu sein. Selbst erfahrene Piloten vergessen oder ignorieren in dieser Situation gängige Vorsichtsmaßnahmen und lassen sich auf riskante Manöver ein – der Jumbolino-Crash ist alles andere als ein Einzelfall. Experten sprechen in diesem Zusammenhang von Zielfixierung: Die starre Konzentration auf ein aktuelles Ziel (hier: Jetzt landen!) drängt alles andere in den Hintergrund, führt zu Tunnelblick und Leichtsinn. Kommt Ihnen das bekannt vor? Wann haben Sie selbst im Arbeitsalltag eigentlich das letzte Mal gedacht, »Augen zu und durch«?

Deutsche Unternehmen: zu zögerlich in Krisenzeiten

In manchen Unternehmen wird bis kurz vor dem wirtschaftlichen Crash noch so gedacht. Eine Mischung aus »Es wird schon gut gehen« und »Es muss ganz einfach klappen« führt dazu, dass offenkundige Warnungen ignoriert oder erst gar nicht wahrgenommen werden. Im Extremfall geht das so bis zur Insolvenzverschleppung. Dabei regiert dieselbe Melange aus Zielfixierung und riskanten Manövern wie beim Crossair-Absturz. Dass in schwierigen Zeiten Warnsignale ausgeblendet und Gegenmaßnahmen nur zögerlich ergriffen werden, belegen Studien. »Aktuelle Umfragen von Roland Berger zeigen, dass es im Schnitt 20 Monate dauert, bis deutsche Unternehmen Maßnahmen zur Abwendung einer Krise ergreifen. Nur ein Drittel reagiert innerhalb des ersten Jahres (im übrigen Westeuropa sind es 50 Prozent). Und auch dann denken deutsche Manager in Krisenzeiten rascher an Personalabbau als Manager anderer europäischer Länder und greifen auf klassische Finanzierungsquellen wie Kredite zurück, ›während neue Investoren ihre Position nicht ausreichend nutzen, um Restrukturierung zu steuern‹«, zitiert das Magazin *Brand eins* im August 2007 Tim Zimmermann, Partner der Strategieberatung Roland Berger.[3] Man könnte auch sagen: Erst heißt es, »Augen zu und durch«, und ist das Kind dann in den Brunnen gefallen, reagiert man kopflos. Grund genug, das Phänomen der Zielfixierung und den menschlichen Umgang mit Risiken ein wenig näher zu beleuchten.

Das Crash-Beispiel: Zürich, November 2001

Ein Kapitän mit fast 20 000 Flugstunden Erfahrung, der trotz Schneetreiben und Wolken »auf Sicht« fliegt, dabei vorgeschriebene Flughöhen (Minima) unterschreitet und sich auch durch elektronische Warnungen nicht irritieren lässt – wie kann das sein? Die Crossair-Maschine vom Typ Avro RJ 100, auch »Jumbolino« genannt, war um 20:00 Uhr in Berlin-Tegel gestartet und setzte eine knappe Dreiviertelstunde später zur Landung in Zürich an. Während des Sinkflugs wurde der Besatzung von der Züricher Flugsicherung eine neue Landebahn zugewiesen: Aufgrund von Lärmschutzmaßnahmen konnte sie nicht auf der vorgesehenen Landebahn 14 landen, sondern sollte nach einigen Warteschleifen die kürzere, in Ost-West-Richtung verlaufende Bahn 28 ansteuern. Die Reaktion des Piloten: »Oh, Sch…, das auch noch, gut o.k.«[4]

Zürich: unglückliche Umstände

Anders als auf Landebahn 14 stand auf der jetzt zugewiesenen Bahn kein Instrumenten-Landesystem (ILS), sondern nur ein sogenannter »Non-precision approach« zur Verfügung. Der Unterschied zwischen diesen beiden Anflugarten ist folgender: Beim ILS-Anflug, einem Präzisionsanflugverfahren, folgen die Piloten einem Leitstrahl, der sie mit einer extremen Genauigkeit exakt zur Pistenschwelle führt. Um diesem Leitstrahl zu folgen, werden auf einem speziellen Instrument zwei Anzeigen zur Deckung gebracht. Die eine Anzeige bildet die vertikale Abweichung von diesem Leitstrahl ab, zeigt also an, ob man zu hoch oder zu tief ist. Die zweite Anzeige stellt die horizontale Abweichung vom Leitstrahl dar, zeigt also an, ob man sich links oder rechts vom Leitstrahl befindet. Sind beide Anzeigen in der Mitte, sitzt der Flieger direkt auf dem ILS. Das ILS-Verfahren ist das sicherste und zuverlässigste Anflugverfahren und deshalb auch der vorherrschende Standard.

Erste Landemöglichkeit: mit dem ILS-System

Es gibt aber auch Pisten, die nicht mit einem ILS ausgestattet sind, wie zum Beispiel die 28 in Zürich. Bei einem solchen »Nicht-Präzisionsanflug« hat man einen Navigationsfixpunkt, zum Beispiel ein Funkfeuer und ein Entfernungsmessgerät, das die Distanz zum Fixpunkt anzeigt. Der Anflug verläuft nun wie auf einer Treppe. An genau festgelegten Entfernungspunk-

Zweite Landemöglichkeit: der »Non-precision approach«

ten müssen genau festgelegte Flughöhen eingehalten werden. Man überfliegt zum Beispiel das Funkfeuer mit mindestens 5000 Fuß. Zwei Meilen nach dem Funkfeuer darf man auf 4000 Fuß sinken, nach vier Meilen auf 3000 Fuß und so weiter. Dieses Verfahren klingt zwar etwas komplizierter, wird aber von Piloten immer und immer wieder trainiert und gehört zum fliegerischen Standardrepertoire. Wichtig ist, dass die Höhen auf keinen Fall unterschritten werden, denn sie garantieren die Hindernisfreiheit auf dem Flugweg. Sinkt man zu früh zu tief, kann es sein, dass Hindernisse im Weg stehen, die man bei schlechter Sicht nicht sieht. Und Hindernisse sind meistens verdammt hart. Interessant wäre, ob sich das »Oh, Sch..., das auch noch, gut o.k.« auf den etwas komplizierteren Anflug auf die Piste 28 bezog. Möglicherweise wurde diese unwirsche Reaktion aber auch nur dadurch ausgelöst, dass die beiden Schweizer Piloten einfach nach Hause in den Feierabend wollten.

Captain's Decision: Sichtlandung

Beide Piloten bereiteten den neuen Anflug vor. Der 57-jährige Kapitän kannte den Zürcher Flughafen und sämtliche Anflüge auf allen Bahnen sehr gut, sein junger Kopilot bestätigte, er kenne den neuen Anflug ebenfalls. Egal ob per ILS oder Nonprecision, eigentlich hätte man angesichts der Sichtverhältnisse eine Instrumentenlandung durchführen müssen. Hinzu kam, dass eine kurz zuvor gelandete Crossair gemeldet hatte, die Sicht am Boden sei »nahe Minimum« gewesen – man habe die Landebahn erst ab einer Entfernung von 2,2 Meilen sehen können. Doch der Pilot entscheidet anders. Er blickt nach draußen und beginnt mit dem Sinkflug. »Zwar tauchte unter ihnen immer wieder schemenhaft der Boden auf, aber die Lichter der Landebahn sahen beide Piloten nicht«, schreibt Christian Wolf in seiner Darstellung des Unfalls.[5]

Das Flugzeug sinkt immer weiter und unterschreitet immer wieder die oben beschriebenen Minima der vorgeschriebenen Flughöhe. Darauf werden die Piloten durch das »Ground Proximity Warning System« (GPWS) auch aufmerksam gemacht. Außerdem ist die Sinkgeschwindigkeit zu hoch. 1000 Fuß sind etwa 300 Meter. Die Anfluggeschwindigkeit eines Passagierjets liegt je nach Gewicht bei zirka 140 Knoten, etwa 250 Stundenkilometern. Wenn Sie sich mit diesen Geschwindigkeiten im Nebel bewegen, sollten Sie sich schon sehr sicher sein, dass nichts im Weg ist, oder? Beim geringsten Zweifel gibt es nur eine Reaktion: durchstarten.

Währenddessen sagt der Pilot schon fast beschwörend: »24 (00 Fuß), das Minimum ... [visuellen] Bodenkontakt habe ich ... wir gehen weiter im Moment ... es kommt hervor, Bodenkontakt haben wir ... wir gehen weiter ...«[6] Schließlich meldet die Automatenstimme des Radiohöhenmessers, dass man sich nur noch 300 Fuß über dem Boden befindet (»Minimum, 300«). 300 Fuß sind circa 90 Meter. Bei einer Sinkgeschwindigkeit von 1200 Fuß pro Minute haben Sie jetzt noch 15 Sekunden bis zum Boden (Bäume nicht eingerechnet). Erst da entschließt sich der Pilot, der die Landebahn immer noch nicht sieht, nach kurzem Zögern, noch einmal durchzustarten. Doch während er das Manöver einleitet, kracht es bereits. Die Maschine hat Bäume gestreift und stürzt in ein Waldgebiet fünf Kilometer vom Flughafen entfernt. Das Flugzeug fängt sofort Feuer. 24 Menschen sterben, darunter die beiden Piloten. 9 Passagiere überleben den Aufprall.

Verspätete Reaktion der Piloten

Die eingeleitete Untersuchung ergab wieder einmal eine Reihe von ungünstigen Umständen: Im Kartenmaterial waren Hindernisse im Anflug auf Landebahn 28 nicht verzeichnet, die Flugüberwachung war unterbesetzt, der Kopilot war nicht einmal halb so alt wie der Kapitän und traute sich nicht, seinem ehemaligen Fluglehrer (!) zu widersprechen. All das allein führte jedoch nicht zum Absturz: Es musste ein Pilot hinzukommen, der Warnsignale systematisch missachtete, weil er schnell nach Hause wollte, und der gerne auf Sicht flog.[7] Gefördert wurde das offenbar durch eine laxe Sicherheitskultur bei Crossair: »Im Rahmen der Untersuchung wurden über 40 Vorfälle aus den Jahren 1995 bis 2001 erhoben, bei denen Besatzungen eigene Verfahren entwickelt oder Verfahrensvorgaben nicht eingehalten hatten«, heißt es im offiziellen Abschlussbericht des Büros für Flugunfalluntersuchungen.[8] Der Schweizer Infodienst swissinfo.ch kolportiert außerdem eine merkwürdige Einstellungspraxis bei Crossair: »Neu angestellten Kopiloten soll Suter [Gründer und Verwaltungsratspräsident der Crossair] laut der Anklageschrift bei einem offiziellen Essen jeweils erklärt haben,

Crossair-eigenes Pilotenbriefing

dass ein guter Crossair-Pilot ohne Probleme unter die Mindestanflughöhe sinken könne und dies auch tue, um trotz widriger Sichtverhältnisse landen zu können«, heißt es anlässlich der Prozesseröffnung gegen die frühere Unternehmensleitung.[9] Das ging offensichtlich lange gut und führte zu einer riskanten »Augen zu und durch«-Mentalität.

CRASH-WARNUNG

Niemals »Augen zu und durch«! Gerade kurz vorm Ziel gilt: Augen auf und volle Konzentration! Seien Sie bis zum Schluss »Go-around-minded« – dazu bereit, beispielsweise einen Geschäftsabschluss oder eine Verhandlung noch einmal zu vertagen.

Ein Unternehmensbeispiel: VW und der Vorstoß in die automobile Oberklasse

Der Phaeton: das Luxusprodukt von VW

Wenn Sie in der Nähe von Dresden wohnen oder mal dorthin kommen, sollten Sie eine Sehenswürdigkeit der besonderen Art nicht versäumen. Nur ein paar Straßenbahnstationen vom historischem Zentrum entfernt befindet sich die »Gläserne Manufaktur« des Volkswagenkonzerns. Die *Süddeutsche Zeitung* mutmaßt, dies sei wohl »die einzige Autofabrik, die – mit Parkettboden ausgelegt – sehr edel und fast wohnlich wirkt«.[10] Hier wird seit Dezember 2001 der Phaeton gebaut. Die Grundversion dieses edlen Automobils kostet rund 60 000 Euro; wer diverse Extras von der Topmotorisierung bis zur »Vollederausstattung Volkswagen Individual ›Sensitive Classic Style‹ für Vordersitze mit 18-Wege-Einstellung für 5-Sitzer« (8405 Euro)«[11] dazu kauft, kann gerne noch 40 000 Euro drauflegen. Dafür kann man sich auch einen hübschen Porsche leisten.

Keine Erfolgsgeschichte

Der Phaeton ist ein Herzensprojekt des VW-Aufsichtsrats Ferdinand Piëch. Sein Ziel: mit einer eigenen Luxuslimousine der Konkurrenz aus Süddeutschland Paroli bieten und mit dem BMW 7er oder der Mercedes S-Klasse gleichziehen. Dass Piëch im eigenen Konzern schon eine Limousine der absoluten Oberklasse produzierte, nämlich den Audi A8, interessierte ihn offensichtlich nicht. 20 000 Stück des aufwendig produzierten Phaeton sollten pro Jahr abgesetzt werden. Tatsächlich waren es zeitweise nur 5000.[12] In den USA wurden binnen neun Monaten ganze 650 Exemplare verkauft, sodass Volkswagen sein Phaeton-Experiment im Sommer 2006 dort ganz einstellte.[13] Das müssten doch genug Warnsignale sein, um das Projekt zu überdenken, sollte man meinen. Doch für Europa produzierte man unverdrossen weiter, obwohl der Phaeton von *Auto Bild* wegen seiner Seltenheit als »blaue Mauritius auf unseren Straßen« verspottet wurde.[14] Dass sich ein solches Engagement nicht rechnen kann, liegt selbst für Laien auf der Hand. Betriebswirtschaftlich ist das Ganze ein Desaster, doch an eine Beendigung des Projekts denkt bei Volkswagen bis heute niemand; im Gegenteil: Im Sommer 2009 plante man für 2010 eine neue Version. Da mochte die Presse noch so sehr über »Piëchs luxuriöses Hobby« lästern *(Süddeutsche Zeitung)*, und da mochte man im Internet angesichts des dramatischen Wertverlusts noch so sehr vor der »Geldvernichtungsmaschine« Phaeton warnen.

Zu große Zielfixierung bei VW

Was treibt einen nüchternen Menschen wie Ferdinand Piëch dazu, jahrelang an diesem teuren Abenteuer festzuhalten? Anders als durch Zielfixierung ist das kaum zu erklären. Der Wunsch, mit VW ins Oberklassesegment vorzustoßen, ist offenbar so groß, dass alles, was dagegen spricht, tapfer ignoriert wird. Dieses »Weiter so« erinnert fatal an den Crossair-Piloten, der zwar die Landebahn nicht sieht, aber wagemutig den Sinkflug fortsetzt, um endlich ans Ziel zu kommen. An Warnungen dürfte es im Hause Volkswagen nicht gemangelt haben, spekuliere ich mal. Jeder Marketingleiter, der seinen Job verdient, wird darüber nachgedacht haben, ob die Marke »VW« so viel Status und Glamour ausstrahlen kann, dass Menschen eine sechsstellige Summe für ein VW-Produkt ausgeben. Doch auch im Unternehmenscockpit wurden warnende Ansagen augenscheinlich überhört.

UMTS – unerwartete Einnahmen für den Fiskus

Zielfixierung ist nicht auf Automobilkonzerne beschränkt: Denken Sie beispielsweise an die Versteigerung der UMTS-Mobilfunklizenzen im Sommer 2000, die über 50 Milliarden Euro in die Staatskasse spülte. Die Bieter – darunter sämtliche großen Mobilfunkkonzerne – trieben den Preis in ungeahnte Höhen und bezahlten ihr Ziel, unbedingt dabei zu sein, am Ende in Deutschland mit umgerechnet 620 Euro pro Einwohner. Der damalige Finanzminister Hans Eichel übersetzte UMTS daraufhin mit »Unerwartete Mehreinnahme zur Tilgung von Staatsschulden«.[15] Heute gilt das Engagement der Unternehmen als »Investitions-Super-GAU«.[16]

Zielfixierung als weitverbreitete Eigenschaft

Doch wenn wir ehrlich sind, neigen wir alle gelegentlich zu der Einstellung »Koste es, was es wolle«. Viele Menschen verschulden sich bis über beide Ohren, um den Traum vom eigenen Haus wahr zu machen. Das Ziel überstrahlt alles, lässt sie alle Warnungen wohlmeinender Freunde in den Wind schlagen, auf wackelige Finanzierungsangebote hereinfallen und bis zur Zwangsversteigerung hoffen, dass es »irgendwie gut geht«. Derselbe Effekt veranlasst Anleger, schlecht angelegtem Geld haufenweise gutes hinterherzuwerfen, weil sie fest daran glauben (wollen), dass der »todsichere« Aktientipp sich am Ende doch noch rentieren wird. Zielfixierung macht leichtsinnig und blind und ist daher gefährlich. Was steckt dahinter, und wie kann man dem vorbeugen?

Verliebt ins Ziel und blind für Gefahr

Zielfixierung: Märchen und Wirklichkeit

Ziele haben einen guten Ruf – sowohl im Business als auch bei zahlreichen Erfolgsgurus. Man führt nach Zielen, fixiert Umsatzvorgaben und besteht auf eindeutigen Projektzielen. Manche der Tschakka-Rufer gehen noch einen Schritt weiter und versprechen, man müsse nur unbeirrt an sein Ziel glauben, dann werde man es auch erreichen. Populäre Filme und Unterhaltungsromane sind ebenfalls nach diesem Muster gestrickt: Im Mittelpunkt stehen meist unerschrockene Helden und Heldinnen, die in schier ausweglosen Situationen ihr Schicksal doch noch zum Guten wenden, eben weil sie störrisch an ihren Zielen festhalten. Leider ist das Leben kein Unterhaltungsroman. Doch wer sich mit Zielfixierung beschäftigt, bekommt das ungute Gefühl, dass viele Menschen auch im richtigen Leben solchen Trivialmythen aufsitzen.

Wenn ein Ziel zur fixen Idee wird

Halten wir fest: Sich Ziele zu setzen und diese energisch anzustreben, gilt im Allgemeinen als Tugend – und das zu Recht. Schlägt Zielorientierung allerdings in Zielfixierung um, wird es riskant. Der Handelnde schaltet in einen »Koste es, was es wolle«-Modus um, vernachlässigt Handlungsalternativen und übersieht offensichtliche Gefahren. Interessant ist dabei natürlich die Frage, wann und wodurch klarsichtige Zielorientierung in Verbissenheit und Verblendung umschlägt. Zwei wesentliche Einflussfaktoren sind dabei folgende:

Ursachen für eine zu starke Zielfixierung

1. Je näher und greifbarer ein Ziel erscheint, desto größer ist die Neigung, daran festzuhalten. (Motto: »Wird schon gut gehen.«)
2. Je mehr man bereits in die Zielerreichung investiert hat, desto stärker ist das Widerstreben, ein Ziel aufzugeben. (Motto: »Augen zu und durch.«)

Das Dumme daran ist nur, dass der Wahnsinn sich jetzt selber nährt: Das Unbewusste versucht händeringend, das, was es in die Welt gesetzt hat, zu rechtfertigen. Aufgeben und vielleicht sogar einen Fehler eingestehen – das geht gar nicht. Lieber werden haarsträubende Erklärungen (»sekundäre Rationalisierungen«) erfunden, um das Verhalten zu begründen. Na ja, und wenn das Verhalten so gut begründbar ist – warum sollte man es dann ändern?

Unbewusste Strategien

Das gilt nicht nur für die Fliegerei, teure Produktentwicklungen wie den Phaeton oder den Erwerb von Traumhäusern, sondern auch in anderen Lebensbereichen. Die fatalen Denkfehler, zu denen Zielfixierung führen kann, werden auch beim Bergsteigen besonders augenfällig. Petra Badge-Schaub, Mitherausgeberin eines Bandes zur *Psychologie sicheren Handelns in Risikobranchen*, zieht als eindrucksvolles Beispiel eine kommerzielle Mount Everest-Besteigung im Jahre 1996 heran.[17] Damals machten sich zwei Gruppen auf den Weg zum Gipfel, eine unter der Führung des Neuseeländers Rob Hall, die andere geführt vom US-Amerikaner Scott Fischer. Neben sechs bis acht Sherpas und zwei Bergführern waren in jeder der Gruppen acht

Die Katastrophe am Mount Everest

zahlende Kunden unterwegs. Das Abenteuer endete mit acht Toten und mehreren Schwerverletzten. Dabei unterliefen insbesondere Rob Hall, einem erfahrenen Bergsteiger, eine Reihe von schier unglaublichen Fehlern. Seine Gruppe war am 9. Mai um Mitternacht aufgebrochen. Zuvor war 14:00 Uhr von Hall als eherne Umkehrzeit bestimmt worden – zu diesem Zeitpunkt sollte jeder sich auf den Rückweg machen, gleichgültig, wo er sich befand. Beim Bergsteigen geht es ja nicht nur darum, oben anzukommen, sondern man muss auch wieder heil hinunter. Die meisten Bergsteiger kommen auf dem Rückweg ums Leben – ebenfalls eine Auswirkung einer Zielfixierung, die alle Vorsicht außer Kraft setzt: Man will den Gipfel unbedingt erreichen und übersieht, dass man anschließend nicht mehr die Kraft für den Abstieg hat.

Verantwortungsloses Verhalten der Bergführer

Eine Umkehrzeit verbindlich für alle festzulegen, ist also eine sehr gute Idee. Doch wer dagegen verstieß, war Rob Hall selbst. Er ermunterte nicht nur einen bereits völlig erschöpften Teilnehmer zum Weitermachen, ohne an den Rückweg zu denken, sondern er erreichte mit ihm den Gipfel sogar erst um 16:00 Uhr. Ermutigt durch dieses Beispiel setzte auch Scott Fischer den Aufstieg fort, obwohl seine Teilnehmer dadurch allein umkehren mussten. Er wird umkommen, ebenso wie einige seiner Kunden. Rob Hall hingegen hatte einem weiteren Teilnehmer, den er zurücklassen musste, eingeschärft, für den Abstieg auf ihn zu warten. Dabei ließ er völlig außer Acht, dass seine eigene zeitnahe Rückkehr keineswegs sicher war. Der Mann wartete zehn Stunden und wäre um ein Haar erfroren. Rob Hall selbst sandte einen Hilferuf ins Basislager, weil er den entkräfteten Teilnehmer nicht mehr allein nach unten brachte. Daraufhin brach ein Bergsteiger erneut auf, um ihm beizustehen. Der völlig erschöpfte Teilnehmer konnte selbst mit vereinten Kräften nicht gerettet werden. Und auch der Retter kam ums Leben, nicht zuletzt, weil inzwischen ein Schneesturm und Temperaturen von minus 50 Grad herrschten. Rob Hall schaffte es ebenfalls nicht mehr nach unten und starb.[18]

Ein innerer Kampf

Versuchen Sie einmal, sich die Situation zumindest annäherungsweise vorzustellen: Man ist kurz unter dem Gipfel. Man hat 14 Stunden extremer Anstrengung in eisiger Kälte hinter sich. Und jetzt soll man aufgeben? Das verlangt eine schier übermenschliche Umsicht – die nüchterne Verrechnung möglicher Folgekosten (hier: den Tod) gegen ein starkes emotional besetztes Motiv (hier: auf dem Gipfel stehen wollen). Diese Umsicht bringen nur wenige Menschen auf – die Ratio zieht in der Regel den Kürzeren. Stattdessen blenden sie Risiken aus, begehen leichtsinnige Fehler und reden sich bis zuletzt ein, dass die Sache schon gut gehen wird.

> **ANTI-CRASH-FORMEL**
>
> Je näher ein Ziel scheint, desto größer der Leichtsinn. Gerade wenn das Ziel zum Greifen nah ist, gilt: kühlen Kopf bewahren!

Die Gipfelbesessenheit der Bergsteiger nimmt man als Nichtalpinist mit dem gleichen Staunen zur Kenntnis wie die Ankommeritis sorgfältig ausgebildeter und trainierter Piloten als potenzieller Fluggast. Nur ein weiteres Beispiel: Im Juli 2000 legten zwei Hapag-Lloyd-Piloten eine Bruchlandung auf dem Wiener Flughafen Schwechat hin, weil ihnen auf dem Weg von Kreta nach Hannover der Sprit ausgegangen war. Der Grund: Das Fahrwerk ihres Airbus A310 ließ sich nicht einfahren, was zu höherem Kerosinverbrauch führte. Das »vergaßen« die beiden Piloten bei der Treibstoffberechnung. Kommentar eines Sprechers der Pilotenvereinigung Cockpit: »Dafür brauche ich nicht einmal ein Handbuch, das weiß jeder Anfänger«.[19] Aber damit nicht genug: Obwohl die Tankanzeige bereits auf der Höhe von Zagreb darauf hinwies, dass der Sprit fast verbraucht war, flogen die Piloten weiter, statt sofort nach einer Landemöglichkeit zu suchen. Ein einziges System, das Flight Management System (FMS), suggerierte, dass der Flieger die Strecke schaffen würde. Allerdings ist das FMS so programmiert, dass es einen unnormalen Flugzustand immer nur bis zum nächsten Wegpunkt unterstellt. Ein Wegpunkt ist so etwas wie eine Autobahnauffahrt. Und nachdem es unlogisch ist, einen ganzen Flug mit ausgefahrenem Fahrwerk durchzuführen, kommt das in der Programmierung des FMS auch nicht vor. Nichtsdestotrotz: Die

Beinahekatastrophe in Wien

Tankuhren zeigten an, dass der Sprit nicht reicht. Die Fuel-Flow-Anzeigen (geben an, wie viel Treibstoff aktuell verbraucht wird) zeigten an, dass der Sprit nicht reicht. Alles deutete daraufhin, dass der Sprit nicht reicht. Sich jetzt nur auf das FMS zu verlassen, ist ungefähr so tollkühn, als ob Sie mit einem Jeep zur Wüstendurchquerung aufbrechen, obwohl die Tankuhr bereits auf Reserve steht – nur weil Ihr GPS sagt: Passt schon!« Unglaublich, oder? Die 142 Passagiere kamen mit dem Schrecken davon, als das Flugzeug über die Wiener Landebahn schlitterte.

Woran können Sie eine Zielfixierung erkennen?

Zielfixierung überall

So sehr Sie auch den Kopf schütteln: Gegen die beschriebenen Verhaltensmuster ist niemand gefeit. Zahlreiche Projekte in der Politik werden weiter vorangetrieben, obwohl ein bitteres Ende sich längst abzeichnet. So bescherte man den gesetzlich Krankenversicherten 2009 zur Kostensenkung einen »Gesundheitsfonds«, obwohl Experten früh vor einem bürokratischen Monster warnten, das das Gegenteil bewirken, die Kosten in die Höhe treiben und den Wettbewerb der Krankenkassen zum Erliegen bringen würde. Genau das passierte. Zahlreiche Studenten verfolgen ein ungeliebtes Studienfach weiter, statt rechtzeitig die Notbremse zu ziehen – nach dem Motto: »Jetzt bin ich schon so lange dabei …«, Ergebnis: 17 Semester und eine Karriere als Taxifahrer.

Ein Paradebeispiel: die Musikdatenbank

Zahlreiche Produkte in Unternehmen werden weiterentwickelt, auch wenn sich die Indizien mehren, dass der Aufwand aus dem Ruder läuft und das Kundeninteresse noch dazu mäßig ist. Ein früherer Kunde, ein kleines Unternehmen, das sich auf Software- und Medienentwicklung spezialisiert hatte, geriet vor einigen Jahren geradezu lehrbuchartig auf diese Weise in Schwierigkeiten. Das Internet steckte noch in den Kinderschuhen, online-basierte Netzwerke waren noch gänzlich unbekannt. In dieser Situation wurde die Idee einer umfassenden Musikdatenbank geboren. Ein Computerprogramm sollte sämtliche Informationen, die über moderne Musik zu beschaffen waren, bündeln, durchsuchbar und organisierbar machen. Alle im Unternehmen waren von der Idee begeistert, und zumindest anfänglich ließ sich durchaus ein Markt für das Produkt erkennen. Leider wurden alle von der technischen Entwicklung überrollt. Das Internet wuchs und entwickelte sich. Der Nutzen, den das (noch lange nicht fertige) Produkt meines Kunden bieten sollte, schrumpfte angesichts kostenloser Internetangebote immer weiter zusammen. Doch inzwischen stand bei dem Unternehmen alles auf Autopilot: Man hatte so viel Geld, so viele Ressourcen, so viel Manpower in das Projekt gesteckt – das musste jetzt einfach ein Erfolg werden! Also bauschte man das eigene Programm immer weiter auf, um der Konkurrenz durch das Internet entgegenzuwirken. Nur: Jedes Aufbauschen, jede Programmerweiterung verschlang immer mehr Geld und Ressourcen. Die Verantwortlichen waren inzwischen völlig beratungsresistent. Jede Kritik wurde, zum Teil massiv, abgewehrt: Es konnte nicht sein, was nicht sein durfte.

Das Ende können Sie sich vorstellen. Die Mittel waren verbraucht. Die Banken strichen die Kreditlinien. Die Datenbank wurde nie fertig, und das Unternehmen existiert nicht mehr. Wann haben Sie das letzte Mal gedacht: »Jetzt habe ich schon so viel investiert, jetzt machen wir weiter!«? Eine Notlandung würde vielleicht das Unternehmen retten, aber: Eine Notlandung empfinden die meisten Menschen in solchen Situationen offenbar als Niederlage.

ANTI-CRASH-FORMEL

Es ist mutiger, in heiklen Situationen kontrolliert notzulanden, als eine Bruchlandung zu riskieren. Notlandungen sind unangenehm – aber weniger tödlich als Crashs!

Woran also kann man erkennen, dass man längst nicht mehr vernünftig und zielorientiert, sondern verbissen und zielfixiert handelt? Hier einige Indizien:

1. Der Wunsch, ein Ziel zu erreichen, verdrängt alles andere und beherrscht das Denken. Man will »um jeden Preis«, man »muss« zum Ziel kommen.

Was auf eine Zielfixierung hinweist

2. Der Sinn des Unterfangens wird nicht mehr infrage gestellt, auch wenn sich Schwierigkeiten häufen.
3. Killerphrasen werden zunehmend verwendet (siehe dazu S. 184 ff.) Kritiker werden geschasst.
4. Man vermeidet es, über Handlungsalternativen nachzudenken, sondern bleibt stur beim einmal eingeschlagenen Kurs.
5. Man ruft sich wiederholt ins Bewusstsein, wie viel schon investiert wurde. Badge-Schaub nennt das eine »Aufwandsrechtfertigung«.[20] Leider erweist sich dieses Gegenrechnen von bisherigem Aufwand und Aufgeben in dem Moment als Milchmädchenrechnung, in dem das ganze Unternehmen scheitert.
6. Gefahren werden heruntergespielt (»Wird schon gut gehen«, »Hat doch immer geklappt«); man geht Risiken ein, die man unter normalen Umständen niemals in Kauf nehmen würde.
7. Die Verantwortlichen hoffen, dass alles den günstigsten Verlauf nehmen wird, obwohl das in der Praxis natürlich nie der Fall ist (»Planungsoptimismus«).[21]
8. Die Wahrnehmung wird extrem selektiv. Man sucht bewusst oder unbewusst nach Informationen, die die eigene Sicht bestärken. Gegenindizien werden heruntergespielt – sofern sie überhaupt noch wahrgenommen werden.
9. Man beruhigt sich damit, dass »die anderen« ja auch weitermachen – denken Sie an den schweigenden Kopiloten bei Crossair und den Einfluss von Rob Halls unglücklichem Vorbild bei der Mount Everest-Besteigung. Oder denken Sie an die letzte Abteilungsleitersitzung, bei der niemand das »Weiter so« infrage zu stellen wagte. Wissenschaftler sprechen in diesem Zusammenhang von der normierenden Kraft des »Gruppendenkens« (groupthink), das zu gemeinsamen Fehlentscheidungen eigentlich kompetenter Akteure führt.

Frühkindliche Handlungsmuster

All das hat etwas von Wunschdenken: Man sträubt sich dagegen, mögliche Gefahren wahrzunehmen und mögliche Handlungsalternativen auch nur in Erwägung zu ziehen, da die Alternativen zumindest kurzfristig weniger attraktiv sind als die bevorzugte Handlungsmöglichkeit. Es ist eben schöner, direkt nach Hause zu fliegen als zwischenzulanden und aufzutanken.

Es ist attraktiver, auf den Berggipfel zu steigen, statt sich einzugestehen, dass man es nicht schafft und besser sofort umkehren sollte. Und es ist momentan angenehmer, im Meeting den Mund zu halten, statt den Zorn der versammelten Abteilungsleiter auf sich zu ziehen. Psychologen würden sagen: Der Mensch wird Opfer des frühkindlichen Lustprinzips, das wir nie ganz überwinden – wir wollen, wenn möglich, Unlust vermeiden und Lust gewinnen, und das am liebsten sofort.

> **ANTI-CRASH-FORMEL**
>
> Achten Sie auf Ihren inneren Dialog. Werden Sie misstrauisch, wenn Formeln wie »Das muss klappen«, »Das wird schon gut gehen«, »Wir haben keine Wahl«, »Augen zu und durch« sich häufen. Wahrscheinlich ist es an der Zeit, die Notbremse zu ziehen und erst einmal in Ruhe nachzudenken.

Der menschlich-irrationale Umgang mit Risiken

2009 hatten die Menschen Angst vor der Schweinegrippe, 2008 vor der Vogelgrippe, 2001 vor BSE. Keine dieser Krankheiten hat in Europa bislang auch nur annäherungsweise so viele Tote gefordert, wie im Straßenverkehr Tag für Tag umkommen. Am nächsten Morgen in ein Auto steigen zu müssen, sollte jedem vor dem Hintergrund der Reaktionen auf BSE das Blut in den Adern gefrieren lassen. Bis heute sind vermutlich mehr Menschen in der Badewanne ertrunken als an Vogelgrippe gestorben. Trotzdem erfasst kaum jemanden Panik, wenn er ein Bad nehmen soll. All das lässt schon ahnen, dass der Umgang des Menschen mit Risiken nicht gerade von Rationalität geprägt ist.

Was uns in Angst und Schrecken versetzt

Typische Merkmale des Risikoverhaltens

Wie kommt es, dass Menschen sich um den Klimawandel Sorgen machen und gleichzeitig mit ihrem Zigarettenkonsum oder üppigem Essen große persönliche Lebensrisiken eingehen? Die Risikowahrnehmung des Menschen ist ein Kuriosum, wie die Psychologen wissen:

Was menschliches Risikoverhalten ausmacht

– *Wir gewöhnen uns an Risiken.*
Risiken, denen wir täglich ausgesetzt sind und die wir gut kennen, werden unterschätzt und machen sorglos. Ein Beispiel: der ewige Kampf um die Einhaltung von Sicherheitsbestimmungen. Nicht nur Crossair-Piloten handhaben manches lax. Gärtner vergiften sich, weil sie im Umgang mit Pflanzengiften unvorsichtig werden – nicht *obwohl*, sondern gerade *weil* sie täglich damit umgehen.[22]

– *Freiwillige Risiken halten wir für ungefährlicher als aufgezwungene.*
Ein Beispiel: Zahllose Anleger versenkten Anfang des dritten Jahrtausends ihr Geld in obskuren Zertifikaten oder legten es bei einer Bank im fernen Island (!) an.[23] Stellen Sie sich vor, Ihr Bankberater würde Sie zwingen wollen, genau das zu tun, oder andernfalls mit Einstellung der Zusammenarbeit drohen. Wahrscheinlich würden Sie sofort die Hausbank wechseln.

– *Solange wir selbst handlungsfähig sind, glauben wir gern, alles im Griff zu haben.*
Aus diesem Grund haben weit mehr Menschen Flugangst als Angst davor, sich ans Steuer ihres Autos zu setzen – obwohl statistisch gesehen die Autofahrt zum Flughafen das Gefährlichste am Fliegen ist. Natürlich hat man auch im Straßenverkehr nicht alles selbst in der Hand; schon deshalb, weil etliche andere Verkehrsteilnehmer dasselbe glauben. Psychologen sprechen daher von einer »Kontrollillusion«: Wir empfinden Risiken, auf die wir keinen Einfluss haben (Seuchen, Atommüll, krebserregende Stoffe in Lebensmitteln usw.), subjektiv als bedrohlicher als viel wahrscheinlichere Unglücksursachen, bei denen wir selbst

die Hand im Spiel haben (Rauchen, Autofahren, Alkoholkonsum usw.).

– *Wir haben Mühe, uns vorzustellen, dass »es« uns selbst trifft.*
Krebs, Herzinfarkt, Kündigung, vom Partner verlassen werden, in die Insolvenz wirtschaften – jeder kennt diese »Lebensrisiken«, doch in der Eigenwahrnehmung der meisten Menschen trifft es nicht sie selbst, sondern andere. Diese optimistische Grundhaltung hat natürlich auch ihre guten Seiten und bewahrt uns vor Hypochondrie oder chronischer Eifersucht. In Krisensituationen ist sie jedoch gefährlich, weil sie uns in die Falle der selektiven Wahrnehmung tappen lässt.

Vom Sinn des Risikocontrollings

Nimmt man all diese Komponenten menschlichen Risikoverhaltens zusammen, ist es gar nicht mehr so erstaunlich, dass erfahrene Piloten unkontrollierbare Risiken eingehen und eine Bruchlandung provozieren: Gewöhnung an die Aufgabe, Freiwilligkeit, Kontrollillusion – es passt alles zusammen. Piloten und auch Manager leben oft in dem Bewusstsein, dass ein Crash etwas ist, das allenfalls »anderen« passiert. Sich das eigene Scheitern oder Versagen bewusst zu machen, dafür ist unser Gehirn nicht programmiert. Eine erste Gegenmaßnahme besteht darin, sich der Irrationalität des eigenen Risikoverhaltens gegenwärtig zu sein. Denken Sie über eine Art Risikocontrolling nach. Prüfen Sie immer wieder, welche Risiken Sie tatsächlich eingehen, vor allem in Routinesituationen und -abläufen.

ANTI-CRASH-FORMEL

Beherzigen Sie eine alte Fliegerweisheit: »There are old pilots, there are bold pilots, yet there aren't many old bold pilots.« – Es gibt alte Piloten, es gibt tollkühne Piloten, aber es gibt nicht viele alte tollkühne Piloten. Der Unterschied zwischen Mut und Tollkühnheit ist klein, aber gefährlich!

Risiken im Unternehmen

Das Dilemma: Chancen und Risiken realistisch einschätzen

Dass unternehmerisches Handeln ohne Risiko nicht möglich ist, kann man in jedem Lehrbuch der Betriebswirtschaftslehre nachlesen. Unternehmerisches Handeln gleicht einer Wette auf die Zukunft, und die kann niemand im Detail vorhersehen. Damit sind wir bei einem grundsätzlichen Dilemma: Jede neue Geschäftsidee, jedes neue Produkt birgt Chancen wie Risiken. Wie vermeidet man es, die Chancen über- und die Risiken unterzubewerten? Wo verlaufen die Grenzen zwischen unverantwortlicher Sorglosigkeit, tatkräftigem Pragmatismus und ängstlicher Zurückhaltung? Gibt es überhaupt so etwas wie günstige Eigenschaften?

Gewissenhaftigkeit: von Pedanterie bis Fahrlässigkeit

Im Crew Resource Management werden Flugzeugbesatzungen auch dafür sensibilisiert, dass das gesunde Selbstvertrauen, das man für die gewissenhafte Steuerung eines Flugzeugs braucht, das Ergebnis einer heiklen Balance ist. Jede Eigenschaft ist immer nur in einer bestimmten Ausprägung, in einem bestimmten Maß günstig und effektiv. Ist die Eigenschaft oder der Charakterzug zu stark oder zu wenig ausgeprägt, verkehrt sich die Wirkung oft ins Gegenteil. Gewissenhaftigkeit ist sicher eine sinnvolle Eigenschaft, sowohl beim Führen eines Flugzeugs als auch beim Führen eines Unternehmens oder einer Abteilung. Wir alle kennen aber Menschen, die es mit der Gewissenhaftigkeit übertreiben. Das wird dann Pedanterie. Auf der anderen Seite: Zu wenig Gewissenhaftigkeit führt zu Leichtsinn und Fahrlässigkeit. Es geht im Grunde darum, die goldene Mitte zwischen Unsicherheit und Überheblichkeit, zwischen Fahrlässigkeit und Pedanterie zu finden:

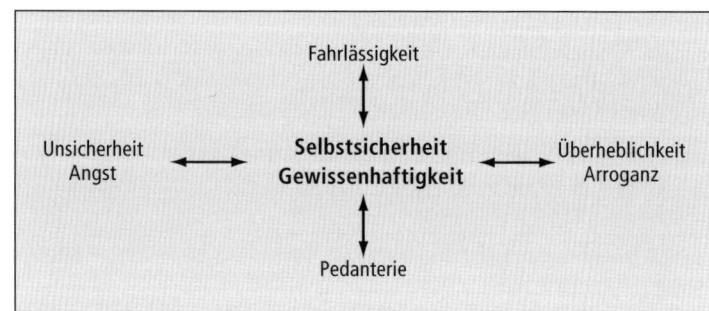

Dimensionen von Eigenschaften

Anpassung an die Situation ist gefragt

Extreme sind gefährlich. Umsicht bedeutet, das richtige Maß an Selbstsicherheit und Gewissenhaftigkeit zu finden. Leider ist dieses »richtige Maß« nichts Stabiles. Unsere Umwelt ändert sich ständig. Die Anforderungen ändern sich ständig, also ändert sich auch ständig, was ein sinnvolles, effektives Verhalten ist. Effektives Verhalten erfordert also immer wieder ein flexibles Anpassen an die Situation. Das braucht man nicht nur, um ein Flugzeug wieder heil zur Erde zu bringen, sondern auch, um ein Unternehmen oder eine Abteilung zu leiten oder jede andere anspruchsvolle Aufgabe erfolgreich zu erfüllen.

Ein wahrer Fall von Risikoignoranz

Ein Beispiel: Ich hatte einen Coachingauftrag von einem Unternehmer aus der Immobilienbranche. Dieser Kunde verdiente sein Geld vorwiegend damit, Immobilien aus Zwangsverwertungen und Insolvenzen zu kaufen. War die Immobilie erworben, ging es darum, sie fertigzustellen oder zumindest neue Mieter zu finden. Nach einer gewissen Zeit verkaufte der Kunde die Immobilien dann wieder, natürlich mit Gewinn. So weit so gut. Lange Zeit schien dieser Unternehmer wie vom Glück verfolgt. Gerade in der Nachwendezeit war er unglaublich erfolgreich. Je länger ich mich aber mit diesem Klienten beschäftigte, umso mehr drängte sich mir die Frage auf: Weiß der eigentlich, was er tut? Viele seiner Immobilien wurden nahezu ohne Risikoprüfung gekauft, von einer genauen Marktanalyse ganz zu schweigen. Das ging so lange gut, wie der Markt boomte. Solange es genügend Menschen gab, die unbedingt Immobilien kaufen wollten, machten sich die Risiken nicht bemerkbar, denn das Objekt war viel zu schnell wieder weg. Ich muss Ihnen nicht sagen, dass sich der Markt Anfang des Jahrtausends stark abkühlte. Als die Wirtschaftskrise kam, erwischte sie meinen Kunden voll. Plötzlich blieb er auf seinen Objekten sitzen. Und nun rächte sich, was er vorher nicht wahrhaben wollte.

Menschliche »Risikoklassen«

Menschen sind von Natur aus unterschiedlich risikofreudig. Das weiß jeder Finanzberater, der seinen Kundenkreis in »risikoaverse«, »risikoneutrale« und »risikofreudige« Anleger gliedert. Unterschiedliche Risikoeinstellungen betreffen nicht nur den Umgang mit Geld, sondern prägen das Handeln der Menschen insgesamt. Der eine betreibt Risikosportarten, der andere geht gemütlich golfen. Der eine bringt sein Monatseinkommen regelmäßig bis auf den letzten Cent unter die Leute, der andere sorgt sich trotz Beamtenstatus und stattlichem Bankkonto weiter um seine Absicherung im Alter. Auch unter Unternehmern gibt es Hasardeure und traditionsbewusste Biedermänner. Man kann sich verzocken, aber ebenso den Zug der Zeit verpassen und an übergroßer Vorsicht pleitegehen. Wer den Crash vermeiden will, sollte beide Extreme meiden.

Drei Schritte zum besseren Umgang mit Risiken

Ein erster Schritt in Richtung des »goldenen Mittelwegs« ist Selbstreflexion: Zu welcher Risikogruppe gehöre ich selbst? Bin ich übervorsichtig, angemessen zuversichtlich oder eher risikofreudig? Ein zweiter Schritt besteht darin, im Unternehmen nicht nur Menschen mit dem gleichen Risikoverhalten um sich zu scharen, sondern auf eine gesunde Mischung im Team zu achten – im Idealfall korrigieren Wagemutige und Vorsichtige sich gegenseitig. Ein dritter Schritt sind funktionierende Kontrollsysteme. In der Betriebswirtschaftslehre werden sie seit Langem unter dem Stichwort »Risikomanagement« diskutiert.

Grenzen eines Alarmsystems

Darauf im Detail einzugehen fehlt hier der Raum. Nur so viel: Am weitesten ausgereift ist das Risikomanagement im Bankwesen, wo Kredit- und Anlagerisiken mithilfe ausgeklügelter finanzmathematischer Modelle präzisiert werden. Pikanterweise konnte alle Finanzmathematik die Finanzkrise zu Beginn des dritten Jahrtausends nicht verhindern. Denn der zentrale Punkt ist: Das beste Alarmsystem ist nur so gut, wie der Mensch, der es bedient. Und so können auch Berichts- und Kontrollpflichten, wie sie etwa im Aktienrecht fixiert sind, nicht verhindern, dass Aufsichtsräte versagen und Vorstände Risiken eingehen, die den Fortbestand des Unternehmens gefährden. Wenn Menschen entschlossen alle Warnsignale ausblenden, nützt der schönste Alarm nichts. Und wie wir am Beispiel Crossair gesehen haben, ist die Neigung zum Ausblenden von Gefahren am größten, wenn ein schönes Ziel zum Greifen nah erscheint – der üppige Bonus, der Zielflughafen oder sprudelnde Umsätze. Was also können Sie im Alltag konkret tun, um Ihr Ziel mit Umsicht zu erreichen – oder rechtzeitig abzudrehen?

> **ANTI-CRASH-FORMEL**
>
> Das beste Alarmsystem nützt nichts, wenn Warnsignale systematisch ignoriert werden. Sorgen Sie dafür, dass es in Ihrer Umgebung Menschen gibt, die warnende Hinweise ernst nehmen. Etablieren Sie ein Risikocontrolling!

Professioneller Umgang mit Zielen und Risiken im Unternehmen

Sich von noch so verführerischen Zielen nicht blenden lassen und im Alltag auch dann noch Umsicht walten lassen, wenn man sich schon fast am Ziel wähnt: Darum geht es im Kern. Ich möchte Ihnen drei Anregungen geben, was Sie konkret dafür tun können.

Selbstüberschätzung und Sorglosigkeit eindämmen: die Schattenseite des Erfolgs

Sich selbst gegenüber kritisch zu bleiben, das ist eine der schwierigsten Übungen im Alltag, vor allem dann, wenn man in der Vergangenheit vom Erfolg verwöhnt war und sich längst als »alten Hasen« betrachtet. Doch dass Erfahrung klug und dumm zugleich machen kann, haben wir schon im letzten Kapitel unterstrichen. Klug, weil man Situationen schneller und häufig auch zuverlässiger einschätzen kann. Und dumm, weil eben die so gewonnene (Selbst-)Sicherheit auf die Dauer zu Sorglosigkeit und Selbstüberschätzung führen kann. So ist es kein Zufall, dass ein erfahrener Pilot im Schneegestöber »auf Sicht« fliegt und eben nicht ein weniger routinierter Flieger, der die Möglichkeit des eigenen Scheiterns eher mitdenkt. Wem lange nichts passiert ist, der läuft Gefahr, sich irgendwann unverwundbar zu fühlen.

Dummheit und Klugheit liegen eng beieinander

Das hat möglicherweise den erfolgsverwöhnten Porsche-Chef Wendelin Wiedeking dazu bewogen, in der Auseinanderset-

Paradebeispiel: Porsche und VW

zung mit VW 2009 alles auf eine Karte zu setzen und zu glauben, er könne seine langjährige Erfolgsserie mit der Übernahme von Europas größtem Automobilkonzern krönen – einem Unternehmen, das 15 Mal größer ist als Porsche. Wiedeking hielt hartnäckig bis zuletzt an diesen Plänen fest und musste schließlich das Unternehmen verlassen; die stolze Marke Porsche wurde in den Volkswagenkonzern integriert.

> **ANTI-CRASH-FORMEL**
>
> Je verführerischer ein Ziel ist, desto (selbst-)kritischer sollten Sie werden, denn desto größer ist die Wahrscheinlichkeit, dass Sie Gefahren nicht mehr sehen wollen. Prüfen Sie, inwieweit Sie wirklich jederzeit bereit sind, Ihr Vorhaben aufzugeben und umzukehren. Seien Sie ehrlich zu sich!

Ursachen der Seveso-Katastrophe

Erfolg kann arrogant, ja sogar größenwahnsinnig machen. Und er ist die beste Voraussetzung dafür, dass sich riskante Gewohnheiten einschleichen und herkömmliche Vorsichtsmaßnahmen außer Kraft gesetzt werden. Die meisten Chemieunfälle scheinen mit der Haltung »Es ist noch immer gut gegangen« verbunden zu sein, so auch die verheerende Katastrophe 1976 im italienischen Seveso. Dort trat am 10. Juli bei der Firma Icmesa, einer Roche-Tochter, hochgiftiges Dioxin aus, verseuchte ein großes Areal und verletzte weit über 400 Menschen. Unzureichende Sicherheitsvorkehrungen, ungeschultes Personal, Leichtsinnigkeit im Umgang mit giftigen Dämpfen und eine Verkettung unglücklicher Umstände führten zur Katastrophe. Jörg Sambeth, der damalige Technische Direktor des Werks und der Einzige, der sich später bei den Opfern entschuldigte, sagte 2006 im Interview zur *taz*: »Der Unfall ist passiert durch schlampige Arbeit an dem Tag, stimmt. Aber eingefädelt wurde er lange Jahre voraus durch krasse Managementfehler«, und: »Diese Fabrik war absolut verludert.«[24] Vor diesem Hintergrund gewinnen Berichte über »giftige Rauchwolken« an Glaubwürdigkeit, die sich im Unternehmen »ständig unter dem Dach sammelten«.[25] In sicherheitssensiblen Bereichen gibt es Verletzte und Tote, in den meisten Unternehmen gehen Schlampereien glücklicherweise glimpflicher aus und verursachen allenfalls Rechtsstreitigkeiten, Zeitverzögerungen oder Ausschussware.

Hinterfragen Sie deshalb auch und vor allem in guten Zeiten immer wieder, was Sie tun:

Schlüsselfragen

- Was handhaben Sie heute anders als noch vor einem Jahr, vor zwei Jahren oder gar vor fünf Jahren?
- Warum haben Sie Ihre Vorgehensweise verändert? Welche Vorteile bringt das?
- Bezahlen Sie diese Vorteile (etwa momentane Zeit- und Kostenersparnis) möglicherweise mit einem höheren Risiko? Was könnte schlimmstenfalls aus dem neuen Vorgehen resultieren?
- Gibt es in Ihrem Unternehmen / in Ihrer Abteilung Regeln, gegen die permanent verstoßen wird? Warum? Sind die Regeln schlecht – oder ist es möglicherweise das Verhalten, das sich im Laufe der Jahre eingeschlichen hat?

ANTI-CRASH-FORMEL

Überprüfen Sie Gewohnheiten regelmäßig: Was läuft in der letzten Zeit anders als früher und warum? Welche Vorgehensweisen haben sich eingeschlichen, die bei kritischer Betrachtung erhebliche Risiken bergen?

Wer zu lange erfolgreich war, läuft also Gefahr, den kommenden Misserfolg selbst zu provozieren. Auch ausgesprochene Experten sind gegen diesen Effekt nicht gefeit. Unter der Überschrift »Verhalten unter Krisenbedingungen« schreibt Franz Reither: »Irrtümer ... finden sich überzufällig auch bei erfahrenen und verantwortungsbewussten Experten, die aufgrund ihrer bisherigen Leistung Grund zu hoher Selbsteinschätzung haben.«[26] Das sollte Warnung genug sein, immer mal wieder die eigene Sicht der Dinge zu hinterfragen.

Erfahrung schützt nicht vor Misserfolg

Flexibilität bewahren: der Nutzen von Wendemarken

Wendemarken festlegen

Gerade wenn unternehmerisches Neuland betreten wird, ist es sinnvoll und notwendig, im Vorfeld klare »Wendemarken« zu definieren. Auf diese Weise verhindern Sie, dass Kosten aus dem Ruder laufen oder sich abzeichnende Flops unverdrossen weiterverfolgt werden. Eindeutige Wendemarken sind exakt beziffert: Wer nicht bis 14:00 Uhr den Everest-Gipfel erreicht hat, kehrt um – gleichgültig, wo er oder sie sich befindet. In der Fliegerei gibt es den sogenannten »Missed Approach Point« oder das Anflugminimum. Dieser Punkt ist eine genau definierte Position in einer bestimmten Höhe und in einer bestimmten Entfernung von der Pistenschwelle. Hat man diesen Punkt erreicht, muss die Landebahn in Sicht sein. Sieht man sie nicht, startet man durch – immer! Ein Flugzeug heißt Flugzeug, weil es besser fliegen als landen kann. Und ein Unternehmen heißt Unternehmen, weil es etwas zu unternehmen gilt. Sonst würde es Unterlassung oder Aushaltung heißen. Definieren Sie also für Ihr Unternehmen, Ihr Projekt oder Ihre Abteilung genaue Missed-Approach- oder Stopp-Marken, an die Sie sich dann auch halten. Vage Absichtserklärungen taugen dazu nicht, Sie brauchen klar messbare Kriterien. Einige Beispiele:

Kriterien für Wendemarken

– Bis zu welchem Datum sollen erste Entwicklungsergebnisse vorliegen, damit Sie eine Produktidee weiterverfolgen?
– Welche Summe sind Sie maximal zu investieren bereit, bevor das Vorhaben noch einmal auf den Prüfstand kommt beziehungsweise gestoppt wird?
– Wie viele Vorbestellungen müssen mindestens bis zum Datum x vorliegen, damit Sie die Produktion starten?
– Welche/wie viele Partner müssen im Boot sein, damit Sie ein Projekt schultern können?
– Wie viel Umsatz muss ein Produkt/eine Dienstleistung mindestens generieren, damit sie nicht aus dem Angebot genommen wird? Wie viel im ersten Jahr, im zweiten, mittelfristig?

Den richtigen Zeitpunkt wählen

Das bedeutet auch: Eindeutige Wendemarken müssen *vor* Projektstart festgelegt werden, um zu verhindern, dass »unterwegs« irrationale Momente wie die Aufwandsrechtfertigung greifen –

frei nach dem Motto: »Jetzt haben wir schon so viel investiert, jetzt können wir unmöglich noch aussteigen!« Hinter dem »unmöglich« verbirgt sich ein rein emotionales Argument, kein logisch-rationales. Was in so einem Moment passiert, ist eine Mischung aus Wunschdenken und Selbstüberredung aus der durchaus verständlichen Scheu heraus, sich selbst einen Misserfolg einzugestehen. Um nicht auf diese Weise Opfer der eigenen Emotionen zu werden, definieren beispielsweise umsichtige Anleger gegenüber ihren Finanzberatern klare Kursziele, bei denen sie aussteigen wollen – und sie halten sich auch daran! So lässt sich verhindern, dass aus einem überschaubaren Verlust ein Totalausfall wird.

Wendemarken können Umkehr, Ausstieg oder Aufgeben eines Vorhabens bedeuten. Zumindest sollten sie Anlass sein, aus dem unreflektierten »Weiter so« auszusteigen und Alternativszenarien zu prüfen:

Alternativszenarien prüfen

- Woran hapert es genau? Was läuft anders als geplant? Warum ist das so, was sind die Ursachen?
- Welche Schlüsse können aus den bisherigen Schwierigkeiten gezogen werden?
- Was passiert, wenn die Schwierigkeiten anhalten?
- Lässt sich ein Produkt / eine Dienstleistung vielleicht in einer modifizierten Version (abgespeckt, aufgepeppt) besser platzieren?
- Muss die bisher verfolgte Vorgehensweise geändert / angepasst werden?
- Ist es sinnvoll, sich erst einmal eine »Denkpause« zu verordnen und neue Ideen zu entwickeln?
- Wie könnte man die investierten zeitlichen und finanziellen Ressourcen möglicherweise lohnender einsetzen?
- Welche Folgen zeichnen sich ab, wenn man die aktuelle Entwicklung fortschreibt?

> **ANTI-CRASH-FORMEL**
>
> Definieren Sie vorab eindeutige Wendemarken (verbindliche Stopp-Marken) und befolgen Sie sie! Geben Sie entweder Ihr Vorhaben auf oder justieren Sie Ihr Ziel – passen Sie es den inzwischen gewonnenen Erkenntnissen an.

Natürlich macht es keinen Spaß, aber: Sich die schlimmstmöglichen Folgen vor Augen zu führen, bevor man für »Augen zu und durch« plädiert, kann großen Schaden verhindern. Um »Worst Cases« geht es daher auch im nächsten Punkt.

Umsichtig handeln: mit der Vorsicht von Edward A. Murphy

»Et hätt noch immer jot jejange«, so Paragraph 3 des rheinischen Grundgesetzes. Damit wird Risikofreudigkeit zwar charmant verpackt, empfehlenswert ist diese Maxime aber trotzdem nicht. Ab und zu geht es eben doch *nicht* gut, wie große und kleine Katastrophen immer wieder belegen. Je mehr auf dem Spiel steht, umso wichtiger ist es, dies rechtzeitig zu erkennen und zu sehen, wann ein konkretes Vorhaben aus dem Ruder läuft.

Murphy's Law als Leitgedanke

Worst-Case-Szenarien sind eine Möglichkeit der Sensibilisierung für derartige Normabweichungen. Im ersten Kapitel ging es um umfassende Szenarien zur Vorbereitung auf Extremsituationen, die das Unternehmen insgesamt gefährden. Genauso zahlt es sich aus, dem beschriebenen »Planungsoptimismus« bei Einzelprojekten durch das konsequente Durchdenken von Negativentwicklungen zu begegnen. Nehmen Sie also Murphy's Law – »Wenn etwas schiefgehen kann, wird es auch schiefgehen« – einmal ernst. Was würde dies im konkreten Fall bedeuten? Dies führt unweigerlich zu Fragen wie:

Fragen zur Negativentwicklung

– Was könnte konkret »schiefgehen«?
– Von welchen positiven Grundannahmen gehen wir aus?
– Was passiert, wenn diese Annahmen *nicht* zutreffen?

- Woran erkennen wir, dass sie nicht zutreffen? Welche Frühindikatoren gibt es?
- Können wir mit vertretbarem Aufwand unsere Grundannahmen überprüfen (lassen)? Sind beispielsweise Testläufe, Befragungen oder weitere Recherchen möglich und hilfreich?
- Was wäre die denkbar negativste Entwicklung? Gibt es dafür Frühindikatoren? Welche?

Übrigens: Die Szenariotechnik geht solchen Fragen umfassend und sehr systematisch nach. Sie spielt mögliche Zukunftsentwicklungen in Abhängigkeit von verschiedenen Einflussfaktoren detailliert durch und wird zur Erarbeitung und Überprüfung von Unternehmensstrategien eingesetzt. Dabei werden sowohl positive wie negative Extremszenarien konsequent zu Ende gedacht.[27] In der Unternehmenspraxis wird es an positiven Szenarien selten mangeln. Das entspricht schließlich den populären Ansprüchen an Führungskräfte, die ihre Mitarbeiter motivieren und mit positiven »Visionen« mitreißen und begeistern sollen.

Einsatz der Szenariotechnik

Dagegen ist grundsätzlich auch nichts einzuwenden. Aber was spricht dagegen, einem nüchtern-analytischen Kopf im Team die Rolle des Advocatus Diaboli zuzuweisen und sich so gezielt ein Korrektiv zu organisieren? Mahnende Stimmen haben in manchen Unternehmen einen miesen Ruf und werden gern als »Bremser« und »Bedenkenträger« diffamiert. Wenn es nur um Gewohnheitsjammern und folgenloses Meckern geht, ist das nachvollziehbar. Wenn es um das gezielte Ausloten von Risiken und Möglichkeiten zu deren Bekämpfung geht, jedoch nicht. Denkbar wäre auch, dass zu jeder umfassend diskutierten Frage ein neuer »Teufels Anwalt« ernannt wird. Das könnte auf die Dauer dafür sorgen, dass das kritische Ausloten von Gegenargumenten zu einer konstruktiven Gewohnheit wird.

Neu: der Advocatus Diaboli im Team

Wer die Rolle des ernsthaften Kritikers gut ausfüllt, geht auf Distanz zum Projekt und bemüht sich um eine unvoreingenommene Betrachtung. Diese Vogelperspektive fällt externen Beobachtern oft leichter als Insidern, die das Geschehen gerne durch die Abteilungsbrille sehen. Eine andere Möglichkeit der Risikokontrolle wäre es also, einer unvoreingenommenen Person, die

Wer als »Teufels Anwalt« infrage kommt

idealerweise von allen akzeptiert ist, das Vorhaben zu erläutern. Oft genügt es schon, dass jemand die richtigen Fragen stellt, um auf Schwachstellen aufmerksam zu werden. Was man nicht überzeugend erklären kann, ist möglicherweise noch nicht ganz zu Ende gedacht. Die Rolle des Fragestellers kann ein externer Berater wahrnehmen, aber auch ein erfahrener Mentor oder ein kompetenter Kollege. Und manchmal auch das Gegenüber am heimischen Frühstückstisch.

> **ANTI-CRASH-FORMEL**
>
> Achten Sie darauf, dass Sie mögliche Risiken im Blick behalten. Spielen Sie bei wichtigen Vorhaben Worst-Case-Szenarien durch! Sorgen Sie dafür, dass eine Person im Team die Rolle »Teufels Anwalt« übernimmt.

Zum Schluss hier noch mal alle Maßnahmen, mit denen Sie einer Zielfixierung und dem damit einhergehenden Leichtsinn vorbeugen können.

Zielfixierung – und was Sie tun können

DIE ANTI-CRASH-FORMELN AUF EINEN BLICK

1. Je näher ein Ziel scheint, desto größer der Leichtsinn. Gerade wenn das Ziel zum Greifen nah ist, gilt: kühlen Kopf bewahren!
2. Es ist mutiger, in heiklen Situationen kontrolliert notzulanden, als eine Bruchlandung zu riskieren. Notlandungen sind unangenehm – aber weniger tödlich als Crashs!
3. Achten Sie auf Ihren inneren Dialog. Werden Sie misstrauisch, wenn Formeln wie »Das muss klappen«, »Das wird schon gut gehen«, »Wir haben keine Wahl«, »Augen zu und durch« sich häufen. Wahrscheinlich ist es an der Zeit, die Notbremse zu ziehen und erst einmal in Ruhe nachzudenken.
4. Beherzigen Sie eine alte Fliegerweisheit: »There are old pilots, there are bold pilots, yet there aren't many old bold pilots.« – Es gibt alte Piloten, es gibt tollkühne Piloten, aber es gibt nicht viele alte tollkühne Piloten. Der Unterschied zwischen Mut und Tollkühnheit ist klein, aber gefährlich!
5. Das beste Alarmsystem nützt nichts, wenn Warnsignale systematisch ignoriert werden. Sorgen Sie dafür, dass es in Ihrer Umgebung Menschen gibt, die warnende Hinweise ernst nehmen. Etablieren Sie ein Risikocontrolling!
6. Je verführerischer ein Ziel ist, desto (selbst-)kritischer sollten Sie werden, denn desto größer ist die Wahrscheinlichkeit, dass Sie Gefahren nicht mehr sehen wollen. Prüfen Sie, inwieweit Sie wirklich jederzeit bereit sind, Ihr Vorhaben aufzugeben und umzukehren. Seien Sie ehrlich zu sich!
7. Überprüfen Sie Gewohnheiten regelmäßig: Was läuft in der letzten Zeit anders als früher und warum? Welche Vorgehensweisen haben sich eingeschlichen, die bei kritischer Betrachtung erhebliche Risiken bergen?
8. Definieren Sie vorab eindeutige Wendemarken (verbindliche Stopp-Marken) und befolgen Sie sie! Geben Sie entweder Ihr Vorhaben auf oder justieren Sie Ihr Ziel – passen Sie es den inzwischen gewonnenen Erkenntnissen an.
9. Achten Sie darauf, dass Sie mögliche Risiken im Blick behalten. Spielen Sie bei wichtigen Vorhaben Worst-Case-Szenarien durch! Sorgen Sie dafür, dass eine Person im Team die Rolle »Teufels Anwalt« übernimmt.

4. Maschine im Sinkflug und keiner merkt's
oder: Wenn man das Wesentliche aus den Augen verliert

```
+ + + 29. Dezember 1976 + + + Eine Lockheed
L 1011-1 Tristar der Eastern Airlines
stürzt in die Everglades in Florida + + +
103 Tote + + +
```

»Hey, was ist denn hier los?« Das waren die letzten Worte des Kapitäns einer Lockheed, die kurz nach Weihnachten 1976 in die Sümpfe nahe Miami stürzte. Drei Sekunden später schlug die Maschine auf der Wasseroberfläche der Everglades auf, der Pilot und mit ihm über 100 der 163 Bordinsassen starben.[1]

Wie es dazu kam? Ein Flugzeug fährt im Landeanflug das Fahrwerk aus. Eigentlich sollten dann drei grüne Lichter aufleuchten, eines für jedes der drei Fahrwerksbeine. Es leuchten aber nur zwei. Die Maschine startet durch und geht in eine Warteschleife. Ab jetzt beschäftigt sich die gesamte Besatzung nur noch mit dem nicht brennenden Lämpchen: Ist nur die Leuchte kaputt, oder ist das Bugrad tatsächlich nicht ausgefahren? Alles andere gerät aus dem Blickfeld. Kapitän, Kopilot und Bordingenieur sind so auf ihr Problem fokussiert, dass sie nicht mitbekommen, wie ihr Flieger in einen gemächlichen Sinkflug übergeht. Erst kurz vor dem Crash fällt der Besatzung auf, dass etwas nicht stimmt. Eine defekte Kontrollleuchte hat sie von allen anderen Funktionen und Systemen des Flugzeugs abgelenkt – auch davon, dass der Autopilot versehentlich abgeschaltet war.

»Würde man ... die Vorstände der 100 größten deutschen Unternehmen befragen, wie viel ihrer Zeit sie für Administration, Dokumentation, exzessive Abstimmung, die Abwehr von Intrigen, die Reparatur aus unnötiger Komplexität resultierender Fehler und andere Friktionen aufwenden und wie viel Zeit für zukunftsorientierte, Wert schaffende, strategische Aufgaben bleibt – dann ist es überhaupt keine Frage, dass der erste Block deutlich größer ist als der zweite. Ob das im Einzelfall nun bei 70 zu 30 oder bei 99 zu 1 liegt, lasse ich mal dahingestellt.«

Missverhältnis von Verwaltungs- und wertsteigernden Tätigkeiten

Nein, das sagt kein linker Soziologe. Sondern Utz Claassen, ehemaliger EnBW-Vorstandschef.[2] Überflieger Claassen, der mit knapp 40 Jahren den Vorsitz bei einem der großen Energieversorger übernahm und den Konzern viereinhalb Jahre führte, ist nicht der Einzige, der es für schwierig hält, im Unternehmensalltag das eigentlich Wesentliche im Blick zu behalten. Es gibt nicht nur Flugzeuge, die abstürzen, und die Besatzung merkt es nicht. Es gibt auch Unternehmen, die schon fast pleite sind, und die Geschäftsführung bekommt es gar nicht mit. »79 Prozent der Insolvenzverwalter halten ›fehlendes Controlling‹ für eine häufige Insolvenzursache«, so die schon zitierte Befragung. Und es kommt noch schlimmer: »77 Prozent der Insolvenzverwalter hatten Unternehmen kennen gelernt, in denen es überhaupt keine Kostenrechnung und kein Controlling gab.«[3] Auch in diesen Unternehmen wurden wahrscheinlich Meetings abgehalten, Neuentwicklungen diskutiert, Produktkataloge erstellt, Bestellungen ausgeliefert, Weiterbildungen organisiert und Jubiläen gefeiert – kurz: Man beschäftigte sich ausgiebig mit allem, was zum Wirtschaften (auch) dazugehört. Nur nicht mit einer ganz zentralen Frage: Verdienen wir mit all dem eigentlich noch genug Geld? Oder doktern wir an nachrangigen Fragen herum, während wir uns längst im Sinkflug befinden?

Controlling: ein Fremdwort?

Das Crash-Beispiel: Miami, Dezember 1976

Eine erst vier Monate alte Maschine der US-Fluglinie Eastern Airlines, die auf einem Inlandsflug von New York City nach Miami »kontrolliert« abstürzt – also nicht wegen gravierender technischer Mängel oder widriger Wetterbedingungen, sondern

Unglaubliche Ursache

weil die Piloten die Situation falsch einschätzen? Dieser »erste verhängnisvolle Flugunfall einer Jumbo-Düsenpassagiermaschine«[4] sorgte für großes Aufsehen.

Die Fakten Die Eastern Airlines hatte bis dato eine tadellose Sicherheitsbilanz: Seit der Gründung sieben Jahre zuvor war kein einziger Unfall passiert, und das bei 1400 Flügen täglich.[5] Der Auslöser des Crashs war im Grunde unglaublich banal: Eine der grünen Warnlampen, die das Ausfahren des Fahrwerks anzeigen, leuchtete bei der Landung nicht auf. Wenn solche Kontrollleuchten versagen, gibt es dafür zwei mögliche Ursachen – entweder liegt tatsächlich ein technisches Problem vor, oder es ist nur das Lämpchen kaputt. Meistens ist Letzteres der Fall, doch natürlich muss man der Sache auf den Grund gehen. Die Besatzung des Eastern-Airlines-Fluges 401 konnte also nicht sicher sein, dass das Bugrad ausgefahren und verriegelt war. Nach einer kurzen Abstimmung mit der Flugsicherung in Miami stieg die Maschine wieder auf 2000 Fuß und begann mit Warteschleifen über den nahe gelegenen Sümpfen der Everglades. Während das Flugzeug in 600 Metern Höhe kreiste, aktivierte der Kopilot auf Anweisung des Kapitäns den Autopiloten. Der Bordingenieur stieg in den Elektronikraum unterhalb des Flugdecks. Von dort aus konnte er mithilfe eines Gerätes sehen, ob das Fahrwerk tatsächlich nicht ausgefahren war. Wäre das wegen eines Fehlers in der Hydraulik nicht der Fall gewesen, hätte die Besatzung das Fahrwerk auch manuell ausfahren können – kein Anlass zu großer Besorgnis also.

Die Vorgänge an Bord Während der Bordingenieur die Lage peilt, beschäftigen sich die Piloten näher mit dem defekten Lämpchen. Sie »versuchten ohne Erfolg, das Abdeckglas aus seiner Halterung zu lösen«, wie es im Bericht des Lockheed Information Center heißt.[6] Der Voicerecorder verzeichnet neben den Gesprächen einen Summton, der von den Piloten aber offensichtlich nicht wahrgenommen wurde. Er soll die Besatzung auf eine Abweichung von der vorgesehenen Flughöhe aufmerksam machen. Es ist übrigens nach 23:30 Uhr und stockfinster. Während die Piloten weiter darüber debattieren, ob man das Lämpchen mit einem Taschentuch oder doch besser mit einem Kleenex leichter herausbekäme und ob eine Zange hilfreich wäre, ist die Maschine längst vom Kurs abgekommen und sinkt langsam, aber stetig. Um 23:40:38 Uhr überhört die Besatzung den Warnton des Höhenalarms. Um 23:41:40 Uhr bemerkt der zuständige Fluglotse, dass das Flugzeug sehr tief fliegt. Die Maschine hat zu diesem Zeitpunkt nur noch eine Höhe von 274 Metern. Der Lotse verfolgt das auf seinem Radarschirm. Doch alles, was er sagt, ist: »Eastern, ah 401 how are things comin' along out there?« (»Eastern 401, wie entwickeln sich die Dinge da oben?«) Nach dem Absturz gab er zu Protokoll, er habe nur deshalb Funkkontakt aufgenommen, weil sich das Flugzeug dem Luftraum genähert habe, für den er verantwortlich war. Zu Höheninformationen war der Lotse damals in der Tat nicht verpflichtet.[7] Um 23:41:50 Uhr endlich bemerken die Piloten, dass irgendetwas nicht stimmt: »Huh?«, sagt der Kapitän, und der Kopilot bemerkt: »We did something to the altitude.« (»Wir haben irgendwas mit der Höhe angestellt.«) Antwort des Kapitäns: »Was? Wir sind doch noch auf 2000 [Fuß], oder? ... Hey, was ist denn hier los?« Im nächsten Moment stürzt das Flugzeug in die Everglades, ein Sumpfgebiet, in dem das Wasser ungefähr kniehoch steht und in dem es von Alligatoren wimmelt. 103 der 176 Insassen sterben, vier weitere erliegen später ihren Verletzungen.

Eigentliche Crashursache: der Mensch

Ergebnis der folgenden Untersuchung war, dass einer der Piloten vermutlich gegen die Steuersäule stieß und damit unabsichtlich den Autopiloten ausgeschaltet hatte. Dies führte zum Sinkflug. »Keiner der beiden Piloten scheint sich kurz vor dem Absturz verantwortlich für die Steuerung des Flugzeugs gefühlt zu haben. Sie waren so sehr mit dem Anzeigesystem des Bugfahrwerkes beschäftigt, dass sie während der letzten vier Flugminuten die Flugüberwachungsinstrumente nicht mehr kontrollierten«, heißt es im Bericht des German Lockheed L 1011 Information Center. Der Absturz war Anlass für das Unternehmen, Kontrollleuchten und Höhenwarnsystem des Autopiloten zu überarbeiten. Doch auch in diesem Fall war die eigentliche Crashursache nicht die Technik. Die Verantwortung für das Unglück lag vielmehr bei einer Besatzung, deren gesamte Aufmerksamkeit von einem einzigen Detail aufgesogen wurde und die darüber ihre eigentliche Aufgabe – das Flugzeug zu jeder Zeit sicher zu fliegen – vergaß.

CRASH-WARNUNG
First fly the aircraft!
Haben Sie Ihre eigentliche Aufgabe noch im Blick?

Ein Unternehmensbeispiel: Dr. Jürgen Schneider – wie man Bankern Sand in die Augen streut

Die Geschäfte des Baulöwen

Über 1000 Gläubiger, 2,4 Milliarden DM Schulden: So lautet das Ergebnis der Schneider-Pleite 1994. Zum Unternehmen des »Baulöwen« zählten am Ende mehr als 100 Immobilien in ganz Deutschland, darunter erste Adressen wie das Bernheimer Palais in München, das Traditionshotel »Fürstenhof« oder die Mädlerpassage in Leipzig, dazu noch 60 Eigentumswohnungen in Wiesbaden. Namhafte Banken hatten Schneiders Imperium finanziert, auch dann noch, als »eigentlich« kaum noch zu übersehen war, dass nicht alles mit rechten Dingen zuging. So gaukelte Schneider der Deutschen Bank beim Bau der Frankfurter Zeilgalerie »Les Facettes« eine vermietbare Fläche von 20 000 Quadratmetern vor, bei 8 Etagen auf einem Grundstück von 2000 Quadratmetern. Das macht nach Adam Riese 16 000 Quadratmeter, und das auch nur, wenn auch Toiletten und Treppenhäuser zum angesetzten »Mondpreis« von 150 DM pro Quadratmeter vermietet worden wären. Vielleicht hätte einer der Banker in der Mittagspause mal einen Spaziergang zur Baustelle machen sollen.

Schneiders schöner Schein

Stattdessen förderte der Schneider-Prozess »zutiefst Erheiterndes oder Beunruhigendes ans Licht«, schrieb die *Frankfurter Allgemeine* im Rückblick: »Es zeigte sich, dass der Angeklagte seine Geschäftspartner, alle hoch angesehene und hoch bezahlte Männer der deutschen Finanzwelt, über den Tisch gezogen hatte wie ein Heiratsschwindler betuchte Witwen. Im gepflegten Ambiente seines Königsteiner Firmensitzes ›Villa Andreae‹ entrollte er gefälschte Pläne, blitzte mit Fassaden und donnerte mit märchenhaften Renditen. … Jedes Kind hätte sehen können, dass Schneiders Kreditbeschaffung auf Betrug aufbaute – nur Bankdirektoren merkten es nicht.«[8]

Filmreifer Stoff

Offensichtlich verstand es der gewiefte Selbstdarsteller Schneider hervorragend, die Aufmerksamkeit der Banker von ihrer Kernaufgabe abzuziehen: ein Auge auf die Zahlen zu haben und die Geschäftsmodelle Schneiders penibel zu prüfen, um Fehlinvestitionen und wirtschaftlichen Schaden von ihren Häusern abzuwenden. Sie ließen sich von Nebensächlichkeiten ablenken und sonnten sich offenbar in der Gesellschaft des weltläufig auftretenden Finanzjongleurs. Das ist so hanebüchen, dass es als Stoff für einen Spielfilm taugte: *Peanuts – die Bank zahlt alles*.[9] Weder Piloten noch Banker sind also davor gefeit, ihren eigentlichen Job völlig aus den Augen zu verlieren.

Nur das Ergebnis zählt

Beispiele wie diese mögen Fredmund Malik, einen der renommiertesten Unternehmensberater, dazu bewogen haben, »Resultatorientierung« als ersten und wichtigsten Grundsatz wirksamer Führung zu nennen: »Management ist der Beruf des Resultate-Erzielens oder Resultate-Erwirkens«, betont der Führungsexperte. Was wirklich zähle, seien nicht Anstrengungen, Mühe, Arbeitsstunden [und auch nicht glänzende Auftritte, Renommee und Optik, möchte man mit Blick auf das Beispiel Schneider hinzufügen]: »Was zählt, ist der Output.«[10] Das verlangt einen klaren Blick für das Wesentliche, insbesondere in wirtschaftlich schwierigen Zeiten. Wenn der Laden wie von selbst läuft, weil die Nachfrage groß und die Konjunktur stabil ist, kann man sich Abschweifungen am ehesten leisten und beruhigt Ausflüge auf Nebenkriegsschauplätze machen. Ist das nicht der Fall, können solche Ausflüge existenzgefährdend sein.

Ablenkungsmanöver 1: neues Design

Und doch sind Nebenkriegsschauplätze verführerisch, auch und gerade in unruhigen Zeiten, wenn andere Fragen eigentlich vorrangiger wären. Da verpasst der neue Vorstand dem kriselnden mittelständischen Wäschereiunternehmen erst einmal ein neues Logo, einen neuen Werbeauftritt und eine teure Produktbroschüre. Er verpflichtet dafür eine bekannte Agentur und ist über Monate so mit der neuen Unternehmensoptik beschäftigt, dass für das akute Problem – zu wenig Absatz, wie gewinnen wir *jetzt* neue Kunden und senken unsere Kosten, um liquide zu bleiben? – kaum noch Zeit bleibt. Am Ende hat man zwar eine schicke neue »Corporate Identity«, doch das Unternehmen ist leider pleite.

Ablenkungs-manöver 2: Verzettelung

Ein weiteres Beispiel: Da wird in einem Unternehmen, das Haushaltsgeräte produziert, lange und ausführlich darüber debattiert, ob beim neuen Staubsaugermodell der Knopf zum An- und Ausschalten besser schwarz oder besser silbern wäre – eine Szene, die mir als Außenstehendem kaum weniger gespenstisch vorkam als die Kleenex-Debatte im abstürzenden Flugzeug. Dieser Beratungskunde hatte im Laufe der letzten Jahre ein wahres Produktsammelsurium zusammengekauft, um stetig sinkende Absätze zu bekämpfen – vom Staubsauger über Grills und Heizgeräte bis zum Kaminofen. Was fehlte, war eine klare Positionierung am Markt und eine eindeutige strategische Ausrichtung. Statt zu erkennen, dass der bisherige Aktionismus geradewegs in die Insolvenz führen würde, verzettelte man sich in Details wie den Staubsaugerknopf. Die Vertriebsmannschaft verzweifelte schon längst an der unübersichtlichen Produktpalette, die besten Mitarbeiter verließen das Unternehmen. Der Rest der Mannschaft war so sehr damit beschäftigt, permanente Zukäufe zu integrieren, Prozesse zu vereinheitlichen und das laufende Geschäft abzuwickeln, dass niemand mehr den Kopf dafür frei hatte, nach dem Sinn all dieser Aktivitäten zu fragen. Währenddessen ging es mit dem Unternehmen stetig bergab. Sie wissen vermutlich, wie man solche Situationen gerne beschreibt: operative Hektik bei geistiger Windstille.

Operative Hektik und geistige Windstille

Zielloses Reagieren statt planvolles Handeln

Im ersten Kapitel haben wir von der »Reflex-Amöbe« gesprochen – angreifen, abhauen, tot stellen. Wenn operative Hektik regiert, ist der Blick für das Wesentliche längst verloren gegangen. Statt umsichtig zu planen, reagiert man ad hoc; statt den Flächenbrand zu bekämpfen, löscht man nur einzelne, vergleichsweise harmlose Feuerchen – im schlimmsten Fall geht das so lange, bis die Feuerwalze von hinten alles überrollt. Für den Wirtschaftspsychologen Franz Reither kommt das nicht überraschend. In einer empirischen Studie zum Verhalten in komplexen Situationen stellt er fest, dass Umsicht und systematische Planung paradoxerweise umso mehr ins Hintertreffen geraten, je nötiger sie eigentlich wären: »Sind die Aktionen zunächst noch aktive Gestaltungsversuche, die sich an bestimmten Zielvorstellungen und Konzepten orientieren, so ändert sich dies nicht selten im Laufe der Problementwicklung. Je tiefer in das Netzwerk vielschichtiger und zudem dynamischer Zusammenhänge eingedrungen wird, desto eher wird aus dem aktiven, planvollen Vorgehen ein mehr oder weniger passives Reagieren, das nur noch bestrebt ist, auftretende Missstände möglichst schnell zu beheben.«[11] Salopp gesagt: Es regiert das folgende Prinzip:

Aktionismus – Hauptsache, wir tun was

Von »Aktionismus« wird immer dann gesprochen, wenn kurzfristige, nicht selten übereilte Maßnahmen getroffen werden, die sich mittel- oder langfristig als wirkungslos oder sogar kontraproduktiv erweisen. Aktionismus ist das Gegenteil von durchdachtem strategischem Vorgehen, weshalb man anderen gerne auch »blinden« Aktionismus attestiert. Man selbst ist natürlich nie aktionistisch, sondern hat einfach (zu) viel zu tun und »begegnet Herausforderungen proaktiv«.

Merkmale des Aktionismus

Beispiele für Aktionismus finden sich in allen Bereichen: im Privatleben, wenn plötzlich mit wahrer Hingabe Fenster geputzt oder fahrbare Untersätze gewartet werden, statt mit der ungeliebten Prüfungsvorbereitung zu beginnen. In der Politik, wenn Milliarden in kurzfristig greifende Konjunkturprogramme gepumpt werden, ohne über den Sinn dieser Investitionen nachzudenken – etwa bei der Abwrackprämie für Altautos 2009. Dadurch wurde der Umsatzeinbruch in der Automobilbranche auf Kosten des Steuerzahlers zwar um einige Monate hinausgeschoben, aber angesichts massiver Überkapazitäten in der Automobilbranche natürlich nicht verhindert. In der Wirtschaft findet man Beispiele für Aktionismus immer dann, wenn hektisch oberflächliche Maßnahmen ergriffen werden, statt das Übel an der Wurzel zu packen: Man streicht angesichts finanzieller Probleme Obst und Schokoladenkekse im Meeting und bestellt die Putzkolonne nur noch für jeden zweiten Tag, macht ansonsten aber weiter wie bisher. Oder man untersagt ab sofort Dienstreisen per Flugzeug innerhalb von Europa und übersieht dabei,

Aktionismus in allen Lebensbereichen

dass ein Economyflug nicht nur günstiger wäre als die Benzinkosten für Köln – Barcelona und zurück, sondern auch weniger produktive Arbeitszeit binden würde. Und ehe Sie das für billige Polemik halten: Beide Beispiele sind aus dem Leben gegriffen.

Was sind die Ursachen für derartige Ad-hoc-Aktionen? Man muss kein Psychologe sein, um zu erahnen, warum es so verführerisch ist, sich in heiklen Situationen in Aktionismus zu flüchten:

Ursachen für (blinden) Aktionismus

– *Handeln beruhigt.* Etwas zu tun gibt uns die Illusion, Herr der Lage zu sein, die Situation im Griff zu haben – oder zumindest gerade wieder in den Griff zu bekommen. Still sitzen und erst einmal nachzudenken fällt den meisten Menschen schwerer.

– *Man hat sofort ein Ergebnis.* Ad-hoc-Aktionen zielen in der Regel auf unmittelbare, kurzfristige Wirkungen. Durch die Abwrackprämie wurde der Automobilbranche geholfen, aber schmerzhafte strukturelle Anpassungen wurden damit nur herausgeschoben.

– *Man bleibt auf vertrautem Terrain.* In der Regel konzentrieren sich spontane Aktionen auf eine Reparatur des Bestehenden, nicht auf grundlegende, systematische Veränderungen. Veränderung bedeutet immer Unsicherheit und damit natürlich auch Risiko. Wirklichen Wandel mögen daher nur sehr wenige Menschen; vielen ist es am liebsten, wenn im Grunde alles so bleibt, wie es ist. Wer schon einmal Changeprozesse gemanagt hat, kann ein Lied davon singen. Der letzte Punkt ist eng damit verbunden:

– *Man muss nicht zugeben, dass man ein grundsätzliches (großes) Problem hat.* Will sagen: ein Problem, für das umfassende Lösungsstrategien entwickelt werden müssen. Und man kann dem Gedanken ausweichen, in der Vergangenheit möglicherweise einen Fehler gemacht zu haben, indem man etwa zu spät auf sich abzeichnende Gefahren reagierte. Wer heute Glühbirnen verbietet, dem kann man wahrlich nicht vorwerfen, er engagiere sich nicht beim Klimaschutz.

Und wer Managern sogar das Fliegen untersagt, ist doch wirklich entschlossen, energisch Kosten zu senken. Oder?

Strategische Lösungen? Fehlanzeige

In punkto Aktionismus liefert die Automobilbranche weitere Beispiele. Statt jetzt auf die Abwrackprämie zu starren wie das sprichwörtliche Kaninchen auf die Schlange, hätte man schon vor Jahren die Weichen anders stellen müssen, meint beispielsweise Christian Homburg, Präsident der Mannheim Business School für Managementweiterbildung. Er vermisst die »Auseinandersetzung mit den langfristigen Herausforderungen« und »Weitsicht des Managements«, und das »nicht erst seit den vergangenen Monaten«. Während Toyota etwa früh die ökologischen Zeichen der Zeit erkannt habe, seien beispielsweise bei Chrysler unverdrossen weiter große Spritfresser am Markt vorbeiproduziert worden: »Auf die Krise reagieren die Manager mit den üblichen Reflexen: Kurzarbeit, Entlassungen, Werksschließungen. ... Warum werden keine strategischen Lösungen angeboten?«[12] Aktionismus statt Strategie also, Herumdoktern an Symptomen statt Frage nach den Ursachen.

Welcher Typ sind Sie?

Doch man muss gar nicht so weit gehen. Wahrscheinlich kennen die meisten von uns dieses Phänomen aus ihrem eigenen Leben. Nehmen wir an, Ihr Kind kommt mit einer 6 in Mathe nach Hause. Bis jetzt hat eigentlich immer alles gepasst, und nun plötzlich das! Welches der folgenden Szenarien kommt Ihnen vertrauter vor? Szenario 1: Sie betrachten die 6 und lehnen sich erst mal gelassen zurück. Sie analysieren in Ruhe, ob diese Note ein Ausrutscher ist oder der Beginn eines langfristigen Trends. Sie entwickeln gemeinsam mit Ihrem Kind einen mittelfristigen Plan, mit dem sich die Leistungen in Mathe bis zum Abitur wieder auf einem mittleren Level einpendeln. Oder doch Szenario 2: Sie sind sehr besorgt und machen sich Gedanken darüber, woher die plötzliche Verschlechterung Ihres Kindes kommt. Sie denken darüber nach, was es bedeuten würde, wenn Ihr Kind die Klasse wiederholen müsste. Sie machen sich sofort auf die Suche nach einem geeigneten Nachhilfelehrer. Natürlich werden Sie Gespräche mit dem Klassen- und mit dem Mathematiklehrer Ihres Kindes darüber führen, was zu tun ist. Noch in derselben Nacht bestellen Sie im Internet zwei bis fünf Matheübungsbücher. Sie versuchen, sich selbst mit dem

Stoff auseinanderzusetzen. Sie wollen schließlich Ihrem Kind helfen. Aber: Vielleicht ist Ihr Kind gar nicht schlecht in der Schule, sondern hat ADHS? Natürlich würden Sie selbst nie so extrem reagieren wie in Szenario 2 und sofort in Aktionismus verfallen. Aber vielleicht kennen Sie ja jemanden, dem Sie das zutrauen …

Flucht in die Detailarbeit Warum konzentrieren sich drei Männer auf ein einziges Warnlämpchen und verlieren die Gesamtsituation komplett aus den Augen? Warum perfektionieren Automanager detailreich alte Modelle, statt die verfehlte Geschäftsstrategie generell zu überdenken? »Die akribische Beschäftigung mit Einzelaspekten, vor allem solchen, mit denen man sich gut auskennt, liefert nach innen und außen das berechtigte Gefühl, sich mit der Lage kompetent und intensiv auseinanderzusetzen«, schreibt Franz Reither.[13] Solche Fluchtreaktionen sind menschlich, doch das macht sie nicht besser. Menschen nehmen unter Druck gern Zuflucht zu dem, was sie kennen. Sie stürzen sich auf vertraute »Lieblingsaufgaben«, sie übersehen Gefahren, sie halten starr am einmal eingeschlagenen Weg fest und blenden Alternativen aus. Wer gibt schon gerne zu, dass er unrecht hatte? Politiker wollen wiedergewählt werden, Manager aufsteigen und wir alle miteinander wollen das Gesicht wahren. Ergebnis sind hektische Reaktionen statt planvoller Aktionen. Wünschenswert wäre, in all der gewohnten Betriebsamkeit einmal innezuhalten und sich Fragen wie die folgenden zu stellen:

Schlüsselfragen
– Bringt das, was wir gerade tun, unser Unternehmen wirklich voran?
– Was ist zurzeit unser dringendstes Problem?
– Wie viel Zeit widmen wir diesem Problem?
– Wie wichtig ist das Problem, mit dem wir uns gerade vorrangig beschäftigen?
– Wie viel trägt das, was ich tue, zur Lösung unseres dringendsten Problems bei? Beschäftige ich mich womöglich gerade mit einer Lieblingsaufgabe? Oder versuche ich mit einer alten (überholten) Strategie ein neues Problem zu lösen?

> **ANTI-CRASH-FORMEL**
>
> Halten Sie inne und überlegen Sie: Was genau ist das wirkliche Problem? Löst die momentane Aktion dieses Problem beziehungsweise trägt sie zumindest zur Lösung bei? Was würde passieren, wenn Sie diese Aktion jetzt *nicht* starten?

Der schwierige Blick auf das Wesentliche

In den meisten Unternehmen wird es für Verantwortungsträger immer schwieriger, das Wesentliche im Blick zu behalten. Im Arbeitsalltag vieler Menschen gibt es von allem zu viel: zu viele Mails, zu viele Anrufe, zu viele Meetings, zu viele absicherungsmotivierte »z. K.« (zur Kenntnis), zu viel Arbeit sowieso. Je einfacher Kommunikation technisch gesehen geworden ist, desto mehr wird »kommuniziert«, zumindest formal betrachtet. Wer einen Brief tippen (lassen) musste, war gut beraten, seine Gedanken vorher zu ordnen, ansonsten drohte ein zeitraubender zweiter Anlauf. Eine E-Mail dagegen ist schnell geschrieben und mit einem Klick an Dutzende Empfänger verschickt. Das wird weidlich (aus-)genutzt: Der grassierende Cc-Wahn führt dazu, dass die Postfächer überquellen. Kein Mensch kann das alles lesen, folglich tut es auch keiner mehr. Man wurschtelt sich also »irgendwie« durch. Viele Texte werden nur noch angelesen oder quergelesen. Bei einer Mail etwa können Sie davon ausgehen, dass nur der Text, der im Vorschaufenster sichtbar ist, auch gelesen wird. Das führt zu Missverständnissen und Nachfragen, die wiederum mit Mails oder Telefonaten bekämpft werden.

Nachteile moderner Kommunikation

Je arbeitsteiliger ein Unternehmen ist, je mehr Schnittstellen es gibt, desto mehr Zeit wird damit verbracht, sich gegenseitig zu informieren, abzustimmen und abzusichern. Die Kommunikationswissenschaftlerin Miriam Meckel bemerkte schon vor Jahren spöttisch, dass auf die »Datenflut« unweigerlich »Denkebbe« folge. Doch Denkebbe ist ein gefährlicher Zustand.[14] Nur von einem gibt es definitiv zu wenig: Zeit, um nachzudenken und die richtigen Prioritäten zu setzen.

Das Ergebnis: Denkebbe

Das Eisenhower-Prinzip

Dabei bekommt fast jeder im Laufe seiner (Weiterbildungs-) Karriere ein vermeintlich simples Instrument zur Identifikation des wirklich Wichtigen an die Hand – das sogenannte »Eisenhower-Prinzip«, mit dem der General und spätere US-Präsident Dwight D. Eisenhower das eigene Bewusstsein für das Wesentliche schärfte. Dazu unterschied er die Dimensionen »dringend« und »wichtig«. Der Unterschied ist folgender. Dringend ist die Dimension Zeit. Wichtig ist die Dimension Ziel. Wichtig sind also alle Tätigkeiten, die Sie Ihrem Ziel näherbringen. Wenn es Ihr Ziel ist, Neukunden zu gewinnen, dann ist das Erstellen Ihrer Steuererklärung keine wichtige Tätigkeit, auch dann nicht, wenn Sie mit einer saftigen Erstattung rechnen. Weder Dringendes noch Wichtiges solle man vernachlässigen und in den Papierkorb befördern, Dringendes und Wichtiges sofort erledigen, empfahl Eisenhower. Außerdem delegieren (dringend, nicht wichtig) und planen (wichtig, nicht dringend). Mal ehrlich: Wie oft haben Sie das im Arbeitsalltag konsequent beherzigt? Wie oft haben Sie dringende, aber weniger wichtige Dinge nicht delegiert, sondern schnell selbst erledigt? Menschen funktionieren offenbar nicht so rational wie der kluge Mister Eisenhower, weder beim Fliegen noch in Unternehmen.

Die Tyrannei des Dringenden

Die wirklich wichtigen Dinge im Leben sind meist nicht dringend. Ob Sie mit dem Entwurf der neuen Unternehmensstrategie heute beginnen oder im nächsten Monat, ist im Grunde egal. Ob Sie jetzt das Fitnessprogramm starten, zu dem Ihnen Ihr Arzt geraten hat, oder erst nächste Woche, wird Sie nicht umbringen. Wenn Sie überhaupt damit beginnen! Zeitmanagementexperte Lothar Seiwert bezeichnet das Phänomen, dass wirklich wichtige Tätigkeiten von lauten, dringenden Aufgaben verdrängt werden, als Tyrannei des Dringenden. Er hat außerdem für die Eisenhower-Quadranten griffige Umschreibungen gefunden, die uns die alltägliche Hektik wesentlich eindrücklicher vor Augen führen als die nüchterne Einteilung in A-, B- und C-Aufgaben (s. S. 115).

»Aufdringliche« Angelegenheiten lenken ab

Wenn Sie Ihren Tagesplan einmal durchgehen, werden Sie möglicherweise erschreckt feststellen, dass Sie die meiste Zeit im »Reich des Banalen« oder im »Reich des Trubels« verbringen: Man wird förmlich von Kleinigkeiten aufgefressen, die um un-

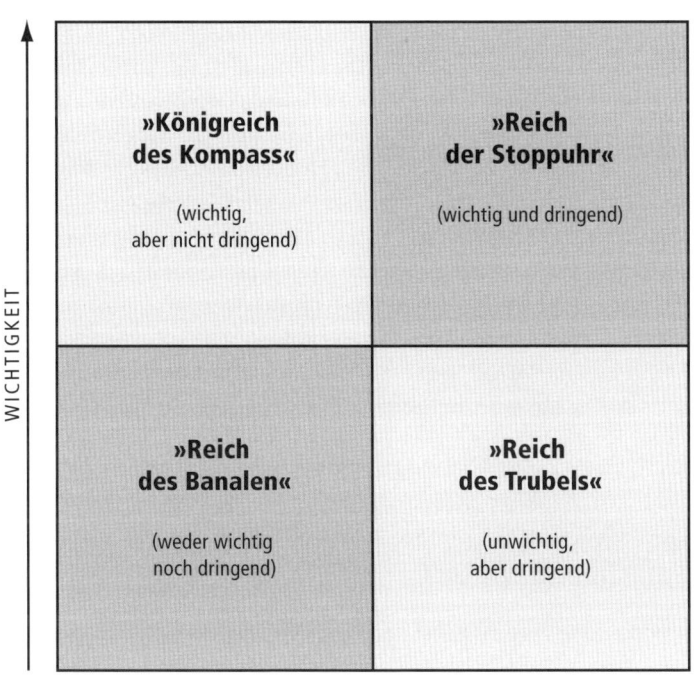

Blick für das Wesentliche – nach Seiwert, *Das Bumerang-Prinzip*[15]

sere Aufmerksamkeit buhlen, und schiebt die eigentlich wichtigen Aufgaben von Woche zu Woche, Monat zu Monat, wenn nicht gar Jahr zu Jahr vor sich her. Vieles von dem, das man aus Gutmütigkeit oder aus Gewohnheit tut – oder auch aus dem Reflex heraus, besonders starken Signalen (dem klingelnden Telefon, der »dringenden« Mitarbeiterfrage) nachzugeben –, trägt kaum etwas zu wesentlichen Fragen im Unternehmen bei. Ich spreche daher auch von »aufdringlichen« Angelegenheiten; das scheint mir treffender als das neutrale »dringend«.

Je häufiger man sich im »Reich des Trubels« oder im »Reich des Banalen« aufhält, desto größer ist die Gefahr, ins »Reich der Stoppuhr« gezwungen zu werden und hektisch Katastrophenbegrenzung betreiben zu müssen – da wird der Termin mit dem Wirtschaftsprüfer oder der Hausbank dann auf die letzte Minute und lückenhaft vorbereitet, der reklamierende Schlüsselkunde erst viel zu spät zurückgerufen, über die Neuausrichtung der

Das Königreich des Kompass als Ziel

Produktpalette unter großem Zeitdruck entschieden. Das »Königreich des Kompass« kennt man nur noch vom Hörensagen. Hier jedoch sind die strategischen Weichenstellungen angesiedelt, die für Überleben und Wachstum des Unternehmens wichtig sind. Wer es nie oder selten bis dahin schafft, läuft Gefahr, irgendwann hochzuschrecken wie der Lockheed-Pilot und erst kurz vor dem Crash mit einem »Hey, was ist denn hier los?« den Ernst der Lage zu erkennen. Verhindern lässt sich das nur mit einer gewissen Brachialgewalt: Halten Sie sich systematisch Zeit zum Nachdenken frei. Ob das jede Woche eine Stunde, ein Vormittag im Monat oder ein Tag im Quartal ist, hängt von Ihren Arbeitsgewohnheiten ab. Blockieren Sie diese Zeit im Kalender und weisen Sie ihr die gleiche Relevanz zu wie anderen Terminen. Was Sie in dieser Zeit tun sollten? Auch dafür gibt es ein schönes Bild aus der Fliegerei: »Staying ahead of the aircraft.« Sorgen Sie dafür, dass Sie der aktuellen Situation immer einen Schritt voraus sind.

ANTI-CRASH-FORMEL

Achten Sie darauf, dass Aufdringliches Sie nicht daran hindert, das wirklich Wichtige zu erkennen – und konkret in Angriff zu nehmen! Blocken Sie sich systematisch und konsequent »Denk- und Strategiezeiten«.

Situationsbewusstheit – Staying ahead of the aircraft

Vorausschauend denken

Umsichtige Planung, die ein Unternehmen sicher auf Kurs hält und hektischen Aktionismus auch in schwierigen Zeiten vermeidet: So lautet das Ziel. Und darum geht es auch im Cockpit. Jeder versierte Fluglehrer gibt seinen Schülern die Erfolgsformel »Staying ahead of the aircraft« mit auf den Weg. Wer die Situation jederzeit unter Kontrolle haben will, muss wissen, wo er sich momentan befindet und was die nächsten wichtigen Schritte sind. Anders gesagt: »Never let an airplane take you somewhere your brain didn't get five minutes earlier«, wie es unter Piloten bedeutungsvoll heißt. (Pass auf, dass dein Flieger dich nirgendwo hinbringt, wo dein Gehirn nicht schon fünf Minuten früher war.)

Bewusstsein der aktuellen Situation: Wo stehen wir?

Ein Pilot, der seine Maschine sicher zum Zielflughafen bringen will, sollte sich in jeder Sekunde über die aktuelle Situation des Flugzeugs im Klaren sein. »Situational awareness« meint diese bewusste und wache Einschätzung der momentanen Lage zu jedem Zeitpunkt des Fluges. Nur zu *glauben*, alles liefe normal, ist gefährlich, wie der Lockheed-Flug 401 zeigt. Hätte die Besatzung auch nur einen Blick für die Instrumente direkt vor ihrer Nase gehabt, wäre ihr nicht entgangen, dass ihr Flieger längst vom vorgesehenen Kurs und vor allem von der vorgegebenen Höhe abgekommen war. Bei Situationsbewusstheit geht es natürlich nicht ausschließlich um Kurs und Flughöhe, sondern auch um eine einwandfrei funktionierende Technik und genügend Treibstoff, um die Bedingungen am Zielflughafen, um die Situation im Luftraum, um die Wetterbedingungen – eben um alles, was den Flug im Moment und im weiteren Verlauf beeinflusst.

Situationsbewusstheit anstreben

Übertragen auf ein Unternehmen heißt das beispielsweise:

- Wo stehen wir?
- Laufen aktuell sämtliche Prozesse einwandfrei?
- Haben wir genügend liquide Mittel (»Treibstoff«)?
- Sind alle relevanten Kennzahlen im grünen Bereich?
- Was spielt sich in unserem Umfeld ab (»Luftraum«)?
- Wie ist die Marktsituation in unserem Marktsegment? (»Kommt uns jemand zu nahe?«)
- Wie ist die konjunkturelle Großwetterlage? (»Drohen Stürme und Unwetter?«)
- Wie ist die Entwicklung bei unseren wichtigsten Kunden?

Nur wer zuverlässig weiß, wo er gerade steht, hat die Situation wirklich unter Kontrolle. Und nur wer seine Lage sicher einschätzt, kann die richtigen Entscheidungen fällen – Entscheidungen darüber, was momentan geschehen soll und was die

Kettenreaktion vorprogrammiert

relevanten nächsten Schritte sind. Wer diesen Überblick verliert, wird zaudern und zögern, wenn er eine Entscheidung treffen soll. Und er muss mit bösen Überraschungen rechnen. Böse Überraschungen wiederum bedeuten Stress, Stress bedeutet in vielen Fällen Tunnelblick und Planlosigkeit, kurzfristige Ad-hoc-Aktionen statt wirksame Maßnahmen. Das gilt in der Fliegerei wie am Boden. Als Pilot kann ich Überraschungen nicht ausstehen!

Das Problem: mangelnde Übersicht

Jedes Flugzeug ist heute vollgestopft mit Systemen und Instrumenten, die dem Piloten eine exakte Einschätzung der aktuellen Situation ermöglichen sollen. Solche Instrumente stehen jedem professionell geführten Unternehmen heute ebenfalls zur Verfügung, in Form von Kennzahlen, Absatzlisten, Umsatzdaten. Ein modernes Controlling liefert jederzeit eine Fülle von Auswertungen unter allen möglichen Gesichtspunkten. Das Problem ist in beiden Fällen weniger ein Mangel an Daten und Informationen, sondern eher ein Mangel an Übersicht: Welche Daten sind wirklich wichtig? In manchen Unternehmen ergießt sich eine nicht endende Flut von Excel-Tabellen auf die Schreibtische, doch kaum jemand ist in der Lage, diese Zahlenflut noch angemessen zur Kenntnis zu nehmen oder gar auszuwerten. Stattdessen wiegt man sich in der trügerischen Sicherheit, dass ja alles exakt berechnet sei – die Lage somit unter Kontrolle und alles in Ordnung. Da ist sie wieder, die Kontrollillusion. Deshalb gibt es Unternehmen, die ihre Umsätze stetig steigern und gleichzeitig immer höhere Verluste anhäufen – etwa durch einen kaum mehr beherrschbaren Gemischtwarenladen wie bei dem erwähnten Hersteller von Haushaltsgeräten. Man kann sich auch zu Tode wachsen. Andere Unternehmen nehmen zwar wahr, dass ihre Gewinne von Jahr zu Jahr rückläufig sind, Verantwortungsträger finden in der Datenfülle jedoch immer wieder sichere Indizien für eine »Trendwende«. Wenn man lange genug fahndet, lässt sich das aus irgendwelchen Zahlen schon herausinterpretieren ... Am besten ist man dagegen durch eine bewusste Konzentration auf die zentralen Situationsfaktoren gefeit:

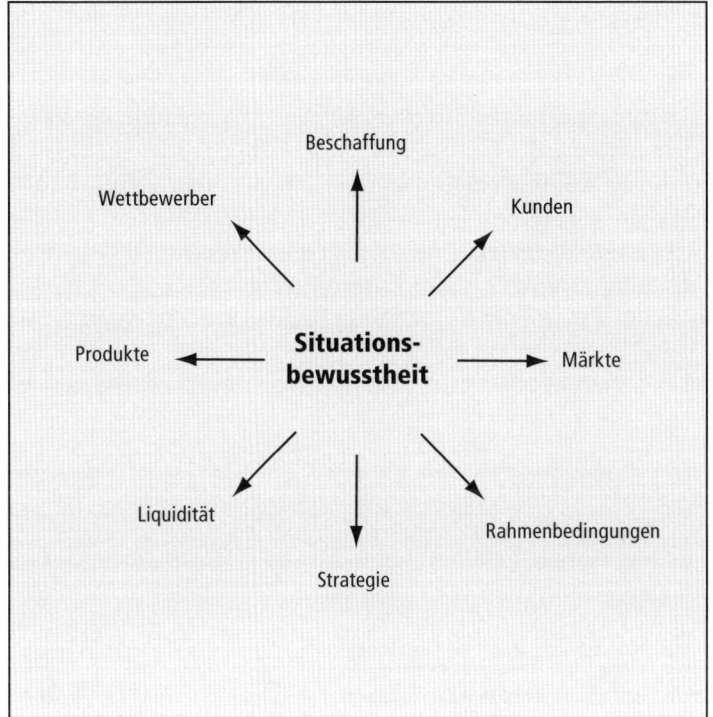

»Situational awareness« im Unternehmen

Situationsbewusstheit bedeutet, für jeden dieser Bereiche die wichtigen Fakten im Blick zu haben:

Der regelmäßige Faktencheck

- Wer sind unsere wichtigsten Kunden? Wie ist die Kundenstruktur? Bestehen bedenkliche Abhängigkeiten von wenigen Schlüsselkunden?
- Wer sind die zentralen Wettbewerber? Welche Dynamik entfalten die Wettbewerber? Wie groß ist ihr Marktanteil? Wie gut sind wir im Vergleich zu ihnen für die Zukunft gerüstet? Wodurch hebt sich unser Angebot von dem der Konkurrenz ab?
- Ist unsere Produktpalette up to date? Mit welchen Produkten erzielen wir das Gros unserer Umsätze, mit welchen das Gros unseres Gewinns? Verzeichnen wir stabile oder sinkende Umsätze? Funktionieren unsere wichtigsten Umsatzbringer (»Cash Cows«) noch?

- Verfügen wir über genügend liquide Mittel? Wie ist die Zahlungsmoral unserer Kunden? Müssen wir mit Zahlungsausfällen rechnen? Wie wird unsere Kreditwürdigkeit bewertet? Können wir weiter mit der Unterstützung der Banken rechnen?
- Haben wir eine eindeutige Strategie formuliert? Wohin soll sich das Unternehmen entwickeln?
- Wie sind die gesetzlichen und gesellschaftlichen Rahmenbedingungen? Wie wird unser Unternehmen in der Öffentlichkeit beurteilt? Kennen und erfüllen wir alle gesetzlichen Vorschriften?
- Kennen wir den Markt genau? Haben wir alle Potenziale ausgeschöpft?
- Funktioniert die Beschaffung einwandfrei (Zulieferer, Rohstoffe)?

Paul A. Craig, US-Flugveteran und vielfach ausgezeichneter Fluglehrer, fordert von versierten Piloten einen »mental radar screen«, ein stets aktuelles Gesamtbild der eigenen Situation und des Umfeldes.[16] Das ist es wohl auch, was erfolgreiche Unternehmer auszeichnet.

ANTI-CRASH-FORMEL

Wissen Sie zu jeder Zeit, wo Ihr Unternehmen (Ihre Abteilung) sich gerade befindet? Haben Sie alle relevanten Fakten und Umfelddaten im Blick?

Vorausdenken: Was könnte passieren? Was sind die nächsten Schritte?

Ruhige Phasen nutzen

Das Pilotengehirn solle dem Flugzeug immer fünf Minuten voraus sein, hieß es an anderer Stelle scherzhaft. Von »vorausschauender Planung« haben Sie vermutlich schon in der Fahrschule gehört, und in der Tat ist es wenig empfehlenswert, erst zwei Meter vor der roten Ampel ans Bremsen zu denken. Ein umsichtiger Autofahrer registriert spielende Kinder neben der

Fahrbahn, bevor sie auf die Straße hüpfen, und er antizipiert, dass der Linienbus weiter hinten gleich ausscheren und sich wieder in den Verkehr einfädeln wird. Ähnlich ist es beim Fliegen: Gute Piloten nutzen ruhige Phasen, um so viel wie möglich vorzubereiten. Wenn sie auf die Piste rollen, sind der Start und der Abflug vorbereitet. Alle Navigationsinstrumente und Systeme sind für den Abflug eingestellt. Schon im Reiseflug werden Anflug und Landung vorbereitet. Entsprechende Karten werden bereitgelegt, auch für Ausweichrouten. Alle Funkfrequenzen werden voreingestellt und das Landeverfahren wird durchgesprochen. Alles, was in ruhigen Phasen erledigt oder vorbereitet wurde, kann dann einfach »per Knopfdruck« abgerufen werden. Wenn jetzt etwas Unvorhergesehenes passiert, haben die Piloten alle Ressourcen frei, um sich um die Lösung des Problems zu kümmern. Wenn das ganz normale Alltagsgeschäft im Unternehmen Sie so vollständig vereinnahmt, dass Sie für ein Vorausdenken überhaupt keine Kapazität mehr frei haben, wird es dringend Zeit, Zuständigkeiten, Abläufe und Prozesse zu überdenken.

ANTI-CRASH-FORMEL

Denken Sie nach: Sind Sie in der aktuellen Situation immer mindestens einen Schritt voraus? Oder wird Ihre Aufmerksamkeit völlig von momentanen Ereignissen und Details absorbiert?

Was wäre wenn ...

Ein erfahrener Pilot lässt sich auch von den vergleichsweise ereignislosen Phasen des Fluges nicht zum »Abschalten« verführen. Wachheit ist gerade auch dann gefragt, wenn scheinbar alles »normal« läuft – eben um sicher zu gehen, dass das tatsächlich auch der Fall ist (und nicht gerade unbemerkt der Autopilot ausfällt). An anderer Stelle habe ich gesagt, Fliegen sei 99 Prozent Routine und 1 Prozent blanke Panik. Wer auch in Routinezeiten alles genau im Blick behält und für den Ernstfall vorplant, kann lebensbedrohliche Panikreaktionen am ehesten vermeiden. Paul A. Craig rät in seinem »Strategic Action Plan« Piloten in »öden« Flugphasen unter dem Stichwort »What if ..«

zum systematischen Durchspielen möglicher Schwierigkeiten wie Wetterumschlag, Notlandung und so weiter. Was würde man tun, wenn jetzt plötzlich der Treibstoff ausginge? Wenn die Landebahn beim Anflug nicht mehr zu sehen wäre? Er fordert sie ferner auf, wie ein Topspieler beim Tennis in die Zukunft zu denken – das Spiel mental vorwegzunehmen: »You must have a plan, a strategy. You are thinking two and three shots ahead.«[17] Böse Überraschungen, auf die ad hoc reagiert werden muss, werden so zur Ausnahme.

Negativbeispiel Quelle Diese Form der Antizipation ist auch im Unternehmen gefragt. Es ist verführerisch, sich in guten Zeiten zurückzulehnen, weil scheinbar alles wie »von selbst« läuft. Wohin das führt, kann man am Beispiel des Versandhauses Quelle sehen, das zu spät auf sich verändernde Verbrauchergewohnheiten reagierte, den Onlinehandel (anders als etwa der Konkurrent Otto Versand) verschlief und nach hektischen Rettungsversuchen während des Bundestagwahlkampfes Ende 2009 schließlich doch abgewickelt werden musste. So konnte zwar noch der Winterkatalog dank eines Staatskredits von 50 Millionen Euro gedruckt werden (für den sich der bayerische Ministerpräsident Seehofer stark gemacht hatte), einen tragfähigen Geschäftsplan gab es jedoch bis zuletzt nicht. Aktionismus lässt grüßen.

ANTI-CRASH-FORMEL

Beugen Sie bösen Überraschungen gezielt vor? Oder wiegen Sie sich in der trügerischen Sicherheit, dass schon alles so weiterlaufen wird wie bisher? Ist Letzteres der Fall, müssen Sie Ihre Einstellung ändern.

»Staying ahead of the aircraft« bedeutet also erstens, systematisch vorauszudenken, was kommen könnte, und zweitens, in jeder Situation die nächsten Schritte aktiv vorauszuplanen. Mögliche Fragen dazu im Unternehmenskontext:

– Könnte es sein, dass unsere Schlüsseltechnologie bald durch Neuentwicklungen überholt ist?

Wichtige Fragen für vorausschauendes Planen

- Setzen Wettbewerber dazu an, uns gezielt Marktanteile abzujagen? Wie anfällig sind wir für Attacken innovativer Neugründungen?
- Nutzen wir alle relevanten Vertriebswege? Oder hinken wir neuen Möglichkeiten, wie sie etwa das Internet bietet (zum Beispiel Blogs, Twitter, Social Media Marketing), hinterher? Passen neue Möglichkeiten zu uns und zu unserem Produkt?
- Deuten sich veränderte Kundenerwartungen an, auf die wir rechtzeitig reagieren müssen? Was bedeutet das für unsere Produktpalette, für unser Marketing?
- Hat sich der Nutzen, den wir unseren Kunden bieten, in den letzten 24 Monaten erhöht oder verblasst er langsam?
- Wäre es denkbar, dass wir durch hohe Zahlungsausfälle Liquiditätsprobleme bekommen? Haben wir für mögliche Umsatzdellen vorgesorgt? Stehen mittelfristig kostenintensive Investitionen an (Produktionsanlagen, Gebäude, Personal)?
- Zeichnen sich Umweltauflagen oder gesetzliche Rahmenbedingungen ab, die ein Umsteuern von uns erfordern? Haben wir »Leichen im Keller«, die wir besser bald ordnungsgemäß beerdigen sollten?
- Könnte es sein, dass durch politische Entwicklungen wichtige Auslandsmärkte wegfallen? Oder sich umgekehrt neue Märkte erschließen?
- Wären wir auf einen Ausfall unseres IT-Servers angemessen vorbereitet? Gibt es andere technische Bereiche, deren Ausfall existenzgefährdend wäre?
- Ist es denkbar, dass die Preise für Rohstoffe oder Vorprodukte in naher Zukunft drastisch steigen? Sind unsere Zulieferer mittelfristig tatsächlich die geeignetsten (Zuverlässigkeit, Kostenoptimierung)?
- Sind wir für einen Generationenwechsel gerüstet – ist die Nachfolgefrage geklärt?
- Was tun wir auf eine bestimmte Weise, weil wir es »immer so gemacht haben«? Gibt es bessere Alternativen?

Positive Unternehmensbeispiele

Eine mittelständische Beratungsfirma aus meinem Kundenkreis, die auf Logistiksoftware spezialisiert ist, hat sich durch ein solch vorausschauendes Agieren zum Marktführer entwickelt. Dieses Unternehmen ist tatsächlich stets »ahead of the aircraft«. Dazu gehört es vor allem, sich niemals auf seinen Lorbeeren auszuruhen, sondern bereits die nächste Software-»Cash Cow« zu entwickeln, bevor das aktuelle Erfolgsmodell ausgedient hat. Entstanden ist so eine Produktpalette von der Logistiksoftware bis zum digitalen Fahrtenbuch, die die Abhängigkeit des Unternehmens von einzelnen Großkunden gelockert hat. Ein Unternehmen, das in ähnlicher Weise proaktiv handelt, ist Google. Statt sich angesichts sprudelnder Gewinne bequem zurückzulehnen, bietet das Unternehmen stetig neue Servicefunktionen – von Google Earth bis zur umstrittenen Digitalisierung ganzer Bibliotheken.

> **ANTI-CRASH-FORMEL**
>
> Haben Sie das Heft des Handelns in der Hand? Agieren Sie souverän am Markt? Sehr gut. Oder re-agieren Sie nur auf äußere Einflüsse? Dann besteht Handlungsbedarf.

Das Ziel besteht also darin, den Kurs des Unternehmens systematisch vorauszuplanen. Das kann nur funktionieren, wenn das Tagesgeschäft so gut organisiert ist, dass es nicht 100 Prozent der Aufmerksamkeit absorbiert und man ständig irgendwo Brände löschen muss. Gutes Management ist das A und O – dazu gibt es zahlreiche Bücher. Wir konzentrieren uns abschließend auf ein grundsätzliches Problem moderner Organisationen: ihre zunehmende Komplexität.

Professionelle Steuerung im Unternehmen

Rezepte gegen übereilte oder überfällige Entscheidungen

In vielen Unternehmen regiert heute die Hektik. Die meisten Fach- und Führungskräfte klagen über chronischen Zeitmangel. Die Folge: Viele Entscheidungen werden überhastet getroffen – oder, im Gegenteil, auf die lange Bank geschoben. Je vernetzter die Weltwirtschaft, je arbeitsteiliger eine Organisation, je ambitionierter die Projekte, desto schwieriger wird es für den Einzelnen, noch den Überblick zu behalten und das wirklich Wichtige zu veranlassen. Es wäre vermessen, hier ein Allheilmittel zu versprechen. Stattdessen folgen nun einige Anregungen.

Projektkaskaden und Debattenkultur vermeiden

Ein Unternehmen reagiert, genau wie ein Flugzeug, mit einer gewissen Zeitverzögerung. Wenn Sie einem Flugzeug einen Steuerimpuls geben, zum Beispiel am Höhenruder ziehen, dann dauert es einige Sekunden, bis der Flieger diesem Impuls folgt. Wer mit der Situation nicht vertraut ist, dem können diese Sekunden wie eine Ewigkeit vorkommen. Weil das System nicht sofort reagiert, neigt man dazu, neue oder stärkere Impulse zu setzen. Doch natürlich reagiert das System – aber eben nicht unmittelbar. Leider ist dann aber schon ein neuer Impuls gesetzt, und man wird von den vorangegangenen Impulsen eingeholt. Das Flugzeug schaukelt sich auf. Im Unternehmen kennen Sie den gleichen Effekt. Jedes Unternehmen, aber auch eine gesamte Volkswirtschaft, ist letztlich ein träges System. Und dieses System reagiert, wenn auch nicht sofort. Durch unser Streben nach schnell sichtbaren Erfolgen verfallen wir dann häufig in Aktionismus und reagieren über.

Impulse brauchen Zeit

Dieses hektische Herummanipulieren haben Sie sicherlich schon selbst erlebt. Die Geschäftsleitung ruft eine neue Strategie aus und stößt damit eine Reihe von Projekten in den einzelnen Abteilungen an. Noch bevor der Erfolg dieser Projekte absehbar ist, wird das Steuer herumgerissen und eine neue Parole ausgegeben. Auch das setzt wieder eine Fülle von Maßnahmen bis hinunter zur Sachbearbeiterebene in Gang. Die nächste Projektwelle rollt schon durch das Unternehmen, bevor die letzte überhaupt verebbt ist und sichtbar wird, was sie hinterlässt. Manche Firmen befinden sich auf diese Weise in einem Zustand permanenter Umstrukturierung, in dem niemand mehr überblickt, welche Maßnahmen welche Wirkungen erzielen.

Wie Projektkaskaden entstehen

Zu solchen Kaskaden trägt die immer kürzere Verweildauer von Vorständen an der Unternehmensspitze bei. Die Strategieberatung Booz & Company, die unter der Überschrift »CEO Succes-

Der Vorstandsposten: ein Schleudersitz?

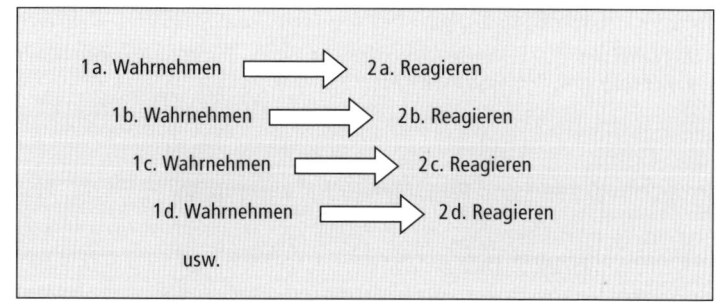

Typische »Projektkaskade«

sion« jährlich die Vorstandswechsel der 2500 weltweit größten börsennotierten Unternehmen untersucht, hat beobachtet, dass die Sessel der Topmanager immer häufiger zum Schleudersitz werden. Die Manager in Europa stehen dabei noch mehr unter Druck als ihre Kollegen in den USA: »Mangelnde Leistung lässt deutsche Topmanager doppelt so häufig scheitern wie US-Kollegen / Rauswurf erfolgt in Europa schon nach 2,5 Jahren«, schreiben die Experten 2005 und mahnen: »CEOs, die bereits nach 2,5 Jahren wegen unbefriedigender Leistung ihr Unternehmen wieder verlassen, haben viel zu wenig Zeit, nachhaltige Ergebnisse zu zeigen.«[18]

Wirkung auf die Mitarbeiter

Mit dem neuen Chef soll alles besser werden. Doch jeder Neue will erst einmal Zeichen setzen und stößt Veränderungen an, die jedem im Unternehmen unmissverständlich klarmachen, dass nun eine neue Ära beginnt. Ein Zoologe würde wahrscheinlich sagen: Er markiert sein Revier. Es ist ein offenes Geheimnis, dass längst nicht alle Maßnahmen, die in diesem Zusammenhang ergriffen werden, sinnvoll sind. Die Dinge werden eben »anders« gemacht, aber nicht unbedingt besser. Ob sie besser sind, tatsächlich Kosten reduzieren, Umsätze steigern, das Unternehmen zukunftsfähiger machen, könnte sich allenfalls mittelfristig abzeichnen. Und auf mittlere Frist ist womöglich schon wieder eine Kurskorrektur vorgenommen worden. Dies versetzt Unternehmen in einen Zustand permanenter Neuausrichtung – und manche Mitarbeiter in stoische Gleichgültigkeit. »Den überleben wir auch noch«, heißt es dann. Oder: »Chefs kommen und gehen; hier bleibt alles beim Alten.« Ein Teil der Komplexität im Unternehmensalltag ist hausgemacht und nicht sachlichen Erfordernissen geschuldet.

Lassen wir den Aspekt der »Reviermarkierung« einmal beiseite. **Der ideale Ablauf** Dann sollte sowohl in Unternehmen als auch in Flugzeugen **von Steuerung** Steuerung als Kreislauf mit fünf Schritten stattfinden:

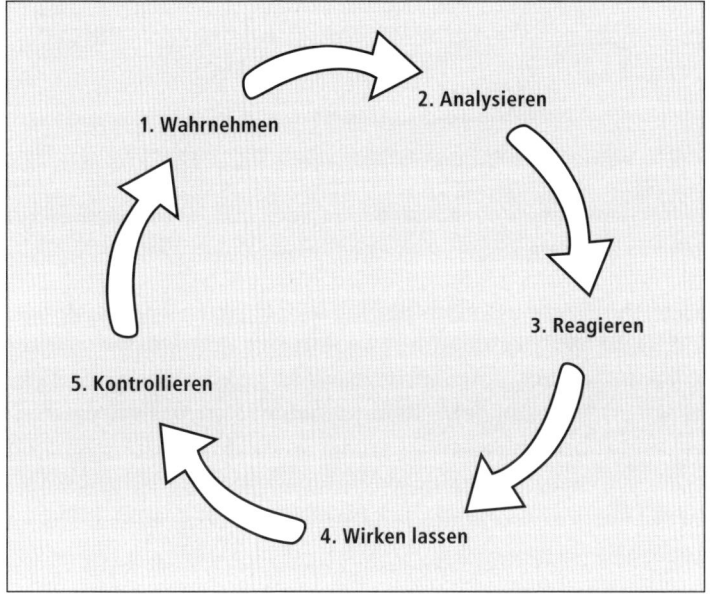

Professionelle Steuerung im Unternehmen

Vor allem in existenzbedrohenden Situationen ist es natürlich fast nicht auszuhalten, nach einem Steuerimpuls abzuwarten und dem System die Chance zu geben, auf den Impuls zu reagieren. Alles andere führt jedoch dazu, dass sich die einzelnen Impulse und Handlungen in ihrer Wirkung gegenseitig aufheben oder aber dass sie sich gegenseitig negativ verstärken. Dass hektische und überstürzte Lenkungsimpulse sich in ihren positiven Auswirkungen verstärken, kommt komischerweise nur sehr selten vor.

ANTI-CRASH-FORMEL

Das Gras wächst nicht schneller, wenn man daran zerrt.
Ein Impuls braucht Zeit, um seine Wirkung zu entfalten.
Schalten Sie also bei der Steuerung einen Gang runter.

Zu viel Gerede ... Im echten Leben aber, also in schwierigen wirtschaftlichen (oder fliegerischen) Situationen, regiert entweder der Aktionismus mit den dafür typischen Projektkaskaden oder das andere Extrem – Entscheidungsunfreudigkeit und ergebnisloses Palaver:

»Debattenkultur« (Lethargie und Entscheidungsscheu)

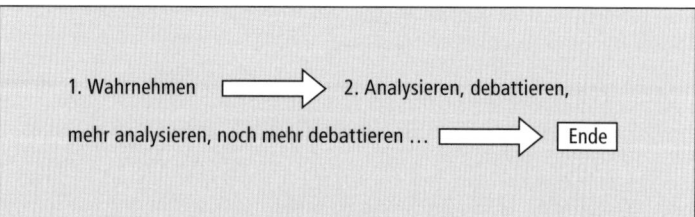

... erzeugt Lethargie Viele Unternehmen nehmen eine bedrohliche Situation durchaus wahr. Sie beginnen auch sofort mit der Analyse. Weiter kommen sie allerdings nicht. Es wird geredet und diskutiert, diskutiert und geredet. Das Unternehmen treibt derweil steuer- und führungslos immer weiter in die Krise. Unternehmen brauchen, genau wie Flugzeuge, Steuerung und Führung. Genauso falsch wie das hastige Überreagieren ist das Versinken in Lethargie. Diese Lethargie wird natürlich regelmäßig mit intensiven Diskussionen übermalt.

Negativbeispiel aus der Praxis Besonders tragisch sind dabei immer die Konsequenzen für den Einzelnen, für die Mitarbeiter, egal ob sie weiter oben oder ganz unten in der Hierarchie stehen. Ein mittelständischer Automobilzulieferer, mit dem ich vor einiger Zeit gearbeitet habe, ist dafür ein treffendes Beispiel. 500 Mitarbeiter, irgendwo in Süddeutschland. Schon längere Zeit war absehbar, dass sich die Stimmung in der Branche verschlechterte. Auch der Konkurrenzdruck wurde stärker. Verschärfend kam hinzu, dass durch mangelndes Controlling eines Key Account Managers der Sorte »Wird schon schiefgehen« eine ganze Reihe nicht kostendeckender Aufträge in den Büchern standen – Aufträge also, bei denen das Unternehmen praktisch mit jedem Teil Geld an den Kunden mitschickte. Spätestens durch die Ergebnisse, die eine eingeschaltete Unternehmensberatung offenbarte, wurde klar, wie schlecht es um das Unternehmen stand. Aber statt jetzt energisch zu handeln, wurde ein Meeting nach dem anderen veranstaltet. Hauptinhalt dieser Zusammenkünfte war die

Frage: »Wer ist schuld an dem Dilemma?« Wenn dann noch etwas Zeit blieb, wurde kurz über Maßnahmen nachgedacht, von denen aber kaum eine umgesetzt wurde. Denn: Im nächsten Meeting wurde neben der »Schuldfrage« vor allem diskutiert, warum gerade die Maßnahmen aus dem letzten Meeting in der jetzigen Situation überhaupt nichts brächten. Vor einem halben Jahr habe ich erfahren, dass das Unternehmen inzwischen insolvent ist und mehr als 500 Menschen ihre Arbeitsplätze verloren haben.

Ihre Überlebenschancen in einem Flugzeug sind signifikant höher, wenn Sie eine *falsche* Entscheidung treffen, als wenn Sie *gar keine* Entscheidung treffen. Eine falsche Entscheidung hat falsche Auswirkungen. Wenn Sie Ihre Sinne noch beieinander haben, erkennen Sie diese Auswirkungen und können gegensteuern – Sie können die falsche Entscheidung durch eine richtige Entscheidung korrigieren. Eine nicht getroffene Entscheidung (keine Entscheidung) hat ebenfalls Auswirkungen. Diese Auswirkungen sind ebenso fatal wie die der falschen Option. Nur werden diese Auswirkungen meist nicht als Ergebnis der fehlenden Entscheidung wahrgenommen, sondern als Folge der »Umstände« (etwa der »Konjunktur« oder der »Krise«). Der Flieger rast gegen einen Berg und niemand war »schuld«. Denn es hat ja auch keiner etwas gemacht. Schuld war der Berg! Sinnvoller ist ein aktiver Eingriff ins System, aus dem Sie wenigstens Lehren ziehen können.

ANTI-CRASH-FORMEL

Gar keine Entscheidung ist auch eine Entscheidung. Entscheidungsscheu wirkt ähnlich verheerend wie Aktionismus. Schützen Sie sich vor dieser passiven Einstellung.

»Systematische Müllabfuhr« (Malik)

Was Unternehmen träge macht

»Unternehmen … werden ja nicht gegründet, um ein besonders modernes Rechnungswesen, ein hoch entwickeltes Personalwesen, eine computergestützte Administration oder brillante Stabsarbeit auf dieser Welt zu etablieren. Sie werden gegründet, um zufriedene Kunden zu schaffen, um Produkte oder Dienstleistungen zu entwickeln, herzustellen und zu verkaufen«, unterstreicht Managementguru Fredmund Malik gegen Ende seines Buches *Führen – Leisten – Leben*.[19] Der ironische Hinweis zielt auf die Verselbstständigung von Aufgaben und Prozessen im Unternehmen, die in Summe einen trägen bürokratischen Apparat erzeugen, das ganze System aufblähen und den Blick auf die wirklich wichtigen Fragen vernebeln. Überlegen Sie einen kurzen Moment:

Abläufe regelmäßig kritisch überprüfen

– Was wird in Ihrem Unternehmen nur deshalb getan, weil man es schon »immer so gemacht« hat?
– Welche Sitzungen finden regelmäßig statt, obwohl die meisten Teilnehmer dort mehr mit ihrem Blackberry als mit den Sitzungsinhalten beschäftigt sind?
– Welche Meetings werden in kurzen Zeitabständen einberufen, obwohl es durchaus genügen würde, sich seltener zu treffen, möglicherweise auch in kleinerer Runde?
– Welche Listen oder Statistiken werden aufwendig geführt, um anschließend ungelesen in einem Ordner versenkt zu werden?
– Welche Kunden schleppt man mit, obwohl sie kaum zum Gewinn des Unternehmens beitragen, dafür aber umso mehr Aufwand und Ärger erzeugen?
– Welche Produkte und Dienstleistungen werden weiter angeboten, obwohl es sich nüchtern betrachtet nicht mehr rechnet (oder nicht mehr zum Kerngeschäft passt)?
– Welche Zuständigkeiten und Arbeitsteilungen gibt es immer noch, obwohl sie sich nicht bewährt haben, dafür aber labyrinthische Dienstwege erzeugen?
– Welche internen Programme oder Maßnahmen (etwa im Weiterbildungsbereich, in der internen Kommunikation) wurden irgendwann einmal gestartet und laufen nun »einfach weiter«, auch wenn der Nutzen fraglich ist?

Die Liste ließe sich beliebig verlängern. Wie alle komplexen Systeme entwickeln auch Unternehmen ein bisweilen kurioses Eigenleben, das Außenstehende in Erstaunen versetzen kann. Vieles ist nur deswegen so kompliziert oder so aufwendig (oder überhaupt da), weil es »historisch so gewachsen« ist. Hausgemachte Komplexität sozusagen. Fredmund Malik hält dafür ein ebenso einfaches wie radikales Gegenmittel bereit – die »systematische Müllabfuhr«. Der renommierte Managementberater empfiehlt, sich im Team, in der Abteilung, in der Geschäftsführung regelmäßig folgende Frage zu stellen:

Hilfe in der Not: die systematische Müllabfuhr

»Was von dem, was wir heute tun, würden wir nicht mehr neu beginnen, wenn wir es nicht schon täten?«[20]

Das mag sprachlich wenig elegant sein – methodisch ist es genial. Die Frage zwingt zur nüchternen Gegenwartsbilanz und motiviert zum Handeln. Im Alltag ist hingegen leider die Frage »Warum haben wir damals bloß ...?« viel weiter verbreitet. Damit wird meist nur ein folgenloses Lamentieren eingeleitet. Maliks Frage lenkt die Aufmerksamkeit stattdessen auf aktuelle Veränderungsmöglichkeiten. Entrümpeln Sie Ihr Unternehmen, Ihre Abteilung in regelmäßigen Abständen! Denken Sie mindestens ein Mal im Jahr darüber nach, welchen Ballast Sie abwerfen sollten. Dabei bietet es sich an, gemeinsam mit seinem Team an einem dafür reservierten Extratag nach unsinnigen, zeitraubenden, längst nicht mehr sinnvollen Aufgaben und Prozessen zu fahnden und sich so Luft für mehr Übersicht und Konzentration auf das Wesentliche zu verschaffen.

Entrümpelung ist angesagt

ANTI-CRASH-FORMEL

Betreiben Sie systematische »Müllabfuhr« – stellen Sie immer mal wieder auf den Prüfstand, was Sie tun, und eliminieren Sie Nebenkriegsschauplätze.

Zum Schluss hier noch einmal alle Maßnahmen, mit denen Sie vermeiden können, sich in Nebensächlichkeiten zu verzetteln.

Operative Hektik – und was Sie tun können

DIE ANTI-CRASH-FORMELN AUF EINEN BLICK

1. Halten Sie inne und überlegen Sie: Was genau ist das wirkliche Problem? Löst die momentane Aktion dieses Problem beziehungsweise trägt sie zumindest zur Lösung bei? Was würde passieren, wenn Sie diese Aktion jetzt *nicht* starten?

2. Achten Sie darauf, dass Aufdringliches Sie nicht daran hindert, das wirklich Wichtige zu erkennen – und konkret in Angriff zu nehmen! Blocken Sie sich systematisch und konsequent »Denk- und Strategiezeiten«.

3. Wissen Sie zu jeder Zeit, wo Ihr Unternehmen (Ihre Abteilung) sich gerade befindet? Haben Sie alle relevanten Fakten und Umfelddaten im Blick?

4. Denken Sie nach: Sind Sie in der aktuellen Situation immer mindestens einen Schritt voraus? Oder wird Ihre Aufmerksamkeit völlig von momentanen Ereignissen und Details absorbiert?

5. Beugen Sie bösen Überraschungen gezielt vor? Oder wiegen Sie sich in der trügerischen Sicherheit, dass schon alles so weiterlaufen wird wie bisher? Ist Letzteres der Fall, müssen Sie Ihre Einstellung ändern.

6. Haben Sie das Heft des Handelns in der Hand? Agieren Sie souverän am Markt? Sehr gut. Oder re-agieren Sie nur auf äußere Einflüsse? Dann besteht Handlungsbedarf.

7. Das Gras wächst nicht schneller, wenn man daran zerrt. Ein Impuls braucht Zeit, um seine Wirkung zu entfalten. Schalten Sie also bei der Steuerung einen Gang runter.

8. Gar keine Entscheidung ist auch eine Entscheidung. Entscheidungsscheu wirkt ähnlich verheerend wie Aktionismus. Schützen Sie sich vor dieser passiven Einstellung.

9. Betreiben Sie systematische »Müllabfuhr« – stellen Sie immer mal wieder auf den Prüfstand, was Sie tun, und eliminieren Sie Nebenkriegsschauplätze.

5. »Ich dachte, Sie fliegen!«
oder: Wenn Zuständigkeiten verschwimmen

```
+ + + 1990er-Jahre + + + Im Anflug auf Kai
Tak + + + Außergewöhnlich harte Landung
einer „führerlosen" Linienmaschine + + +
Die Passagiere werden ordentlich durchge-
rüttelt + + +
```

Im Cockpit gibt es eine klare Arbeitsteilung. Einer fliegt, der andere macht den Rest. Nur: So eindeutig läuft es in Wirklichkeit nicht immer. Im Cockpit einer Boeing 747 herrscht schon seit einiger Zeit dicke Luft. »Pilot Flying« ist der Kopilot, was den Kapitän jedoch nicht daran hindert, wiederholt selber ins Geschehen einzugreifen. Das verbessert die Stimmung nicht gerade. Am Zielort Kai Tak wird ein ziemlich verhunzter Anflug durch eine extrem harte Landung abgeschlossen. Nachdem sich die beiden Piloten bei der obligatorischen Nachbesprechung ausgesprochen und ihre Konflikte bereinigt haben, sagt der Kapitän: »Aber eines müssen Sie zugeben: Das war die schlechteste Landung, die Sie je geflogen sind.« Darauf der Kopilot: »Wieso ich? Sie sind doch geflogen!« Der Kapitän hatte zuvor seinem Kopiloten so oft ins Handwerk gepfuscht, dass nicht mehr klar war, wer was macht. Die Rollen wurden daraufhin nicht mehr grundsätzlich geklärt.

Fast jeder Pilot kennt diese Anekdote, und auch in Trainings wird sie gerne als abschreckendes Beispiel zitiert. Die Landung auf dem früheren Hongkonger Flughafen Kai Tak war ohnehin gefürchtet: Berge versperrten die Einflugschneise auf die einzige

»Angstflughafen« Kai Tak

Piste, sodass die Maschinen kurz vor dem Aufsetzen eine Rechtskurve dicht über den Dächern des Stadtteils Kowloon fliegen mussten. Zudem war die Landebahn im Hafenbecken aufgeschüttet worden und daher von Wasser umgeben. Die Vorstellung, dass hier ein Passagierflugzeug quasi »führerlos« landet, ist schon beängstigend. 1998 wurde Kai Tak schließlich wegen der ungünstigen Bedingungen durch den neuen Flughafen Chek Lap Kok ersetzt.

Arbeit bei schlechter Stimmung
Besser als in dieser Fliegerstory kann man die Gefahren unklarer Zuständigkeiten kaum verdeutlichen. Wenn Flugzeuge sicher geflogen und Unternehmen unfallfrei geführt werden sollen, setzt das voraus, dass jeder zuverlässig seinen Job macht. Ist das nicht der Fall, mag unter glücklichen Umständen alles gerade noch mal gut gehen. Unter widrigen Bedingungen – etwa eine schwierige konjunkturelle Lage oder unvorhergesehene Ereignisse im Luftraum – wird es dann schnell brenzlig. Und dass Kernaufgaben nicht wahrgenommen werden, weil »dicke Luft« herrscht, ist nicht unbedingt so selten.

Ein Irrflug-Beispiel: Minneapolis, Oktober 2009

Flughafen verpasst
Haben Sie schon mal eine Autobahnabfahrt verpasst, weil Sie durch ein hitziges Gespräch mit Ihrem Beifahrer abgelenkt waren? So etwas passiert leider nicht nur am Boden, sondern auch in der Luft. Ende Oktober 2009 machte eine Meldung Schlagzeilen, die ängstlichen Passagieren die Schweißperlen auf die Stirn treiben dürfte: »240 Kilometer zu weit geflogen« meldete die *Süddeutsche Zeitung;* »Piloten verpassen Flughafen« der *Kölner Stadt-Anzeiger*.[1]

Auf dem Flug von San Diego nach Minneapolis war eine Maschine der US-Fluggesellschaft Northwest Airlines glatt am Zielflughafen vorbeigeflogen. Erst als eine Flugbegleiterin nachfragte, wann man denn landen würde, bemerkten die Piloten ihren Fehler und kehrten um. Inzwischen waren bereits Kampfflugzeuge der Luftwaffe in Alarmbereitschaft versetzt worden, weil man eine Entführung befürchtete: Um 19:00 Uhr Ortszeit hatte der Airbus 320 mit 149 Menschen an Bord den Funkkontakt zu den Fluglotsen eingestellt; erst um 20:14 Uhr war man wieder auf Sendung.

Die Piloten – zwei »alte Hasen« mit langjähriger Flugerfahrung – gaben gegenüber der US-Flugaufsichtsbehörde FAA (Federal Aviation Administration) an, sie seien durch eine hitzige Diskussion über die Regelungen der Fluggesellschaft abgelenkt gewesen und hätten deshalb ihre Position aus den Augen verloren. Spekulationen, die Crew habe womöglich geschlafen, wurden zurückgewiesen. »Nachlässig und rücksichtslos« nannte die FAA das Verhalten im Cockpit. Angesichts der Tatsache, dass hier zwei Piloten mit Verantwortung für zahlreiche Menschenleben offensichtlich lieber miteinander diskutierten, als ihren Job zu machen, klingt das noch milde. Wenige Tage später wurde beiden die Fluglizenz entzogen.[2]

Reden statt zu fliegen

Man mag den Kopf schütteln über so viel Pflichtvergessenheit. Aber sind Sie eigentlich sicher, dass in Ihrem Unternehmen, in Ihrer Abteilung oder in Ihrem Team jeder primär das macht, wofür er bezahlt wird? Oder haben Sie gelegentlich das ungute Gefühl, dass interne Rangeleien, Abstimmungsprobleme und unklare Zuständigkeiten die eigentlichen Aufgaben überwuchern und Arbeitserfolge gefährden? Dagegen sind auch Unternehmen – kleine wie große – nicht gefeit.

Klare Zuständigkeiten im Unternehmen?

> **CRASH-WARNUNG**
>
> Sind Zuständigkeiten in zentralen Fragen unklar oder geraten über Auseinandersetzungen in Vergessenheit, besteht Absturzgefahr!

Ein Unternehmensbeispiel: Airbus – die Führungskrise einer Doppelspitze

»Airbus-Probleme lösen Führungskrise aus«, meldete die *Wirtschaftswoche* Mitte Juni 2006.[3] Anhaltende Lieferschwierigkeiten beim neuen Großflugzeug A380 ließen den Aktienkurs zeitweise um rund ein Drittel einbrechen und brachten das

Huhn-Ei-Problematik: Was war zuerst da?

Topmanagement des Mutterkonzerns EADS in arge Bedrängnis. Wer Presseberichte zum Thema in jenen Wochen aufmerksam verfolgte, begann sich allerdings zu fragen, ob es nicht auch umgekehrt gewesen sein könnte – ob nicht gewisse Abstimmungsprobleme in der Unternehmensspitze die massiven Verzögerungen beim Prestigeobjekt A380 möglicherweise mitverursachten?

Doppelspitzenstruktur bei EADS

Der Luftfahrt- und Rüstungskonzern EADS leistete sich zu diesem Zeitpunkt eine originelle Managementstruktur mit *zwei* Verwaltungsratsvorsitzenden (einem Deutschen und einem Franzosen) und *zwei* Vorstandsvorsitzenden (Sie vermuten richtig: ebenfalls einem Deutschen und einem Franzosen). Hintergrund war eine komplexe Eigentümerstruktur: EADS war durch die Fusion mehrerer europäischer Unternehmen entstanden und zum Zeitpunkt der Krise zu 22,5 Prozent in deutscher und zu 22,5 Prozent in französischer Hand. Eine spanische Staatsholding besaß 5,5 Prozent der Aktien, der Rest lag bei angelsächsischen Fonds oder gehörte privaten Anlegern.[4] Um dieses Machtgefüge auszutarieren, setzte man auf eine Doppelspitze mit dem Franzosen Noël Forgeard und dem Deutschen Tom Enders als CEOs. Pikantes Detail am Rande: Forgeard war bis zu seiner Berufung im Juni 2005 Airbus-Chef und hatte die Führung von EADS allein für sich beansprucht, konnte sich damit aber nicht durchsetzen.[5] Das klingt nicht gerade nach dem Beginn einer wunderbaren Freundschaft an der Spitze eines Unternehmens mit einem Jahresumsatz von rund 40 Milliarden Euro.

Schlechte Stimmung im Mutterkonzern

Während Auslieferungstermine für das spektakuläre Großflugzeug bereits zum zweiten Mal verschoben werden mussten, beteuerte Forgeard seine Ahnungslosigkeit (er habe überhaupt erst im April von den Schwierigkeiten erfahren)[6] und gab öffentlich zu Protokoll: »Als ich Chef bei Airbus war, haben wir niemals unsere eigenen Prognosen verfehlt.«[7] – eine scharfe Attacke gegen den deutschen Airbus-Chef Gustav Humbert. Obwohl sich die Katastrophenmeldungen häuften und Großkunden mit der Stornierung ihrer Aufträge drohten, schien im Management Schadensbegrenzung nicht unbedingt an erster Stelle zu stehen. Überdies geriet Forgeard wegen angeblicher Insidergeschäfte ins Visier der französischen Börsenaufsicht, da er noch im März EADS-Aktien mit Millionengewinn verkauft hatte.

Am 26. Juni dachte sogar der Forgeard-Förderer und damalige französische Präsident Jacques Chirac im Fernsehen öffentlich über Sinn und Unsinn der Doppelspitze nach. Sechs Tage später war es so weit: Forgeard und Airbus-Chef Humbert mussten zurücktreten. Es blieb allerdings bei der bisherigen Managementstruktur, obwohl auch der deutsche Hauptaktionär Daimler-Chrysler damit nicht glücklich gewesen sein soll. Zumindest jedoch wurden »die Aufgaben der beiden Ko-Vorstandsvorsitzenden von EADS neu verteilt, was zu einer Stärkung von Tom Enders führt und ihn zum Verantwortlichen für das Luftfahrtgeschäft macht«, wie die *Frankfurter Allgemeine Zeitung* meldete.[8] Man könnte daraus schließen, dass Zuständigkeiten zuvor offenbar nicht optimal geregelt waren …

Personelle Konsequenzen

Aber damit ist die Geschichte von EADS, Airbus und dem Prestigeobjekt A380 noch längst nicht zu Ende. Nachtrag 1: Ein Jahr später verabschiedete EADS sich dann doch von der Doppelspitze. Forgeard-Nachfolger Louis Gallois wurde alleiniger CEO, er bekam einen deutschen Verwaltungsratschef zur Seite gestellt, und der bisherige Co-CEO Tom Enders wurde Chef der wichtigsten EADS-Tochter Airbus.[9] Nachtrag 2: Am 30. Dezember 2008 stieß Airbus-Chef Tom Enders mit Champagner auf die Auslieferung der ersten 12 Maschinen an. Die *Neue Zürcher Zeitung* meldete allerdings auch: »Die ersten 25 Maschinen müssen per Hand nachverkabelt werden, weil im Werk Hamburg eine andere Software eingesetzt wurde als am französischen Standort Toulouse und Teile nicht zusammenpassten.«[10]

Weitere Komplikationen

Eine funktionierende Zusammenarbeit erfordert eine grundsätzliche Bereitschaft zur Kooperation. Damit tut sich manches Alphatier schwer. Das gibt es nicht nur bei international aufgestellten Konzernen, sondern auch beim biederen Mittelständler. Bei einem meiner Kunden waren zwei Vertriebsleiter, einer zuständig für Deutschland, der andere für das überregionale Key-Account-Geschäft, beständig darauf konzentriert, ihre Hahnenkämpfe auszutragen. Das führte schließlich dazu, dass auch ihre Mitarbeiter mehr mit gegenseitigen Schuldzuweisun-

Wirkung auf die Arbeitsmoral

gen und diplomatischen Erwägungen beschäftigt waren (wer erfährt was wann) als damit, ihre eigentliche Arbeit zu tun und für Umsatz zu sorgen. Wenn sich ein solcher Streit völlig festgefahren hat, kann die radikale Lösung der EADS, einige der Streithähne zu feuern, tatsächlich der beste Ausweg sein.

Revierkämpfe in Unternehmen — Merkwürdigerweise herrscht in Wirtschaftsunternehmen bis heute die Meinung vor, dass man in einer Organisation wildfremde Leute zusammenwürfeln kann und dass diese sich bei der Arbeit dann schon »irgendwie zusammenraufen werden«. Organigramme und Aufgabenbeschreibungen fungieren als grobe Leitplanken, lassen aber noch genügend Spielraum für hartnäckige Revierkämpfe – sei es, dass man Verantwortung an sich ziehen oder dass man sie im Gegenteil abschieben will (»nicht mein Revier«). Formal unklare Zuständigkeiten befeuern Konfliktherde zusätzlich. Und wer schwer damit beschäftigt ist, sein Terrain abzustecken, kann die Sacharbeit schon mal aus den Augen verlieren.

Teamtraining im Cockpit: Crew Coordination Concept — Gezielte Maßnahmen wie Teambildungsseminare kommen in der Regel erst dann ins Spiel, wenn das Kind schon in den Brunnen gefallen ist und die Stimmung sich so verschlechtert hat, dass die Produktivität leidet. Abstimmungsprobleme haben daher in aller Regel eine harte Komponente (Wer macht was?) und eine weiche Komponente (Wie gut kann man miteinander?). An beiden Fronten muss man arbeiten. In der Fliegerei wird gute Zusammenarbeit deshalb seit Jahren gezielt trainiert und ist unter dem Stichwort »Crew Coordination Concept« fester Bestandteil der Pilotenausbildung. Wie können Unternehmen von diesem Grundgedanken profitieren?

Der alltägliche Sand im Getriebe

Erschreckende Statistik — Schlechte Zusammenarbeit erhöht die Crashgefahr, das ist nicht nur in der Fliegerei schon lange bekannt. Mitte der 1990er-Jahre heißt es in einem Branchenblatt beispielsweise: »Nach einer Studie des US National Transportation Safety Boards (NTSB) ereigneten sich 11 von 15 untersuchten Flugunfällen während des ersten gemeinsamen Arbeitstages von Kapitän und Kopilot. In weiteren 37 untersuchten Flugunfällen ermittelte das NTSB unterlassene gegenseitige Kontrolle der Cockpitcrew als Unfallursache.«[11] Erkenntnisse wie diese führten zur Entwicklung des Crew Coordination Concept (CCC), das im Wesentlichen auf drei Prinzipien basiert:

1. einer eindeutigen Verteilung von Aufgaben, Kompetenzen und Verantwortung im Cockpit (Was macht der Pilot Flying, was der Pilot Non-Flying?);
2. ebenso präzisen Vorschriften für die Ausführung bestimmter Aufgaben, wobei die einzelnen Arbeitsschritte in Checklisten festgelegt sind (= Standard Operating Procedures);
3. einer gegenseitigen Kontrolle der Handelnden, indem der Pilot Flying alle Aktionen und Planungen ankündigt und der Pilot Non-Flying diese bestätigt oder dem Vorhaben widerspricht, wenn er es als in der Situation unangemessen betrachtet (= »Closed-Loop-Prinzip«).

Grundprinzipien des CCC

Parallelwelten im Unternehmen

Während man im Cockpit auf eine glasklare Rollenaufteilung und eindeutig festgelegte Kommunikationsroutinen setzt, existieren in der Wirtschaft im selben Unternehmen oft Parallelwelten. Jeder, der die Lehrlingszeit hinter sich gelassen hat, kennt das: Es gibt das offizielle Organigramm und die eigentlichen Machtverhältnisse; es gibt die vorgeschriebenen Dienstwege und die Abkürzungen, die genommen werden, wo immer es möglich ist. Es gibt Arbeitsgruppen, Meetings und Beschlüsse auf der einen und Seilschaften, Connections und heimliche Opposition auf der anderen Seite. Mancher, der im Organigramm eines der oberen Kästchen bewohnt, wird intern längst als Frühstücksdirektor belächelt, und manches Projekt, das mit demonstrativer Verve angeschoben wird, ist primär der Political Correctness oder dem neuesten Trend von »Diversity« bis »Nachhaltigkeit« geschuldet. So gesehen gleicht ein Unternehmen in all seiner Individualität, Komplexität und Unberechenbarkeit einem lebenden Organismus. Alles andere wäre auch erstaunlich, denn menschliche Eitelkeiten, Machtambitionen,

Offizielle und inoffizielle Sichtweisen

Vorurteile und Schwächen, Sympathien und Antipathien werden ja nicht am Firmentor abgegeben.

QM als Basis für geordnete Prozesse

Der Gedanke, diese wuchernde Regellosigkeit durch Standards und Vorschriften in den Griff zu bekommen – also ähnlich wie im Cockpit auf klare Regeln zu setzen –, ist nicht neu. Der Ansatz dazu heißt schlicht: Qualitätsmanagement. Prozesse definieren, beschreiben und verbindlich festlegen, all das dokumentieren und damit zahlreiche Aktenordner oder große Datenbanken füllen. Wenn Sie gerade aufseufzen, sind Sie in guter Gesellschaft. QM hat sich einen stabilen Ruf als Datenfriedhof von begrenztem Nutzwert erworben, der im schlimmsten Fall nur dazu dient, eine vermarktungsfähige Plakette oder Zertifizierung nach XY zu bekommen. Die schönste Prozessdokumentation und daraus abgeleitete Handlungsvorschriften nützen eben nichts, wenn sie nach der Erstellung in irgendeinem Ordner vor sich hin vergilben. Meine Empfehlung lautet daher, detaillierte Standards und Regeln auf zentrale (»neuralgische«) Bereiche im Unternehmen zu begrenzen (mehr dazu ab Seite 155). So weit ist das von der Cockpitsituation gar nicht entfernt: Auch beim Fliegen existieren Checklisten und klare Handlungsanweisungen primär für die heiklen Phasen von Start und Landung und für potenzielle Notfälle während des Fluges.

Personelle Hahnenkämpfe als Konfliktherd

Darüber hinaus ist schon viel gewonnen, wenn Entscheidungsträger sich möglicher Parallelwelten bewusst sind und ein Auge darauf haben, dass sie das eigentliche Unternehmens- oder Abteilungsziel nicht konterkarieren. Fälle, in denen informelle Strukturen und heimliche Agenden zerstörerische Wirkung entfalten, gibt es genug. Ausgeprägte Animositäten zwischen Entscheidungsträgern gehören dazu – von den üblichen Rangeleien zwischen Produktion und Entwicklung oder Innen- und Außendienst über Grabenkriege zwischen Einzelpersonen (etwa Marketingleiter und kaufmännischer Leiter) bis zu Machtkämpfen auf dem Toplevel. Je höher solche Feindseligkeiten angesiedelt sind, desto verheerender können sie sich auswirken – siehe EADS oder auch traditionsreiche Mittelständler wie den Modelleisenbahnproduzenten Märklin, den unter anderem die erbitterte Fehde dreier Familienzweige in die Insolvenz führte.

Animositäten im Cockpit haben schon so manches Flugzeug in Bedrängnis gebracht. Legendär ist der Ausspruch eines schwarzen Kopiloten, der in einer heiklen Situation zur weißen Kapitänin sagte: »I'm not doing anything for you, white bitch!« (was sich in etwa mit »Für dich tu ich gar nichts, du weiße Schlampe!« übersetzen lässt). Wiegen wir uns also nicht in dem Irrglauben, es ginge im Job rational zu. Im Zweifelsfall sind Emotionen stärker, und das gilt gerade für destruktive Emotionen. Steuern Sie gegen oder Sie werden es bereuen. Hier einige Handlungsmöglichkeiten:

Emotionaler Sprengstoff: Lösungsmöglichkeiten

- Lenken Sie die Energie auf ein gemeinsames Ziel (oder auch einen gemeinsamen Feind);
- entfernen Sie die Streithähne;
- definieren Sie die Schnittstellen sauber.

Um die informellen Strukturen und Machtverhältnisse zu erkennen, stelle ich als Berater oft ganz einfache, aber umso wirkungsvollere Fragen:

Fragen zur inoffiziellen Welt

- Was müsste ich (als Neuer) tun, um hier möglichst schnell rauszufliegen?
- Wer könnte mir, wenn er/sie wollte, das Leben hier schwer machen oder effektiv quertreiben?
- Auf wen würden Sie hören, wenn es darum geht, ob das Projekt sinnvoll ist oder nicht?

Diese oder ähnliche Fragen bringen die ungeschriebenen Gesetze, die informellen Machtverhältnisse zum Vorschein. Natürlich brauchen Sie diese Fragen nicht dem obersten Führungslevel zu stellen. Dort sind die meisten von ihrem formellen Organigramm überzeugt. Wenden Sie sich an Menschen, die mittendrin sind, mitten im System, das Sie verstehen wollen.

In der Fliegerei hat man längst Konsequenzen daraus gezogen, dass »dicke Luft« im Cockpit gefährlich ist, weil sie von Kernaufgaben ablenkt und eine erfolgreiche Zusammenarbeit gerade in heiklen Situationen behindert. Bis in alle Unternehmen hat sich das aber offensichtlich noch nicht herumgesprochen; im Gegenteil: In manchen Organisationen werden Rivalitäten

Geförderte Rivalitäten

gezielt geschürt. Mal steckt das Prinzip »Teile und herrsche« dahinter, mal die Überzeugung, Konkurrenz »belebt das Geschäft«. Übersehen wird dabei zweierlei: Die Energie, die in solche Nebenkriege fließt, fehlt anderswo. Und wenn Rivalitäten überhandnehmen, besteht die Gefahr, dass der eigentliche Unternehmenszweck vollends aus dem Blick gerät.

> **ANTI-CRASH-FORMEL**
>
> Damit es nicht zum Crash kommt, muss jeder seinen Job erfüllen. Grabenkriege im (Unternehmens-)Cockpit sind gefährlich, weil sie von eigentlichen Aufgaben ablenken.

Schnittstellen = Pannenchancen

Zuständigkeiten regeln

»Schnittstellen sauber definieren« bedeutet vor allem, Zuständigkeiten klar zu regeln: Wer macht was, und wann übernimmt ein anderer? »Zuständigkeit« klingt in manchen Ohren rückständig und bürokratisch, doch wenn solche Formalitäten ungeklärt bleiben, sind Missverständnisse und Pannen vorprogrammiert. Ein Grund dafür, dass die Crashrate in der zivilen Luftfahrt in den letzten Jahrzehnten dramatisch gesunken ist, besteht zweifellos in der klaren Regelung von »Cockpitzuständigkeiten«. Dabei greift die Klärung von individuellen Rollen (siehe Seite 144) und die Definition von Schnittstellen naturgemäß ineinander.

Wer genau schreibt die Pressemeldung?

Ein Beispiel für die Schnittstellenproblematik: In einem großen Industrieverband kommt es regelmäßig zu Zeitverlust und Konflikten, wenn Presseerklärungen und Interviews des Verbandspräsidenten vorbereitet werden sollen. Je nach Thema delegiert die Pressereferentin diese Aufgabe an eine der Fachabteilungen. In der Abteilung, die für »Energie« zuständig ist, wiederholt sich dann jedes Mal dasselbe Spiel: Der Bereichsleiter, an den die Frage zunächst ging, gibt sie weiter an seinen persönlichen Assistenten sowie an seinen Stellvertreter; letzterer mailt sie wiederum weiter an zwei bis drei Referenten, mit der Bitte um

»Zuarbeit«. Wer wem was bis wann genau liefern oder zuarbeiten soll, bleibt dabei unklar. Im Ergebnis führt das mal zu Doppelarbeit, mal dazu, dass sich niemand richtig zuständig fühlt. Daraus resultieren dann Nachtschichten in letzter Minute oder – im Gegenteil – konkurrierende Vorlagen. Missverständnisse über das Gewünschte (»Key Words«? Ausformulierte Texte? Umfassende Datenrecherche und -aufarbeitung oder nur kurze Thesen?) sind die Regel, Streit und Konflikte um Zuständigkeiten vergiften das Arbeitsklima. Alle paar Monate ist man sich einig, dass man den »Workflow optimieren« müsste. Aber dazu kommt es nie.

Je arbeitsteiliger eine Organisation ist, desto mehr Schnittstellen gibt es und desto mehr Abstimmungsbedarf entsteht. Die Effizienz der modernen Wirtschaft ist ohne Arbeitsteilung gar nicht vorstellbar. Gleichzeitig muss jedoch die Arbeitsteilung selbst effizient organisiert werden, sonst wird ein Teil der Zeit- und Kostenersparnis durch Abstimmungsprobleme wieder aufgefressen. In Neugründungen, etwa in den »Turnschuhfirmen« junger Unternehmer, wird das häufig unterschätzt. Was man zu zweit vielleicht noch auf Zuruf regeln kann, geht in einem Fünferteam schon nicht mehr ohne klare Vereinbarungen. Gründer tun sich mit dieser Erkenntnis oft schwer, so beispielsweise auch die Google-Erfinder Larry Page und Sergey Brin, die drei Jahre nach der Unternehmensgründung nicht zuletzt auf Druck ihrer Kapitalgeber mit Eric Schmidt einen branchenerfahrenen Manager alter Schule als CEO mit ins Boot holten.[12] Heute heißt es auf der Google-Homepage, Schmidt kümmere sich um »den Aufbau der Unternehmensinfrastruktur, die für das weitere schnelle Wachstum von Google geeignet ist«, während Page für Produkte und Brin für Technologie verantwortlich zeichnen.[13]

Wachsendes Team – mehr Arbeitsteilung

Schnittstellen klar zu regeln, bedeutet vor allem, dass jeder weiß,

- wofür er zuständig ist,
- welches Arbeitsergebnis genau bis wann von ihm erwartet wird,
- in welchem »Zustand« er dieses Arbeitsergebnis an den Nächsten in der Kette weiterzugeben hat,

Schnittstellenmanagement

– welche flankierenden Informationen bei der Übergabe erforderlich sind, damit der Kollege ohne Missverständnisse und Reibungsverluste übernehmen kann.

Ausbalancierung gefragt

Ein klares Briefing einerseits und eine geordnete Übergabe andererseits sind die Basis erfolgreichen Schnittstellenmanagements. Bei beidem helfen Checklisten oder Formulare, die verhindern, dass Wesentliches vergessen wird, und die darüber hinaus zur Eindeutigkeit zwingen. Das ist weder bürokratisch noch uncool, sondern schlicht – professionell. Alles, was zwischen Tür und Angel spontan »abgestimmt« wird (»Ach Herr Sowieso, wo ich Sie gerade sehe: Könnten Sie …«), ist hoch anfällig für Unklarheiten, Missverständnisse und Pannen. Und da jede zusätzliche Schnittstelle wieder neuen Abstimmungsbedarf erzeugt, sollte die Zahl der Schnittstellen nicht größer sein als unbedingt erforderlich. Salopp gesagt: Man muss den Segen der Arbeitsteilung und die Tücken des Abstimmungsbedarfs sorgsam ausbalancieren.

ANTI-CRASH-FORMEL

Grenzen Sie Zuständigkeiten und Verantwortungen eindeutig ab. Formulieren Sie klare Regeln für die Übergabe von Arbeitsergebnissen. Nutzen Sie Checklisten und Formulare, um Missverständnisse zu vermeiden und Informationsverluste zu minimieren.

Heikle Balance: Regulation und Eigenverantwortung

Damit Schnittstellen funktionieren, müssen die Rollen der Beteiligten sauber definiert und klar abgegrenzt sein. Für die Koordination im Cockpit ist neben der Rollenaufteilung in Pilot Flying und Pilot Non-Flying die strikte Einhaltung der jeweils zugewiesenen Aufgaben zentral. Alles andere kann katastrophale Folgen haben. Auch im Unternehmen sollte klar sein, wer das Ruder in der Hand hält.

Rollen klar festlegen

Beginnen wir mit einem Beispiel. Automobilzulieferern bläst der Wind des Wettbewerbs eigentlich immer hart ins Gesicht. Darüber haben wir schon im letzten Kapitel gesprochen. Die großen Automobilhersteller sind die Herren des Marktes. Sie geben ihren Kostendruck weiter, entsprechend groß ist die Konkurrenz unter den Zulieferbetrieben. Hinzu kommt der Zeitdruck durch moderne Produktionsverfahren wie Just-in-time. Pünktlich gute Qualität zu liefern, ist essenziell für das wirtschaftliche Überleben in dieser Branche. Das bedeutet: Wer seine Prozesse nicht im Griff hat, bekommt mit Sicherheit Probleme.

Die Situation bei den Automobilzulieferern

Einer meiner Kunden war ein mittelständisches Unternehmen, das Karosseriezubehör lieferte. Wie schon im letzten Beispiel hatte man mich als Berater hinzugezogen, eben weil die Prozesse nicht rund liefen. Lieferschwierigkeiten und Kundenreklamationen waren an der Tagesordnung. Bereits in den Vorgesprächen zeichnete sich eine wesentliche Ursache der Misere ab: Der Geschäftsführer, der zu allem Übel auch noch Miteigentümer war, beklagte wortreich »Verantwortungsscheu« und Mangel an »unternehmerischem Denken« bei seinen Führungskräften. Diese müssten endlich in den »Driver Seat«. Die zweite Ebene dagegen stellte die Situation genau andersherum dar: Sie vermisste »klare Ansagen« und Orientierung vonseiten des Geschäftsführers.

Unterschiedliches Rollenverständnis ...

Ein klassisches Beispiel für unklare Rollendefinitionen. Offensichtlich gab es unterschiedliche Vorstellungen über die Aufgaben eines Geschäftsführers und über das, was die direkt unterstellten Führungskräfte zu tun hatten. Kompetenzen und Entscheidungsbefugnisse waren nicht explizit geklärt, stattdessen bestimmten unausgesprochene Erwartungen das Bild. Die Folge: Entscheidungen wurden verschleppt, Abstimmungsprozesse gestalteten sich mühsam. Oft entsteht so etwas auch durch einen Wechsel in der Geschäftsführung, bei dem ein jüngerer Manager auf einen eher autoritär, patriarchalisch agierenden Chef folgt. Der Ältere wollte immer möglichst alle Fäden in der Hand halten, während »der Neue« Eigenverantwortung ganz selbstverständlich voraussetzt.

... und die Folgen

In der Fliegerei werden Rollenzuweisungen in voluminösen Handbüchern, mit Checklisten und Standard Operating Procedures penibel geregelt. In Unternehmen sollten Stellenbeschreibungen und Prozessketten zumindest eine grobe Orientierung liefern. Wer die geschilderten Probleme vermeiden will, muss zwei wesentliche Voraussetzungen garantieren.

1. JEDER IM UNTERNEHMEN KENNT SEINE ROLLE.

Eindeutige Rollenzuweisungen sind wichtig

Das ist alles andere als selbstverständlich. Zwar haben Personalfachleute mit Anforderungsprofilen, Kompetenzmodellen und Stellenbeschreibungen eine Reihe von Instrumenten entwickelt, die Zuständigkeiten und Aufgaben der Mitarbeiter vom Sachbearbeiter bis zur Führungskraft eindeutig regeln (sollen). Doch das beste Handwerkszeug nützt nichts, wenn es nicht eingesetzt oder nicht ernst genommen wird. Dabei wären die meisten Mitarbeiter gerade bei Stellenantritt froh über eindeutige Hinweise zu ihrer neuen Rolle. In der Praxis kommt der berüchtigte Wurf ins kalte Wasser sehr viel häufiger vor als die systematische Einarbeitung mit Klärung von Kompetenzen, Zuständigkeiten und Aufgaben. Oft herrscht wohl die Auffassung vor, man wolle einfach mal sehen, wie der oder die Neue »sich so macht«. Der Neuzugang stochert dann im Nebel und kann nur hoffen, dass er dabei nicht allzu viel Porzellan zerdeppert. Ein Beispiel: Die Seniorchefin eines mittelständischen Familienbetriebs stellt einen neuen Geschäftsführer ein, der angeblich »frischen Wind« bringen soll und auf einen Prokuristen folgt, der nach 30 Jahren im Unternehmen in Pension geht. Als der Nachfolger tatsächlich beginnt, Prozesse zu verändern, kommt es zum Zerwürfnis und schließlich zur Kündigung. Begründung: Der Geschäftsführer »überschreitet ständig seine Kompetenzen«. Erst im Nachhinein wird klar, wer im Unternehmen weiterhin die Richtung vorgeben und alle Entscheidungen selber treffen will: die Seniorchefin.

2. JEDER HAT SEINE ROLLE AUCH TATSÄCHLICH ANGENOMMEN.

Zur eigenen Rolle »Ja« sagen

Papier ist bekanntermaßen geduldig: Kompetenzen müssen wahrgenommen, Zuständigkeiten ausgefüllt werden. Es gibt immer wieder Mitarbeiter, die die Verantwortung für das, was sie laut Organigramm oder Stellenprofil tun sollen, nicht wirklich angenommen haben. Ein Beispiel: der erfolgreiche Verkäufer, der beim Stellenwechsel den Karrieresprung zum Vertriebsleiter schafft. Im neuen Unternehmen stellt sich allerdings heraus, dass das strukturierte Entwickeln von Vertriebsstrategien und der Umgang mit Budgets nicht seine Stärke ist. Die Folge: Er flüchtet ins operative Geschäft, ist mehr unterwegs als im Unternehmen, macht Kundenbesuche und pfuscht seinen Verkäufern ins Handwerk. Der Vertrieb ist derweil führerlos, was sich in sinkenden Umsätzen niederschlägt. Umgekehrt gibt es Mitarbeiter, denen ihre eigentliche Rolle zu klein ist und die in andere Bereiche hineinzuregieren versuchen. Ein Beispiel: der Grafiker einer PR-Agentur, der für optische Gestaltung und Umsetzung von Layouts verantwortlich ist, aber immer wieder Diskussionen mit den Textern anzettelt und sie durch vermeintliche »Verbesserungsvorschläge« vom Slogan bis zur Wahl des »richtigen« Adjektivs gegen sich aufbringt.

Wenn Sie in Ihrem Zuständigkeitsbereich solche Pannen vermeiden wollen, sollten Sie

Tipps für Führungskräfte

- für jede Position eindeutige und präzise Stellenprofile mit Über- und Unterstellungen, Kompetenzen und Kernaufgaben formulieren,
- dafür sorgen, dass diese Profile bei der Personalauswahl zum Einsatz kommen (bei Ausschreibungen, Vorstellungsgesprächen, Arbeitsverträgen),
- sicherstellen, dass jeder im Unternehmen seine eigene Stellenbeschreibung auch wirklich kennt,
- gewährleisten, dass Stellenprofile regelmäßig aktualisiert werden,
- nicht mit unausgesprochenen Erwartungen operieren, sondern Ihre zentralen Erwartungen an Mitarbeiter explizit machen,
- bloße Lippenbekenntnisse vermeiden, also sich davor hüten, allgemeine Parolen auszugeben, hinter denen Sie nicht wirklich stehen (»frischer Wind«, »hart durchgreifen«, »ganz viel ändern«).

In der Rolle des Mitarbeiters sollten Sie solche Klärungen hartnäckig einfordern. Weicht man Ihnen aus, wissen Sie wenigstens, dass Sie sich auf dünnem Eis bewegen.

> **ANTI-CRASH-FORMEL**
>
> Sorgen Sie dafür, dass Rollen eindeutig definiert sind. Jedem im Unternehmen müssen seine Kompetenzen und Kernaufgaben klar sein. Fordern Sie solche Klärungen auch für sich selbst ein.

Eigenverantwortung stärken

Dienst nach Vorschrift – unerwünscht

»Kompetenzen«, »Zuständigkeiten«, »Kernaufgaben« – all das lässt den einen oder anderen an schwerfällige Bürokratie denken, an »Dienst nach Vorschrift« und ein triumphierend abwimmelndes »Sorry, dafür bin ich nicht zuständig«. Zugegeben: Wenn viele im Unternehmen tatsächlich *nur* das machen, für das sie formal zuständig sind, ist es meist nicht gut um die Firma bestellt. Im Unternehmensalltag lässt sich nicht jeder Einzelfall exakt vorausplanen und per Checkliste und Stellenbeschreibung regeln. Eben deshalb ist »Dienst nach Vorschrift« ja auch ein Schreckgespenst für Vorgesetzte wie Kunden.

Dafür bin ich nicht zuständig

Dass ein sturer Rückzug auf die eigenen Zuständigkeiten absurde Auswirkungen haben kann, verdeutlicht Reinhard K. Sprenger gleich zu Beginn seines Buches *Das Prinzip Selbstverantwortung*. Er schildert das Beispiel eines Gartenarbeiters, der auf dem Parkplatz eines Kaufhauses Laub harkt. Dazu benutzt er einen Rechen, dem die Hälfte der Zinken fehlt. Ein Topmanager, der die Filiale an jenem Tag besucht, spricht den Arbeiter darauf an und fragt ihn, warum er diesen alten Rechen benutze, er komme ja kaum vorwärts. Stoische Antwort: »Man hat mir diesen Rechen gegeben.« Nachfrage: Warum er sich keinen anderen besorgt habe? Antwort: »Das ist nicht meine Aufgabe.« Der Manager beschließt daraufhin, den Gruppenleiter ausfindig zu machen und ihn darauf hinzuweisen, dass er auf das Werkzeug seiner Leute achten müsse.[14]

Sprenger warnt an dieser Stelle zu Recht vor einem »völlig überzogenen Führungsbegriff«. Ist es tatsächlich die Aufgabe des Gruppenleiters, regelmäßig zu kontrollieren, ob die Arbeitsgeräte seiner Teammitglieder einwandfrei funktionieren? Ich denke, es ist vielmehr seine Aufgabe, seine Leute so zu führen, dass sie von selbst auf die Idee kommen, sich darum zu kümmern. Und dafür sollte die Anweisung »vor Arbeitsbeginn Zinken zählen« nicht explizit in ihrer Stellenbeschreibung stehen müssen. In über 15 Jahren als Berater habe ich Dutzende von Unternehmen kennengelernt und mit zahlreichen Führungskräften intensiv gearbeitet. Dabei zeichnen sich meiner Erfahrung nach zwei Grundtendenzen ab: Entweder wird sehr rigide geführt (Motto: »Wenn ich nicht alles selbst mache / nachkontrolliere ...«) oder es wird sehr lasch geführt (Motto: »Dafür habe ich schließlich meine Leute«). Nur selten ist mir der goldene Mittelweg zwischen autoritärer Führung und führungslosem Laisser-faire in der Praxis tatsächlich begegnet – auch wenn offiziell natürlich »kooperatives Führen« als Erfolgsmodell propagiert wird. Die Krux: Wer Mitarbeiter will, die mitdenken, muss sowohl Über- wie Unterkontrolle vermeiden.

Die Lösung: der goldene (Führungs-)Mittelweg

Im Fall der »Überkontrolle« leuchtet das spontan ein: Vorgesetzte, die in die Arbeitsbereiche ihrer Mitarbeiter hineinregieren, hier kontrollieren, dort die Dinge selbst in die Hand nehmen, lösen über kurz oder lang einen resignierten Rückzug aus. Denken Sie an den Kopiloten im Eingangsbeispiel: Der gab seinen eigentlichen Job nach diversen Interventionen des Kapitäns mental einfach an den Vorgesetzten ab, ohne das groß zu thematisieren. Der Kapitän seinerseits handelte vermutlich im Glauben, er habe doch bloß hier und da »unterstützt« und im Übrigen mache der Kopilot selbstverständlich seinen Job als »Pilot Flying«. Alarmsignale für einen solchen Rückzug in Unternehmen sind Feststellungen wie »Mitdenken ist hier ja nicht gefragt« oder »Was soll's, der Alte hat ja eh immer was zu meckern«. Bis heute gibt es Unternehmen, in denen sämtliche Post erst einmal über den Schreibtisch des Firmeninhabers geht und bei heiklen Themen fürsorglich mit Anmerkungen und Anweisungen versehen wird. Im verbreiteten Cc-Wahn beim E-Mail-Verkehr scheint dieses Prinzip wieder auf: Liest der Chef mit, dann wird er sich schon melden, wenn ihm etwas nicht passt.

Gefahr: Überkontrolle

Wer eine solche Delegation von Verantwortung als Vorgesetzter fördert oder gar einfordert, darf sich nicht wundern, wenn irgendwann ohne ihn wirklich nichts mehr läuft.

Eine verblüffende Übung

Übersteigertes Kontrollverhalten und Hineinregieren entmündigt die Mitarbeiter und führt auf die Dauer zu Trotz und Verweigerung. Paradoxerweise kann »Unterkontrolle« denselben Effekt haben, zumindest dann, wenn sie mit Überforderung einhergeht. Ein Mitarbeiter, der sich bei (für ihn) schwierigen Aufgaben alleingelassen fühlt und befürchtet, das Anstehende »ohnehin nicht schaffen zu können«, gibt ebenfalls auf und lässt die Dinge im Extremfall einfach laufen. In meinen Seminaren mache ich dazu manchmal eine simple Übung, in der sich die Teilnehmer kleine Gummieier zuwerfen und dabei möglichst rasch eine bestimmte Zahl von Ballwechseln erreichen sollen. Die Gruppen probieren eine Weile und optimieren ihre Abläufe.

Unrealistische Zielformulierungen entmutigen

Irgendwann, wenn ein Durchlauf circa zwei Minuten dauert, verkünde ich, die schnellste Gruppe habe das in weniger als zwölf Sekunden geschafft – was zwar stimmt, aber für die Leute de facto nicht vorstellbar ist. Die Zielvorgabe ist so extrem und so weit außerhalb des Vorstellungsvermögens, dass sich immer wieder ein faszinierender Prozess einstellt: Nach wenigen Minuten steigen die ersten Teilnehmer unter Protest aus (»Das ist mir jetzt zu blöd!«), mauern total, die Raucher brauchen dringend erst mal eine Zigarette. Es dauert nicht lange, und die ganze Gruppe verweigert die Übung, je nach Temperament eher schweigend-missmutig oder ungeniert schimpfend. Besser lässt sich Führungskräften der Unsinn übersteigerter Zielformulierungen kaum demonstrieren: 20 Prozent Umsatzsteigerung zu fordern, wenn 7 bis 8 Prozent schon ein ambitioniertes Ziel sind, führt eben nicht zwangsläufig dazu, dass die Leute sich maximal anstrengen. Wenn man Pech hat, geben sie mittendrin auf, verweigern sich oder gehen sogar in offenen Widerstand.

Gefahr: Unterkontrolle

Ähnlich ist der Effekt, wenn die Führungskraft die Mitarbeiter wurschteln lässt und sich eigentlich aus der Führungsrolle herausgeschlichen hat. Häufig sind das konfliktscheue Charaktere oder Menschen, die sich mit ihrer Führungsaufgabe nicht wirklich anfreunden können (wie der erwähnte Verkaufsleiter). Bis zu einem gewissen Grad versuchen die Mitarbeiter dann, allein klarzukommen. Festigt sich der Eindruck, dass man es sowieso nicht schafft, resignieren sie. Das nennt man auch innere Kündigung: »Bringt ja eh alles nichts.«

Eigenverantwortliches Handeln bedeutet dagegen, auch dort aktiv zu werden, wo es keine expliziten Handlungsanweisungen und -regeln dafür gibt – weil es die Situation verlangt und weil es im Rahmen meiner Möglichkeiten liegt. Wer permanent unter- oder überfordert wird, unter Eingriffen und strikten Vorgaben leidet oder die notwendige Unterstützung vermisst, wird sich schwer damit tun. Gute Führung bedeutet vor diesem Hintergrund, Orientierung zu geben, Rollen und Aufgaben eindeutig zu klären und so den Rahmen für selbstständiges Tun abzustecken. Stark vereinfacht könnte man auch sagen: Gewähren Sie Ihren Mitarbeitern die Zuständigkeiten, die zu ihnen und ihren Kompetenzen passen. Praktisch bedeutet das: Delegieren Sie nicht nur Aufgaben und Tätigkeiten, sondern auch Verantwortung. Verantwortung bedeutet die Möglichkeit, in einem vorgegebenen Rahmen frei entscheiden zu können – und zwar so, wie man es selbst für richtig hält. Das gilt auch dann, wenn Sie als Außenstehender wissen, wie man es »noch besser« hätte machen können (etwa in Ihrem Lieblingsbereich). Wenn Sie wollen, dass Ihr Team wirklich Verantwortung übernimmt, dann müssen Sie diese Verantwortung auch abgeben.

Verantwortung abgeben und Verantwortung übernehmen

ANTI-CRASH-FORMEL

Wer Eigenverantwortung seiner Mitarbeiter will, muss sie im Rahmen ihrer Möglichkeiten (im Rahmen adäquater Rollendefinitionen) »machen lassen«.

Professionelle Arbeitsteilung im Unternehmen

Über Führung und Motivation ist schon so viel geschrieben worden, dass längst alles gesagt scheint. Dennoch finde ich es nützlich, diese wichtigen Themen unter dem Aspekt einer professionellen Arbeitsteilung noch einmal zu beleuchten.

Delegieren nach Chunk-(Häppchen-)Größe

Stufenweises Lernen der Flugschüler

Wenn ein Fluglehrer einem Schüler das Fliegen beibringt, würde er niemals von heute auf morgen sagen: »So, und heute landen *Sie* zur Abwechslung. Das müssen Sie schließlich auch lernen! Also, dann mal los.« Das würde wahrscheinlich eine ziemlich rumpelige und risikoreiche Angelegenheit werden. Ein erfahrener Lehrer mutet einem Flugschüler gerade so viel zu, wie dieser konzentriert und einigermaßen zuverlässig bewältigen kann. Man übt also zunächst das kontrollierte Sinken in vorgegebenen Stufen und erst danach, wenn der Schüler das beherrscht, die ganze Landung. Während der unerfahrene Schüler den Sinkflug übt, liegt die Zuständigkeit für alles andere beim Lehrer.

Situative Führung

Ganz ähnlich sieht ein angemessenes Delegieren von Aufgaben durch Führungskräfte aus. Wer »richtig« delegiert, vermeidet Überforderung und Unterforderung seiner Mitarbeiter gleichermaßen – er lässt ihnen im Idealfall gerade so viel Freiraum, dass die Aufgabe herausfordernd und motivierend bleibt. Was im Einzelfall delegiert werden kann, hängt danach von den Vorkenntnissen und Erfahrungen des Mitarbeiters und von der Komplexität der Aufgabe ab. Das bekannte Modell »situativer Führung« versucht, diesem Zusammenhang gerecht zu werden, und steckt Mitarbeiter dazu in vier Schubladen:

Mitarbeiterkategorien

1. Mitarbeiter mit hoher Kompetenz und hohem Engagement ⟶ »Delegieren« (Verantwortung weitgehend übertragen);
2. Mitarbeiter mit hoher Kompetenz und schwankendem Engagement ⟶ »Unterstützen« (wenig Lenkung, viel Anerkennung und moralische Unterstützung geben);

3. Mitarbeiter mit einiger Kompetenz und wenig Engagement ⇾ »Trainieren« (für Lenkung und Lob gleichermaßen sorgen);
4. Mitarbeiter mit niedriger Kompetenz und hohem Engagement ⇾ »Dirigieren« (lenken und kontrollieren).[15]

Zweifel an der Kategorienbildung

Es ist sicherlich verdienstvoll, die Aufmerksamkeit auf variable Führungsstile zu lenken, die der jeweiligen Situation angepasst sein müssen. Dennoch macht mich diese pseudopräzise Kategorienbildung skeptisch. Meiner Erfahrung nach sind Mitarbeiter nicht so eindeutig und vor allem nicht dauerhaft bestimmten Kästchen zuzuordnen. Außerdem spielt das Modell gar nicht alle Möglichkeiten durch – was ist beispielsweise, wenn Kompetenz und Engagement gleichermaßen niedrig sind?

Delegieren in »Chunks«

Statt Mitarbeiter in Schubladen zu stecken, empfehle ich Führungskräften, in jedem Einzelfall genau hinzuschauen und danach die Aufgabengröße zu bemessen, die man in die Zuständigkeit der Mitarbeiter übergibt. Welches Päckchen kann der Mitarbeiter zurzeit selbst tragen? Was muss man ihm (noch) abnehmen? In der Informationstechnologie spricht man von »Chunks«, wenn es um die Informationsmenge geht, die verarbeitet werden kann.

In der richtigen Chunkgröße zu delegieren, darin liegt meiner Erfahrung nach ein Geheimnis erfolgreicher Führung. Geben Sie so viel ab, wie der Mitarbeiter erfolgreich bewältigen kann – nicht mehr und nicht weniger. Dabei spielen Fachkenntnisse, praktische Erfahrung, Arbeitsauslastung, aber auch momentane Befindlichkeit eine Rolle. Wer gerade einen Schicksalsschlag erlitten hat, ist nicht der beste Ansprechpartner für ein ambitioniertes Projekt. Und wer sich mit Feuereifer beweisen will, geht anders an eine neue Aufgabe heran als jemand, der längst vom Vorruhestand träumt.

Um die passende Chunkgröße zu finden, müssen Sie sich für Ihre Mitarbeiter interessieren und mit ihnen das Gespräch suchen. Das klingt banaler, als es ist, denn in der Praxis empfinden nicht wenige Vorgesetzte diese Kernaufgabe der Menschenführung eher als lästiges Übel. Konkreter heißt das:

Regeln fürs Delegieren
- Überlegen Sie im Vorfeld, was Sie delegieren können – definieren Sie eindeutige Chunks.
- Präzisieren Sie dabei, worauf es bei der Erfüllung der Aufgabe ankommt und welches Ergebnis Sie bis wann erwarten.
- Fragen Sie den Mitarbeiter, ob er sich das grundsätzlich zutraut.
- Übergeben Sie das Päckchen komplett in die Zuständigkeit des Mitarbeiters.
- Verdeutlichen Sie, was weiterhin in Ihre eigene Zuständigkeit fällt, worüber Sie informiert werden möchten und wann Sie eingreifen werden.
- Vermeiden Sie Rückdelegation. Bieten Sie Hilfe an, wenn Schwierigkeiten auftreten, aber *lassen Sie ansonsten machen*. Für viele Chefs ist das der schwierigste Part der Veranstaltung.
- Fragen Sie bei Abschluss der Aufgabe, ob diese dem Mitarbeiter eher leicht- oder eher schwergefallen ist.
- Geben Sie unmittelbar Feedback dazu, wie gut die Aufgabe aus Ihrer Sicht erledigt wurde.

Zuständigkeiten und Verantwortung klar regeln
Zu jedem Zeitpunkt sollte klar sein, was in Ihre Zuständigkeit fällt und was in die des Mitarbeiters. Auf diese Weise minimieren Sie Missverständnisse und geben ihm den nötigen Freiraum für eigenverantwortliches Handeln. Motivation und Engagement sollten Sie dann voraussetzen. Wenn Sie nicht *de*motivieren, ist schon viel gewonnen. Und das Wertesystem von Menschen, die den Job als lästiges Übel betrachten, werden Sie auch durch noch so viel »Anerkennung« nicht ändern.

ANTI-CRASH-FORMEL

Sprechen Sie bei der Delegation von Aufgaben eine klare Sprache: Wofür ist der Mitarbeiter zuständig? Was erwarten Sie bis wann von ihm? Für was zeichnen Sie selbst verantwortlich?

»Neuralgische« Bereiche glasklar regeln

Eines ist Ihnen sicherlich sowieso schon klar: Man kann nicht jedes Ereignis im Unternehmensalltag vorab durch Ablaufpläne und Checklisten regeln. Und man muss es auch nicht, wenn man auf selbstverantwortliches Handeln der Mitarbeiter zählen kann. In Bereichen, in denen Pannen und Versäumnisse verheerende Folgen haben können, sind penible Regelungen allerdings empfehlenswert. Auch hier kann man von der Luftfahrt lernen, wo es für heikle Situationen klare Vorschriften gibt. Ein Beispiel:

Im August 2001 ereignete sich der bis dato längste Gleitflug eines Düsenjets in der Fluggeschichte. Eine Maschine der Air Transat auf dem Weg von Toronto nach Lissabon musste nach dem Ausfall beider Triebwerke auf den Azoren (Terceira) notlanden und legte dabei die letzten 120 Kilometer ohne Treibstoff im Segelflug zurück. Von den 306 Bordinsassen wurden einige bei der Evakuierung des Flugzeugs am Boden verletzt, aber es kam niemand zu Tode. Die Piloten wurden als Helden gefeiert. Die Ironie der Geschichte: So beeindruckend die fliegerische Leistung der Cockpitcrew auch ist – hätte man sich an die vorhandenen Notfallchecklisten gehalten, wäre so viel Heldentum gar nicht nötig gewesen. Der Treibstoff hätte noch bis zur Landung gereicht.

Historischer Segelflug

Ursache des Treibstoffverlustes war ein Leck im rechten Triebwerk des Airbus 330. Einen entsprechenden akustischen Alarm stufte die Besatzung zunächst als Fehlalarm ein. Durch ein Ungleichgewicht zwischen linkem und rechtem Treibstofftank war das Problem schließlich nicht mehr zu übersehen. Die Besatzung pumpte daraufhin Kerosin vom Tank in der linken Tragfläche in den der rechten Tragfläche – also praktisch direkt ins Leck. Dadurch ging unnötig schnell weiterer Treibstoff verloren. Um 6:13 Uhr fiel das erste Triebwerk aus, 13 Minuten später das zweite. Um 6:45 Uhr landete man glücklich auf einem Militärflughafen in Lajes, Terceira. Im Untersuchungsbericht der portugiesischen Luftfahrtbehörde heißt es dazu lapidar: »Da die Maßnahmen zur Behebung des Treibstoff-Ungleichgewichts aus dem Gedächtnis heraus durchgeführt wurden, wurde ein

Wie es zum Treibstoffverlust kam

Sicherheitshinweis in der entsprechenden Checkliste übersehen, der die Crew auf das mögliche Vorliegen eines Treibstofflecks hingewiesen hätte.« Und: »… dass die bei Treibstofflecks vorgesehenen Maßnahmen unterblieben, war der Schlüsselfaktor für den völligen Treibstoffverlust.«[16]

Empfindliche Unternehmensbereiche

In jedem Unternehmen gibt es Bereiche, in denen Pannen existenzgefährdend sein können. Das reicht vom zuverlässigen Terminmanagement und aktuellem Know-how beim IT-Service über Hygiene beim Restaurant bis zur Compliance in der Großbank. Wer Termine verschlampt und Kundenprobleme nicht zuverlässig lösen kann, hat bald keine Kunden mehr. Wer gegen Hygienevorschriften verstößt, riskiert die Schließung seines Restaurants durch Lebensmittelkontrolleure. Und wenn das Compliance-Management eines Finanzdienstleisters rechtliche Risiken nicht zuverlässig identifiziert und die Einhaltung nationaler wie internationaler Rechtsvorschriften (etwa gegen Betrug, Insiderhandel oder Geldwäsche) nicht überwacht, drohen Prozesse, empfindliche Geldstrafen und massiver Imageverlust.

Wo dürfte in Ihrem Unternehmen auf keinen Fall etwas schiefgehen? Wo müssen Abläufe perfekt durchstrukturiert und solide Arbeitsergebnisse garantiert werden? Wo haben Sie in bestimmten Momenten gedacht: »Gerade noch mal gut gegangen« – aber nichts unternommen, um Ähnliches für die Zukunft zu vermeiden?

ANTI-CRASH-FORMEL

Was sind die »neuralgischen Bereiche« in Ihrem Unternehmen? Wo darf möglichst nichts schiefgehen? Haben Sie vorgesorgt und präzise Anweisungen und Checklisten formuliert?

Closed-Loop-Prinzip: Verständnis sichern

Im Cockpit kündigt der Pilot Flying jeden seiner Schritte an, und der Pilot Non-Flying bestätigt diesen oder widerspricht explizit. Dafür werden in der Pilotenausbildung feste, unmissverständliche Formeln eingeübt. Bei einer Kursänderung, Rechtskurve Richtung Nord, hört sich das zum Beispiel so an: Der PF sagt: »Turning right, Heading 360.« (Drehe nach rechts auf Kurs 360°.) Der PNF beobachtet nun die folgenden Aktionen seines fliegenden Kollegen. Hat die Maschine wie angekündigt auf Kurs Nord eingeschwenkt, antwortet er: »360 is checked.« Dieses Prinzip der gegenseitigen Überwachung und Kontrolle bezeichnet man als »Closed Loop Principle«, wörtlich übersetzt: Prinzip der abgeschlossenen Schleife. Der klar geregelte Rückkoppelungsmechanismus erhöht die Sicherheit: Nehmen beide die aktuelle Situation gleich wahr? Reagiert der Pilot am Steuer adäquat auf die Situation?

Die abgeschlossene Schleife in der Luftfahrt

»Closed-Loop« führt ein Moment der Redundanz in die Kommunikation ein – eine Information wird also mehrfach gegengecheckt. Damit beugt man Missverständnissen vor, die sich fatal auswirken könnten. Die in vielen Unternehmen übliche Sprache ist meilenweit von dieser Eindeutigkeit entfernt. Typisch sei eine »Blähsprache aus nichtssagenden deutsch-englischen Kunstbegriffen und abenteuerlichen Satzkonstruktionen«, so die *Frankfurter Allgemeine Zeitung*. Kostprobe: »Es wurde eine Prozesskostenbewertung durchgeführt, und wir machen Kostenplausibilisierungen durch den Einsatz von Schattenkalkulationen. Der Projektfortschritt wird durch Quality Gates überwacht.«[17] Aha. Alles klar? Dass in heiklen Unternehmenssituationen eine klarere Sprache gesprochen wird, ist nicht mehr als eine schöne Hoffnung. Wer mit universitärem BWL-Vokabular und Marketingkauderwelsch in die Berufswelt entlassen wird, kann oft kaum noch anders. Und dann ist dieser Jargon ja auch bestens geeignet, mäßige Ideen zu imposanten Vorhaben aufzublasen oder eigenes Versagen sprachlich zu vernebeln. Eben das macht ihn gefährlich, denn die distanzierende Wirkung kann einlullen, wo rasches Handeln geboten ist. Da brennt die Hütte, und in der Sitzung konstatiert man ein »Negativwachstum« und philosophiert über schwarze oder rote Nullen.

Sprachlicher Status quo in Unternehmen

Aussagen und ihre (wahre) Bedeutung

Hinzu kommt, dass unsere Sprache oft sehr vage ist und in die eine oder andere Richtung interpretiert werden kann. Wir alle operieren tagtäglich hundertfach mit indirekten Hinweisen, Andeutungen und unausgesprochenen Erwartungen. Wir sagen »Das erhöht die Kosten« und meinen eigentlich »Das können wir uns in dieser Situation nicht leisten.« Wir sagen »Das ist ein Thema für die Agenda am nächsten Mittwoch« und meinen »Dieses Vorhaben birgt so große Risiken, dass ich es ohne offizielle Rückendeckung der Geschäftsführung nicht weiterverfolgen werde.« Wir sagen »Dafür haben wir im Moment keine Kapazität« und meinen vielleicht »Da müssen Sie sich schon selbst kümmern.«

Natürlich kann man den Austausch im Unternehmensalltag nicht auf wenige feste Formeln reduzieren. Aber immer dann, wenn es Spitz auf Knopf steht, sollte man sich der Tücken menschlicher Kommunikation bewusst sein und lieber eine kommunikative Schleife mehr drehen, als Missverständnisse zu riskieren. Dazu gibt es bewährte Formeln wie etwa ...

Sprachliche Absicherungen

– Das heißt konkret ... ?
– Meinen Sie damit, dass ... ?
– Wer macht was? Kümmern Sie sich um ... ?
– Bis wann genau?
– Wenn ich Sie richtig verstehe, bedeutet das ... ?
– Was heißt das in der Praxis? Wie gehen wir weiter vor?
– Sie erwarten von mir also, dass ... Und Sie sorgen in der Zwischenzeit für ... ?
– Im Klartext heißt das: Die nächsten Schritte sind 1. ..., 2. ...,3. ... Oder?

ANTI-CRASH-FORMEL

Setzen Sie gezielt auf kommunikative Rückkoppelungen – arbeiten Sie in heiklen Situationen mit dem Closed-Loop-Prinzip.

Verständnissicherung ist ein erster und entscheidender Schritt zu professionellem Krisenmanagement. Abschließend hier noch einmal die wichtigsten Maßnahmen für eine klare Verteilung von Aufgaben und Zuständigkeiten im Überblick.

> **Unklare Zuständigkeiten – und was Sie tun können**
>
> **DIE ANTI-CRASH-FORMELN AUF EINEN BLICK**
>
> 1. Damit es nicht zum Crash kommt, muss jeder seinen Job erfüllen. Grabenkriege im (Unternehmens-)Cockpit sind gefährlich, weil sie von eigentlichen Aufgaben ablenken.
> 2. Grenzen Sie Zuständigkeiten und Verantwortungen eindeutig ab. Formulieren Sie klare Regeln für die Übergabe von Arbeitsergebnissen. Nutzen Sie Checklisten und Formulare, um Missverständnisse zu vermeiden und Informationsverluste zu minimieren.
> 3. Sorgen Sie dafür, dass Rollen eindeutig definiert sind. Jedem im Unternehmen müssen seine Kompetenzen und Kernaufgaben klar sein. Fordern Sie solche Klärungen auch für sich selbst ein.
> 4. Wer Eigenverantwortung seiner Mitarbeiter will, muss sie im Rahmen ihrer Möglichkeiten (im Rahmen adäquater Rollendefinitionen) »machen lassen«.
> 5. Sprechen Sie bei der Delegation von Aufgaben eine klare Sprache: Wofür ist der Mitarbeiter zuständig? Was erwarten Sie bis wann von ihm? Für was zeichnen Sie selbst verantwortlich?
> 6. Was sind die »neuralgischen Bereiche« in Ihrem Unternehmen? Wo darf möglichst nichts schiefgehen? Haben Sie vorgesorgt und präzise Anweisungen und Checklisten formuliert?
> 7. Setzen Sie gezielt auf kommunikative Rückkoppelungen – arbeiten Sie in heiklen Situationen mit dem Closed-Loop-Prinzip.

6. Blame Culture

oder: Wenn Fehler vertuscht werden

+ + + 8. Juli 1987 + + + Eine Maschine der Delta Air Lines kommt über dem Nordatlantik vom Kurs ab + + + Folge: ein Beinahezusammenstoß in 10.000 Metern Höhe + + + 589 Passagiere kommen mit dem Schrecken davon + + +

Zwei voll besetzte Passagierflugzeuge, die mitten über dem Atlantik ineinander rasen? Dieses Schreckensszenario wäre im Sommer 1987 beinahe Wirklichkeit geworden. Nur einem glücklichen Zufall war es zu verdanken, dass fast 600 Menschen einem Crash um Haaresbreite entgingen. Beide Maschinen, eine Lockheed der Delta Air Lines und ein Jumbo-Jet der Continental, waren am Nachmittag in London Gatwick Richtung USA gestartet. Durch einen Eingabefehler der Besatzung in das Navigationssystem steuerte der Autopilot die Delta über 100 Kilometer vom vorgesehenen Kurs weg, ohne dass die Piloten dies bemerkten. Um 16:25 Uhr kreuzte ihr Flugzeug die Route der Continental in einem Abstand von nur etwa 20 Metern. Bei einer Geschwindigkeit von etwa 900 Kilometern pro Stunde ist das nicht einmal ein Wimpernschlag. Das Verhalten der Delta-Crew im Anschluss an den Beinahecrash war nicht weniger skandalös als der Vorfall selbst: Man versuchte, den Fehler zu vertuschen. Öffentlich wurde er durch aufgebrachte Passagiere an Bord der Continental. Sie hatten das andere Flugzeug auf sich zurasen sehen. Ihr Protest nötigte die Besatzung der Continental, den Vorfall zu melden.[1]

Aufarbeitung von Fehlern

Wer aus seinen Fehlern nicht lernt, ist verdammt, sie zu wiederholen, heißt es. In der Fliegerei hat man daraus die Konsequenzen gezogen: Dort ist die systematische Aufarbeitung von Fehlern seit Jahrzehnten Vorschrift. Jeder Crash wird penibel aufgearbeitet, und auch Zwischenfälle wie der Beinahezusammenstoß müssen den Luftaufsichtsbehörden gemeldet werden. Ergebnisse dieser Untersuchungen fließen in die Pilotenausbildung und in Trainingsprogramme zur Erhöhung der Flugsicherheit wie das Crew Resource Management ein. Vorausgesetzt natürlich, dass der »menschliche Faktor« einer solchen Aufarbeitung nicht in die Quere kommt.

Umgang mit Fehlern: Theorie und Praxis

Wünschenswert wäre eine solche Pannenaufarbeitung natürlich auch in ganz »normalen« Wirtschaftsbereichen jenseits von sicherheitsrelevanten Branchen wie Luftfahrt, Atomtechnologie oder Chemieindustrie. Dass Fehler »Lernchancen« sind, hat sich mittlerweile herumgesprochen. Und so lässt sich heute in jeder Managerrunde schnell Einigkeit darüber erzielen, dass eine »positive Fehlerkultur« dem Unternehmen nützt. So weit die Theorie. Zur Praxis sagt Professor Michael Frese, Fehlerforscher an der Universität Gießen: »Es gibt repräsentative Untersuchungen zur Frage, wie man in verschiedenen Kulturen und Nationen mit Fehlern umgeht. Unter 61 analysierten Staaten hat es Deutschland dabei auf den vorletzten Platz – vor Singapur – geschafft.« Will sagen: Deutschland ist eine der fehlerfeindlichsten Nationen der Welt.[2]

Unsere »Fehlerkultur«

Wir alle haben von Kindesbeinen an gelernt, dass es nicht gut ist, Fehler zu machen. In der Schule kassierten wir dafür schlechte Noten. In der Clique wurden wir ausgelacht, von den Eltern dafür bestraft, in der Ausbildung dafür gemaßregelt. Wer keine Fehler macht, kommt weiter. Unternehmen werben mit dem »Null-Fehler-Prinzip«. Fehler sind peinlich. Und jetzt, am Arbeitsplatz, sollen wir alle diese Erfahrungen vergessen, den Schalter umlegen und »konstruktiv« mit Fehlern – auch den eigenen – umgehen? Zweifel sind angebracht.

Das (Beinahe-)Crash-Beispiel: Nordatlantik, Juli 1987

Glaubt man dem Nachrichtenmagazin *Der Spiegel,* hielt die Crew der Delta-Besatzung von professionellem Fehlermanagement ungefähr so viel wie ein Achtjähriger, den andere Steppkes beim Kirschenklauen erwischen: »Keiner außer uns weiß etwas davon, ihr Idioten!«, soll man die Kollegen im Cockpit der Continental angeraunzt haben, als diese die Delta-Crew dazu aufforderten, den Zwischenfall zu melden.[3]

Die Vorgeschichte des Beinahe-Crashs

Was war passiert? Die Maschine war am frühen Nachmittag in London Gatwick mit Ziel Cleveland, Ohio, gestartet – als eine von etlichen Maschinen, die dort an diesem Tag Richtung Nordamerika abhoben. Für die Reise über den Atlantik wird den Flugzeugen ein bestimmter Korridor zugewiesen, der sich an den Breitengraden orientiert. Diese »Tracks« sind 60 Meilen (also knapp 100 Kilometer) voneinander entfernt und sollen verhindern, dass sich Maschinen ins Gehege kommen. Geführt wurden die Maschinen dabei durch das Navigationssystem INS, auf dessen Daten auch der Autopilot zugreift. In den ersten zweieinhalb Stunden des Fluges verlief alles normal. Doch um 16:06 Uhr nahm der Autopilot plötzlich eine fatale »Kurskorrektur« vor: Statt eines leichten Schwenks von 10 Grad nach links drehte der Autopilot die Maschine um mehr als 25 Grad darüber hinaus. Von der Crew unbemerkt verließ das Flugzeug den zugeteilten Korridor. Sie können sich vorstellen, wie rasend schnell das bei einer Geschwindigkeit von knapp 600 Meilen pro Stunde geht, wenn einem ein Track von 60 Meilen Breite zugeteilt ist. Auf dem südlichen Nachbartrack war eine Maschine der Continental Airlines unterwegs.

Ursache: ein Zahlendreher

Während die Crews in beiden Cockpits also von Business as usual ausgingen, steuerte man unaufhaltsam auf eine Katastrophe zu. Als einige Passagiere auf der rechten Seite der Continental um 16:25 Uhr aus dem Fenster schauten, sahen sie dort eine zweite Passagiermaschine. Auch das beunruhigte zunächst niemanden. Irgendjemand machte sogar ein Erinnerungsfoto, das später durch die Weltpresse ging. Stutzig wurden die Fluggäste erst, als ihnen klar wurde, dass der andere Flieger auf gleicher Höhe rasend schnell näher kam. Im nächsten Moment kreuzte die Delta auch schon den Kurs der Continental – glücklicherweise 20 Meter tiefer. Erst jetzt bemerkte man im Delta-Cockpit den riesigen Schatten direkt über der eigenen Maschine. Die simple Ursache dieser Beinahekatastrophe: Den Piloten der Delta war bei der Programmierung des INS-Systems in Gatwick ein fataler Fehler unterlaufen – ein simpler Zahlendreher. Auch als Folge dieses Vorfalls wurden mühsame Zahleneingaben der Wegpunktkoordinaten später durch vorprogrammierte Fixpunktnamen ersetzt.

»Die Crew von Delta Flug 37 meldete diesen Zwischenfall nicht an die Luftraumkontrolle in Gander. Auch andere Flugzeugcrews in der Nähe, die den Zwischenfall per Kurzwellenfunk mitbekamen, unterließen eine Meldung, wie es eigentlich Vorschrift gewesen wäre. Man tat sich schwer damit, den offensichtlichen Fehler eines Kollegen an dritte zu ›verraten‹, da eine behördliche Untersuchung unweigerlich die Folge gewesen wäre«, schreibt Jan-Arwed Richter in *Mayday!*[4] Öffentlich wurde der Vorfall seiner Darstellung nach durch die Continental-Crew, weil aufgebrachte Fluggäste die Sicherheit der Route bezweifelten und die Crew sich so zu einer Meldung genötigt sah. *Der Spiegel* berichtet außerdem, eine Maschine der U.S. Air Force habe das Gespräch mitgeschnitten und die Behörden informiert.[5]

Vertuschungs-versuche

Was hindert Menschen daran, Fehler zuzugeben? »Fremde Fehler beurteilen wir wie Staatsanwälte, die eigenen wie Verteidiger«, sagt ein brasilianisches Sprichwort. Und schon aus der Bibel wissen wir, dass wir den Splitter im Auge des Anderen klarer sehen als den Balken im eigenen. Egal wie aufgeklärt und souverän wir uns geben mögen – im Zweifelsfall wahren wir lieber das Gesicht, als uns an die eigene Nase zu fassen. Doch wann haben Sie eigentlich einen (Top-)Manager öffentlich einen Fehler zugeben sehen? Wann haben Sie selbst das letzte Mal selbst einen Fehler eingeräumt? Und wie gehen Sie mit Fehlern Ihrer Mitarbeiter um? Dabei gibt es nur einen Weg, produktiv mit Fehlern umzugehen: aus ihnen zu lernen. Und das wiederum ist in Unternehmen nur möglich, wenn Fehler offenbart werden können, ohne Sanktionen befürchten zu müssen. »Non-Punishment Reporting System« heißt das in der Luftfahrt.

Fehler zugeben – ohne Strafe

CRASH-WARNUNG

Wer zukünftige Fehler vermeiden will, muss über vergangene Fehler reden. Gibt es in Ihrem Unternehmen ein Non-Punishment Reporting System?

Ein Unternehmensbeispiel: Weltwirtschaftskrise – Hauptsache, die Banker sind schuld

Geballter Volkszorn entlädt sich

»Jump! You fuckers«, stand auf einem Plakat, das empörte Bankkunden vor einer der vielen Bankenzentralen New Yorks in die Höhe hielten. »Eat the bankers«, lautete der Vorschlag der Demonstranten im Frühjahr 2009 in London. In Frankfurt bewies man Sinn für Ironie und organisierte eine Spendenaktion vor den Türmen der Deutschen Bank. Aufschrift der Sammelbüchsen: »Brot für die Bank«. Die *Bild-Zeitung* machte sich einmal mehr zum Sprachrohr der Volksseele und bildete im März die Führungsriege der Dresdner Bank ab, die staatlicher Unterstützung zum Trotz 58 Millionen Euro Boni, Pensionen und Abfindungen erhalten sollte. Headline in den üblichen Riesenlettern: »Die gierigen Geldsäcke«. Politiker jeder Couleur bliesen ins gleiche Horn: CDU-Kanzlerin Merkel wies darauf hin, dass »Verdienst von dienen kommt«, der damalige SPD-Chef Müntefering bezeichnete Banker als »Halbstarke, Pyromanen und Gangster«.[6] Und in den Abendnachrichten kamen empörte Kunden zu Wort, die ihren Bankberatern vorwarfen, mit dem Verkauf von Lehman-Zertifikaten böswillig das sechsstellige Familienvermögen vernichtet zu haben.

Etwas genauer hinschauen

So verständlich der Zorn ist, so leicht machen es sich Politik und Kunden, wenn sie die Verantwortung für Verluste ausschließlich auf Gier und Glücksspielmethoden der Banker zurückführen. Statt Sündenböcke zu suchen und eilig milliardenteure »Rettungsschirme« aufzuspannen, könnte man auch andere Fragen stellen: Ist es richtig, in Finanzprodukte zu investieren, die man selbst kaum oder gar nicht versteht? Ist es klug, sich blind auf Renditeversprechen zu verlassen? Haben wir die richtigen Kontrollsysteme für das Bankwesen? Wieso konnten massive

Fehlentwicklungen so lange verborgen bleiben? Geht man den Ursachen der Finanzkrise nach, haben eine ganze Menge Leute Fehler gemacht, beispielsweise:

Eine lange Liste – Verantwortliche für »die Krise«

– die US-Regierung, die per Bundesgesetz Banken dazu verpflichtete, einen Teil ihrer Kredite an Einkommensschwache zu vergeben (»Community Reinvestment Act«),
– die US-Notenbank, die zeitgleich den Finanzmarkt mit billigem Geld überschwemmte,
– die US-Banker, die dem Geldsegen kaum widerstehen konnten und reihenweise »Ninja«-Kredite vergaben (»No income, no job, no assets« – kein Einkommen, kein Job, keine Sicherheiten),
– die US-Hauskäufer, die Häuser auf Pump kauften, die sie sich eigentlich gar nicht leisten konnten,
– die Investmentbanker, die »faule« Kredite zu Wertpapieren bündelten und damit aus den Bilanzen auslagern konnten,
– eine Gesetzgebung in den USA, die es Hauskäufern ermöglicht, einfach bei der Bank den Schlüssel abzugeben, wenn man die Raten nicht mehr zahlen kann – ohne mit seinem restlichen Vermögen haften zu müssen,
– deutsche Landesbanken, die Global Player spielen wollten und eifrig mitzockten,
– deutsche Politiker, die eine »Deregulierung« des Marktes förderten und damit ermöglichten, dass Banken riesige Schuldenberge auftürmten,
– deutsche Banker, die Anlageformen konstruierten, welche sie am Ende wohl selber nur noch in Ansätzen verstanden,
– Vorgesetzte, die Boni vereinbaren, die schnelle Gewinne belohnen, nicht langfristige wirtschaftliche Stabilität,
– Kunden, die bei der Jagd nach hoher Rendite Bankberatern blind vertrauten und in obskure Zertifikate und Anlageformen investierten
– …

Wer war hier nun gierig – nach Boni, nach Wählerstimmen, nach schneller Vermehrung seines Vermögens? Wer war naiv, wer gewissenlos, wer leichtsinnig? Die Liste bestätigt zweierlei. Erstens: Ein Fehler kommt selten allein. Für einen sauberen Totalcrash braucht es (wie in der Fliegerei übrigens auch) meist

Warum Fehler verdrängt werden

eine ganze Reihe von Fehlern, eine Fehlerkette. Zweitens: Mit dem Finger auf andere zu deuten, statt eigenem Fehlverhalten auf den Grund zu gehen, scheint ein menschlicher Grundreflex zu sein. Diese Verhaltensweise hat eine psychologische und eine taktische Komponente. Man verdrängt das eigene Versagen und schiebt anderen die Schuld zu – in die Opferrolle zu flüchten ist allemal angenehmer, als sich der eigenen Verantwortung zu stellen. Der *Spiegel* kolportiert beispielsweise die Geschichte eines leitenden Lehman-Bankers, der alle Schuld weit von sich weist und sie der Geschäftsführung zuschiebt: »Fakt ist doch, acht Leute haben eine Einrichtung ruiniert, in der mehr als 20 000 Mitarbeiter gute Arbeit gemacht und Geld verdient haben.«[7] Wahrscheinlich glaubt der Mann das wirklich.

Strategische Argumente

In vielen Kontexten ist dieses Verhalten nicht nur psychologisch nachvollziehbar, sondern auch strategisch klüger. Ein Politiker, der wiedergewählt werden will, gräbt besser nicht nach dem Beitrag der Politik zur Finanzkrise, sondern lenkt ab und zeigt empört mit dem Finger auf die Banker. Und ein Manager, der vorwärts kommen will, verhält sich in der Regel ganz ähnlich. Wer räumt schon eine Fehlentscheidung oder ein Versäumnis ein, wenn er Nachteile befürchten muss? Nur: Wie soll unter diesen Umständen eine positive Fehlerkultur (»Non-Blaming Culture«) entstehen?

»Positive Fehlerkultur«: Was heißt das eigentlich?

Fehler sind menschlich

Zum Thema »Fehlerkultur« sind Tausende von Seiten geschrieben worden. Der Publizist Wolf Lotter bringt das Kunststück fertig, alles Wesentliche in vier kurze Sätze zu packen: »Irren ist menschlich. Irrsinn auch. Wer nichts versucht, wird auch nicht klug. Nur Doofe glauben, perfekt zu sein.«[8] Eine fehlerfeindliche Kultur geht davon aus, dass Fehler nicht sein dürfen und um jeden Preis verhindert werden müssen. Sie ignoriert damit schlicht die menschliche Fehlbarkeit. Das führt zum Vertuschen und Verschweigen von Fehlern – und dazu, dass Menschen sich scheuen, ausgetretene Pfade zu verlassen und etwas Neues zu wagen, aus Angst, dabei Fehler zu machen. Wer eine positive

Fehlerkultur will, muss zuallererst einmal akzeptieren, dass es immer Fehler geben wird. Das allein ist schon schwierig genug.

Ohne richtige Unternehmenskultur keine positive Fehlerkultur

Die Produktion des Airbus A380 kann wieder wunderbar als Beispiel dafür dienen, wie ein Großunternehmen mit Fehlern umgeht. Die Auslieferung verzögerte sich immer wieder und drohte den Hersteller EADS in den finanziellen Ruin zu stürzen. Eine Ursache für die Verzögerungen beim Zwölf-Milliarden-Dollarprojekt waren nicht etwa komplexe technische Probleme, sondern schlicht zu kurze Kabel. 500 Kilometer davon werden in jedem dieser Riesenflieger verlegt, für Beleuchtung, Elektronik, Bordküche und so weiter und so fort. Jede Änderung im Flugzeuginnenausbau (etwa eine kleine Verschiebung der Bordküche oder die Einrichtung von Internetanschlüssen) zieht einen Rattenschwanz von Änderungen bei den Kabellängen nach sich. Und genau da klappte die Kommunikation im Riesenunternehmen nicht. Die Kultur des international aufgestellten Unternehmens sei geprägt von Misstrauen und Konkurrenz, schreibt die Journalistin Christiane Sommer: »Niemand gesteht ein Problem ein, solange noch die Hoffnung besteht, die Sache ohne viel Aufhebens selbst in den Griff zu bekommen.« Führungskräfte beschönigten die Situation. Ein Firmenangehöriger sagt: »Nach oben wurde grünes Licht signalisiert, wenn von unten das Signal Gelb gekommen war.«[9] Wer sollte in so einer Atmosphäre schon dazu auffordern, »offen« mit Fehlern umzugehen und sie als »Lernchancen« zu begreifen? Das wäre schlicht naiv.

Die Fehlerkultur bei Airbus

Eine positive Fehlerkultur in einer destruktiven Unternehmenskultur etablieren zu wollen, ist ungefähr so optimistisch, wie auf einem Misthaufen ein Rosenbeet zu pflanzen und auf guten Geruch zu hoffen. Niemand wird eigene Fehler thematisieren, wenn er dadurch massive Nachteile befürchten muss, vom Rüffel durch den Vorgesetzten bis zu faktischen Sanktionen bei Gehalt, Prämien und Aufstiegschancen. Wenn alle den Anschein aufrechterhalten, perfekt zu sein, und wenn nur der weiterkommt, der sich keine Blöße gibt, tut man gut daran, mit-

Voraussetzung: eine passende Unternehmenskultur

zuspielen. Die Spielregeln einer positiven Fehlerkultur müssen zu den Spielregeln im Unternehmen insgesamt passen.

Was TPS auszeichnet Als leuchtendes Vorbild für einen produktiven Umgang mit Fehlern wird gerne das Toyota Production System zitiert, das mit Begriffen wie »Kaizen« und kontinuierlicher Verbesserung assoziiert ist und für den großen wirtschaftlichen Erfolg des Autobauers verantwortlich gemacht wird. Dem TPS liegt zum einen ein anderes Fehlerverständnis zugrunde als in vielen westlichen Unternehmen: Fehler sind zwar nicht erwünscht, aber unvermeidbar. Man akzeptiert sie als Teil menschlichen Lebens und Arbeitens und bindet sie in die angestrebte Schritt-für-Schritt-Verbesserung aller Prozesse ein. Es darf aber nicht übersehen werden, dass dem auch ein anderes Verständnis der Arbeiter am Band, eine andere Kultur, zugrunde liegt: Jeder darf das Band anhalten, wenn er das für richtig hält; er wird – unabhängig von seiner hierarchischen Position – in seinem Beitrag zum Unternehmenserfolg ernst genommen. Das ist etwas völlig anderes als die demütigen Verbesserungsvorschläge, die deutsche Arbeiter zwar schon seit mehr als einem Jahrhundert machen dürfen, die aber nur zu einem Drittel umgesetzt werden. »Und zwar nicht, weil man sie sich vielleicht mal angesehen hätte, sondern weil die Experten der Auffassung waren, dass so ein dahergelaufener Trottel von Mechaniker oder Elektriker doch so was gar nicht wissen kann«, wie Fehlerforscher Theo Wehner von der ETH Zürich meint.[10]

ANTI-CRASH-FORMEL

Eine positive Fehlerkultur (Non-Blaming Culture) setzt eine Unternehmenskultur voraus, die von Offenheit, Fairness und gegenseitigem Respekt geprägt ist. Und sie akzeptiert, dass Fehler zum Arbeitsalltag dazugehören.

Der Fisch stinkt immer vom Kopf

Erinnern Sie sich an die Crossair-Maschine, die 2001 bei Zürich abstürzte, weil der Pilot systematisch und wissentlich bestimmte Minima unterflog und dann bei schlechter Sicht in einen Wald krachte? Bei der Untersuchung des Unfalls kam auch heraus, dass im Unternehmen insgesamt eine eher laxe Sicherheitsmentalität geherrscht hatte und der Vorstand riskante Flugmanöver angeblich sogar als Nachweis fliegerischen Könnens billigte (siehe Kapitel 3). Die Kultur eines Unternehmens wird wesentlich von den Menschen an der Spitze geprägt, das ist eine Binsenweisheit. Dieser Zusammenhang gilt auch für den Umgang mit Fehlern und Versäumnissen. Warum soll ein »kleiner« Investmentbanker sich Asche aufs Haupt streuen, wenn sein Vorstand derweil auf Zahlung einer Abfindung klagt, obwohl er Milliardenverluste zu verantworten hat?

Vorbildfunktion der Führungskräfte

Das gilt nicht nur für Banken. Wenn die Geschäftsführung eigene Fehler vertuscht, ist das die beste Voraussetzung dafür, ein Unternehmen ernsthaft in Bedrängnis zu bringen. Ein Beispiel aus meinem Beratungsumfeld ist ein Mittelständler, der Zubehör für die Möbelindustrie herstellt. Das Unternehmen war seit Längerem in Schieflage, und die Banken sahen ihr Engagement als gefährdet an. Der verantwortliche Banker brachte mich ins Gespräch, um die Verhandlungskompetenz im Unternehmen systematisch zu stärken. Der Hintergrund: Eine der Ursachen für die wirtschaftlichen Schwierigkeiten war, dass die Firma es nicht schaffte, angemessene Preise für ihre Produkte durchzusetzen. Das lag nur zum Teil am Markt; hinzu kam, dass vonseiten des Unternehmens zu schnell unangemessen hohe Zugeständnisse gemacht wurden. Mein Vorschlag war, zunächst in einem eintägigen Workshop mit der Geschäftsführung Gründe der Misere und Handlungsmöglichkeiten auszuloten.

Voraussetzung: Offenheit für eigene Fehler

Das fanden alle auch sehr überzeugend – hieß es zumindest offiziell. Allerdings hätten die Verantwortlichen sich dann wohl auch Versagen oder Fehler eingestehen müssen. Deshalb konnte nicht sein, was nicht sein darf: Das Management fand – mit zum Teil haarsträubenden Erklärungen – einen Weg, selbst diese Eintagesveranstaltung zu canceln. Bis heute schrammt das

Unternehmen Jahr für Jahr knapp an der Insolvenz vorbei; an der gravierenden Verhandlungsschwäche hat sich augenscheinlich nichts geändert. Sie können sich wahrscheinlich vorstellen, welche Wirkung Veränderungsappelle des Managements haben, wenn sich das Management selbst für unangreifbar hält.

Wirkung nach unten Wer sich positiv verändern will, kommt kaum umhin, sich Fehlern der Vergangenheit zu stellen. Mitarbeiter haben in der Regel einen sehr guten Blick dafür, was »die da oben« falsch machen, und sei es nur, weil man die Fehler anderer meist klarer sieht als die eigenen. Setzt sich der Eindruck fest, dass das Management seine Fehler leugnet, Ausflüchte bemüht oder gar Sündenböcke sucht, sinkt die Neigung, selbst Fehler zuzugeben, verständlicherweise gegen Null.

ANTI-CRASH-FORMEL

Ob Fehler tatsächlich als »Lernchancen« begriffen werden können, hängt entscheidend davon ab, wie offen das Management mit eigenen Fehlern umgeht.

Fehlertypen und Fehlerketten: den eigenen Blick schärfen

IATA-Klassifikation als Anregung In der Fliegerei geht es im Ernstfall um Menschenleben. Die Aufarbeitung von Fehlern kann daher Monate dauern und umfangreiche Untersuchungsberichte füllen. Eine derart penible Ursachenforschung ist im Unternehmensalltag kaum in jedem Fall zu leisten und sicher auch nicht immer erforderlich. Sehr nützlich ist allerdings die Fehlertypologie, mit der der Internationale Dachverband der Fluggesellschaften IATA (International Airport Transportation Association) arbeitet.

Fehler ist nicht gleich Fehler

Die IATA klassifiziert Fehler in technische, organisatorische, umfeldbezogene (»environmental«) und menschliche. In der Kategorie »human« wiederum unterscheidet man drei Typen von Fehlleistungen:

1. Aktive Fehler
   Hier verstößt jemand aktiv und bewusst gegen bekannte Vorschriften und Regeln. Das ist beispielsweise der Fall, wenn Piloten sich nicht an Checklisten halten, die sie für einen sicheren Flugbetrieb abzuarbeiten haben, wenn sie vorgeschriebene Minima unterfliegen oder sogar alkoholisiert zum Dienst antreten, was auch schon vorgekommen ist. Es handelt sich also um grobe Fahrlässigkeit, sei es aus toleriertem Schlendrian, übersteigerter Risikofreude oder aufgrund anderer charakterlicher Defizite.

   Bewusste Handlungen

2. Passive Fehler
   Hier verhält sich jemand falsch, ohne dass ihm das bewusst ist – er agiert sorglos oder unüberlegt, ohne sich über die möglichen Konsequenzen im Klaren zu sein. Dazu zählen Piloten, die in der Kommunikation mit dem Tower nicht deutlich genug auf eine Notlage aufmerksam machen, die durch »Besuch« im Cockpit von ihren Aufgaben abgelenkt sind oder die in einer heiklen Situation (zum Beispiel Vereisung der Tragflächen aufgrund langer Wartezeiten oder Wasser auf der Landepiste) einfach wie gewohnt fortfahren, weil sie glauben, es werde schon gut gehen.

   Unbewusste Handlungen

3. Professionelle Defizite (proficiency failures)
   Hier macht jemand ungewollt Fehler, weil er es schlicht nicht besser kann oder besser weiß, aus Unerfahrenheit, Mangel an Übung oder Mangel an Ausbildung. So wurde eine Verdoppelung der Beinahezusammenstöße in der US-Luftfahrt Mitte der 1980er-Jahre darauf zurückgeführt, dass infolge einer Liberalisierung des amerikanischen Fluggeschäfts und des resultierenden starken Wettbewerbsdrucks immer mehr Piloten mit begrenzter Erfahrung am Steuerhorn saßen. Da regiere dann das »Modell

   Ungewollte Handlungen

Schimpanse« kommentierte ein erfahrener Kollege: Der Pilot wisse im Normalfall, welcher Knopf zu drücken sei, in Krisensituationen aber sei er überfordert.[11]

Wo Training und Schulung helfen

Ein angemessener Umgang mit Fehlern orientiert sich an der »Schwere« der Fehlleistungen. Wer aus Unerfahrenheit und mangelnder Kenntnis Fehler macht, braucht Training und Schulung. Ermutigung ist da eher gefragt als Maßregelung. Kaum etwas ist frustrierender, als für ein »Nichtwissen« auch noch Vorwürfe zu ernten. Wer sorglos und leichtsinnig agiert, dem muss man die Auswirkungen seiner Handlungen bewusst machen. Auch solche Fehler lassen sich zukünftig durch Übung und Training in der Regel vermeiden. Sensibilisierung für Gefahren und das Verlernen »schlechter Gewohnheiten« wirken hier Wunder.

Wo Sanktionen nötig sind

Gegen grobe Fahrlässigkeit mögen Schulungen helfen. Je nach »Schwere« des Verstoßes können Sanktionen aber unvermeidbar sein. Ich war beispielsweise ganz froh zu hören, dass die Fluglotsen am Frankfurter Flughafen, die durch Missachtung von Vorschriften im Juli 2009 beinahe einen nächtlichen Crash verursacht hatten, umgehend vom Dienst suspendiert wurden. Drei der vier Towermitarbeiter hatten sich unerlaubt vom Arbeitsplatz entfernt. Eine Cessna startete irrtümlich schon auf einem Rollweg und wäre um ein Haar mit einer wartenden Boeing kollidiert. Das fiel zunächst niemandem auf, außer dem Cessna-Piloten natürlich. Der konnte seine Maschine im letzten Moment gerade noch hochreißen.

Ablenkungsmanöver und Schuldzuweisungen

Das bedeutet: Es gibt tatsächlich Extremsituationen, in der die vorrangige Frage lauten muss: »Wer hat das zu verantworten?« In den allermeisten Situationen bringt es jedoch wesentlich mehr, zu fragen: »Wie kam es zu diesem Fehler?«, und: »Wie lässt er sich zukünftig vermeiden?« Suchen Sie Ursachen, und nicht Schuldige! In vielen Unternehmen wird viel zu lange und zu gerne in Wunden gebohrt. Kein Wunder: Wer erst mal den anderen Fehler vorhält, wird selber entlastet, kann von eigenen Versäumnissen ablenken oder auch mit kurzfristigen strategischen Vorteilen rechnen. Vielleicht kennen Sie auch solche Kandidaten: den Kollegen, der im Meeting harmlos lächelnd fragt: »Ach, war das nicht damals, als Sie uns diesen unglaublichen Flop beschert haben?«, und der auch zukünftig keine Gelegenheit auslassen wird, an ihren Fehlschlag zu erinnern, vorzugsweise in Gegenwart Vorgesetzter. Oder denken Sie an den Teamleiter, der sich gar nicht wieder beruhigen mag: »Mensch, Meyer, wie konnte Ihnen das bloß passieren? Da hätte ich wirklich mehr erwartet! Sie sind doch sonst immer so zuverlässig! Und jetzt das.« – und der über der Aufregung glatt vergisst, einfach mal zu fragen: »Wie stellen wir sicher, dass so etwas nicht wieder passiert?«

Der Sache dienen Schuldzuweisungen nicht – im Gegenteil, sie führen nur zu einer Vertuschungsmentalität. Mittelfristig leiden alle unter einer solchen Blame Culture, weil sich Fehler häufen, weil ohnehin peinliche Situationen ausgekostet werden und weil Retourkutschen meist nicht lange auf sich warten lassen.

> **ANTI-CRASH-FORMEL**
>
> Ein konstruktiver Umgang mit Fehlern bedeutet, Ursachen zu suchen statt Schuldige, und diese Ursachen abzustellen.

Ein Fehler kommt selten allein

Menschen machen Fehler. Sie haben immer Fehler gemacht, und sie werden immer Fehler machen. Gerade in sicherheitsrelevanten Bereichen mag das beunruhigen. Relativiert wird der Befund jedoch dadurch, dass es nur ganz selten ein einziger schicksalhafter Fehler ist, der direkt in die Katastrophe führt. Der berüchtigte rote Knopf, auf den jemand versehentlich drückt und damit den großen Knall auslöst, existiert nur in der Fantasie der Filmregisseure. Meist hat man es mit einer ganzen Fehlerkette zu tun. Ein klassisches Beispiel aus der Luftfahrt ist der Absturz einer Boeing 737 der Air Florida bei Washington im Januar 1982, der auf eine typische Mischung »unglücklicher Umstände« und menschlicher Fehlleistungen zurückzuführen ist.

Phänomen Fehlerkette

Ein Mix aus Fehlern und unglücklichen Umständen

An diesem Tag hatte es an der Ostküste der USA kräftig geschneit, und es war eiskalt. Deshalb wurde der Flughafen kurz nach der Ankunft der Maschine gesperrt *[= unglücklicher Umstand 1]*. Wenn man aus Florida kommt, hat man mit Schnee und Eis nicht eben viel Erfahrung *[= unglücklicher Umstand 2]*. Vor dem Neustart ordnete der Kapitän um 14:30 Uhr eine Enteisung an. Dabei deckte das Wartungspersonal verschiedene Öffnungen an Tragflächen und Triebwerken nicht ab *[= Fehler 1]*, und es bildete sich Eis. Als es eine knappe halbe Stunde später losgehen sollte, konnte ein Schleppfahrzeug die Maschine wegen einer rutschigen Mischung aus Eis, Schnee und Glykol auf der Fahrbahn zunächst nicht bewegen *[= unglücklicher Umstand 3]*. Der Kapitän entschied sich daher, das Flugzeug vorschriftswidrig durch Umkehrschub rückwärts zu bewegen *[= Fehler 2]*. Das klappte zwar nicht, aber der aufgewirbelte Schnee lagerte sich auf dem Flugzeugrumpf ab *[= unglücklicher Umstand 4]*. An der Startposition hatte sich inzwischen eine Warteschlange gebildet, und es schneite weiterhin stark *[= unglückliche Umstände 5 + 6]*. Dadurch wurde die vorherige Enteisung »praktisch nutzlos«.[12] Die Crew vergaß, die bordeigenen Enteisungssysteme zu aktivieren *[= Fehler 3]*. Stattdessen setzte man auf eine Enteisung durch die Auspuffgase der Maschine, die vor der Boeing stand *[= Fehler 4]*. Das konnte nur teilweise gelingen, und möglicherweise erreichte man dadurch bei den Triebwerken das Gegenteil, nämlich das sich erst recht Eis ansetzte. Maschinen dieses Typs waren selbst gegen geringe Vereisung empfindlich *[= unglücklicher Umstand 7]*. Nachdem die Maschine über eine Stunde gewartet hatte, erhielt sie um 15:58 Uhr endlich Starterlaubnis.

Dialog im Cockpit

Dem Kopiloten kam das Ganze offenbar nicht geheuer vor: Während der Startvorbereitungen des Kapitäns sagt er zum Beispiel »God, look at that thing. That don't seem right, does it? Uh, that's not right« (etwa: »Mein Gott, sieh dir das an! Das sieht nicht richtig aus, oder? Uh, das ist nicht in Ordnung.«) und deutet auf seine Instrumente. Der Kapitän wischt das beiseite (»Yes it is«), der Kopilot insistiert zunächst (»Naw, I don't think that's right«), lenkt dann aber unmittelbar ein (»Ah, maybe it is«) – »Vielleicht doch«? Es geht hier wohlgemerkt nicht um die Auswahl einer neuen Schlafzimmertapete, sondern um ein großes Passagierflugzeugs mit 79 Menschen an Bord, das gerade in

Richtung 240 Stundenkilometer beschleunigte *[= unglücklicher Umstand 8 – Captain flying und wenig durchsetzungsfähiger Kopilot]*. 50 Sekunden später sind sich beide dann wieder einig: »Larry, wir stürzen ab«, sagt der Kopilot, und sein Kapitän antwortet nur: »Ich weiß.« Die Maschine konnte nicht richtig beschleunigen und erreichte nur eine Höhe von gut 100 Metern, dann sackte sie ab, streifte eine viel befahrene Brücke über den Potomac, traf mehrere Fahrzeuge und stürzte in den Fluss. Fünf Passagiere und eine Flugbegleiterin überlebten den Aufprall; ein Passagier ertrank im eiskalten Fluss, weil die Rettung sich durch den folgenden Verkehrsstau äußerst schwierig gestaltete.

Tschernobyl und Seveso: Ähnlichkeiten

Katastrophen weisen häufig eine ähnliche Verkettung von aktiven wie passiven Fehlern und unglücklichen Umständen auf. In Tschernobyl zum Beispiel waren »schlampige Bauweise, mangelhafte Sicherheitsvorkehrungen, Erfolgszwang und Selbstüberschätzung« verantwortlich dafür, dass es 1986 zum GAU, zum größten anzunehmenden Unfall, in einem Atomreaktor kommen konnte. Hier wurden Sicherheitsvorschriften missachtet und unter anderem auch die automatische Notabschaltung deaktiviert. Vor Ort war ein Ingenieur, der »offenbar von Reaktorphysik wenig Ahnung hatte«.[13] Oder denken Sie an den erwähnten Dioxin-Unfall in Seveso zehn Jahre zuvor: eine als »verlottert« geltende Fabrik, ein ungeschulter Arbeiter, der versehentlich ein Rührwerk ausschaltet, was zur Überhitzung eines Kessels führt, ein versagendes Sicherheitsventil, und das alles natürlich am Wochenende mit wenig Personal vor Ort, sodass der Vorfall erst nach einer Stunde bemerkt wurde.

Beispiel Karstadt-Quelle

Komplexe Systeme bieten also jede Menge Gelegenheit, Fehler zu machen. Sie halten aber auch einige Fehler aus. Das Problem ist nur: Sie wissen nie, an welcher Position einer Fehlerkette Sie sich bereits befinden. Jeder Lapsus, jede weitere Panne, jedes zusätzliche Versäumnis kann eines zu viel sein. Nehmen Sie einen Unternehmenscrash wie die Karstadt-Quelle-Insolvenz 2009. Auch hier addierte sich eine ganze Reihe von Fehlern und ungünstigen Umständen bis zum endgültigen Aus. Sehen wir uns diese Faktoren im Einzelnen an:

Fehler und ungünstige Umstände: die Liste

- eine betriebswirtschaftlich unbedarfte Firmenerbin, die auf branchenfremde Manager vertraute,
- Machtkämpfe im Management, die betriebswirtschaftlich sinnvolle Entscheidungen blockierten (zum Beispiel die Unterbringung der unrentablen Quellefilialen in den Karstadthäusern oder die Nutzung von Synergien der Konzerntöchter Quelle und Neckermann),
- etliche schnelle Führungswechsel, schließlich
- ein telegener CEO aus der Medienbranche, der auch dann noch Erfolgsgeschichten verbreitete, als es längst steil bergab ging,
- der Versuch, ein Einzelhandelsunternehmen wie ein Investmenthaus zu führen und vor allem den Aktienkurs nach oben zu treiben,
- die Verscherbelung der Warenhausimmobilien, die überteuert zurückgemietet werden mussten,
- eine neue Technologie wie das Internet, die verschlafen wurde,
- veränderte Konsumentengewohnheiten, die Kaufhäusern generell das Leben schwer machten,
- eine weltweite Wirtschaftskrise, und schließlich noch
- ein starker Konkurrent wie die Metro AG, die staatliche Rettungsmöglichkeiten erfolgreich torpedierte, indem sie öffentlichkeitswirksam eine Übernahme rentabler Häuser ins Spiel brachte.

Größe spielt keine Rolle

All das genügte, um den Traditionshäusern am Ende den Garaus zu machen. Irgendwann ist der Kredit nun mal aufgebraucht.[14] Dasselbe gilt auch für den »kleinen« Ladengründer um die Ecke, der bei der Standortwahl den alteingesessenen Mitbewerber zwei Straßen weiter »übersieht«, sein Sortiment nicht den örtlichen Kaufgewohnheiten anpasst, außerdem Hygienevorschriften nicht penibel einhält und damit ins Gerede kommt und der zu allem Überfluss auch noch unfreundliche Verkäufer oder ahnungslose Hilfskräfte einstellt, die die letzten kaufwilligen Kunden vertreiben.

> **ANTI-CRASH-FORMEL**
>
> Eine laxe Haltung gegenüber einzelnen Fehlern rächt sich, denn: Sie wissen nie, an welcher Position einer Fehlerkette Sie sich bereits befinden. Machen Sie sich das stets bewusst und handeln Sie entsprechend.

Professionelles Fehlermanagement im Unternehmen

»Das Problem fängt auch in der Wirtschaft damit an, dass es kaum möglich ist, über Managementfehler zu sprechen«, sagt der Wirtschaftswissenschaftler Christian Scholz auf die Journalistenfrage: »Wie ruiniert man ein Unternehmen?«[15] Eine Grundvoraussetzung für den professionellen Umgang mit Fehlern im Unternehmen besteht darin, sie zu enttabuisieren.

Gehen Sie mit gutem Beispiel voran

Vom Umgang mit eigenen Fehlern

Eine Non-Blaming Culture bedeutet für die meisten Unternehmen einen Kulturwandel. Einen solchen Wandel kann man nicht von oben verordnen, man muss ihn vorleben. Geben Sie es also ruhig mal zu, wenn Sie sich geirrt haben. Viele Führungskräfte fürchten, unsouverän und unsicher zu wirken, wenn sie das tun, doch genau das Gegenteil ist der Fall: Wer zu seinen Fehlern steht, gewinnt in der Regel Respekt. Unsouverän ist es hingegen, das in den meisten Fällen ohnehin Offensichtliche zu leugnen. Noch schlimmer ist, die Verantwortung für eigene Fehlentscheidungen anderen zuzuschieben.

Blame Culture überall

Beobachten können Sie das im Großen wie im Kleinen. Vor einiger Zeit bekam ich mit, dass eine Schule einen Leasingvertrag für einen Kopierer abgeschlossen hatte. Das wäre an sich nicht so abwegig. Abwegig waren nur die Vertragslaufzeit – 14 Jahre – und die Höhe der Leasingraten. Ein einfacher Dreisatz reichte aus, um auszurechnen, dass die Schule über die Vertragslaufzeit einen ganzen Copyshop bezahlt. Dennoch wurde diese Anschaffung tapfer verteidigt. Der größte Teil des Lehrerkollegiums war ernsthaft und eifrig bemüht, die »Investition« zu rechtfertigen (übrigens: rechtfertigen heißt ja nicht, dass man recht hat, sondern das man sich ein Recht anfertigt). Auch bei Firmenübernahmen kann man dieses Schauspiel leider immer wieder beobachten. Jeder im Unternehmen würde das Rad gern wieder zurückdrehen. Spätestens wenn die Fusion oder die Integration in vollem Gange ist, wird auch dem Letzten klar, dass die erhofften Synergieeffekte und der potenzielle Nutzen weit vom Aufwand und den Kosten entfernt sind – leider nur auf der falschen Seite. Aber: Niemand wird das zugeben, und keiner wird daraus eine Lehre ziehen.

Positive Ansätze In manchen Chefetagen scheint sich herumgesprochen zu haben, dass dieses Verhalten nicht der Weisheit letzter Schluss sein kann: »Wir haben im vergangenen Jahr gelernt, sogar Fehler zu feiern – wenn auch anders als Erfolge. Umwege erhöhen die Ortskenntnis«, behauptete beispielsweise der damalige Tchibo-CEO Dieter Ammer 2005 im *manager magazin*.[16] Leider verriet er nicht, wie gefeiert wurde und ob er tatsächlich auch eigene Fehler einschloss. Daimler-Chef Dieter Zetsche betonte im Interview nach der Trennung von Chrysler ebenfalls: »Verantwortliche Manager müssen auch Fehler machen können. Sind sie nicht bereit, auch mal Fehlschläge zu riskieren, führen sie ein Unternehmen zu Stillstand.« Nur einen Atemzug später verfiel der Topmanager auf die Frage nach der gescheiterten »Welt-AG« jedoch wieder in den üblichen Rechtfertigungsmodus: »Wir sind nicht das einzige Unternehmen, das im Zehn-Jahres-Rhythmus seine Strategien überdenkt. Es mag schon richtig sein, dass nicht alle Entscheidungen von außen nachvollziehbar waren.«[17] Was heißt hier »nachvollziehbar«? Der Versuch, ein weltumspannendes Automobilimperium zu bauen, hatte sich für Daimler eindeutig als milliardenteurer Fehlschlag erwiesen. Das konnte man in jeder Zeitung nachlesen – aber es auszusprechen scheint ungeheuer schwer.

Klartext reden »Ich habe mich geirrt«, »Ich habe einen Fehler gemacht«, »Diese Entscheidung war falsch«, »Das geht auf mein Konto« – simple Sätze eigentlich. Doch die meisten Menschen beißen sich lieber die Zunge ab, als diese vier bis fünf Worte über die Lippen zu bringen. Brechen Sie das Eis. Und verstolpern Sie das Ganze nicht durch das Anhängen der üblichen Rechtfertigungen (»... aber zum damaligen Zeitpunkt war wirklich nicht absehbar ...«).

> **ANTI-CRASH-FORMEL**
>
> Wer will, dass andere Fehler offenlegen, muss Fehler enttabuisieren. Konkret heißt das: Er muss zu eigenen Fehlern stehen. Das gilt insbesondere für Führungskräfte.

Das bedeutet nicht, dass Sie bei jeder passenden und unpassenden Gelegenheit wortreich Buße tun und jedes kleine Versäumnis öffentlich beichten müssen. Es bedeutet schlicht, im richtigen Moment die richtigen Signale zu setzen.

Dazu gehört auch ein fairer Umgang mit Mitarbeitern im Unternehmen, die auf Missstände und Fehler hinweisen. Häufig werden diese sogenannten Whistleblower[18] geächtet, unter Druck gesetzt, schikaniert. Sie verlieren ihren Job oder kündigen »freiwillig«. Prominente Beispiele sind der niederländische EU-Beamte Paul van Buitenen, der Korruption und Misswirtschaft in der EU-Kommission aufdeckte und dadurch 1999 deren Rücktritt auslöste, oder der Schweizer Wachmann Christoph Meili. Meili verhinderte, dass bei der UBS 1997 Hinweise auf Guthaben von Holocaustopfern im Reißwolf verschwanden. Die Folgen: Van Buitenen wurde beruflich kaltgestellt; Meili wanderte sogar in die USA aus, um weiteren Anfeindungen zu entgehen. Mit Blick auf solche Fälle rät der *Harvard Business Manager* Unternehmen zur Einrichtung einer externen Stelle, bei der Mitarbeiter anonym Hinweise geben können. Ein Frühwarnsystem helfe, »Verfehlungen zu erkennen und zu bekämpfen, bevor sie sich zu einer Katastrophe – etwa einer Firmenpleite – auswachsen«.[19] Natürlich können dabei Dinge ans Licht kommen, die Ihnen nicht gefallen. Aber: Vertuschung und Schönreden helfen in der Regel nicht – im Gegenteil. Dass Whistleblower zum Gang an die Öffentlichkeit gezwungen sind, weil ihre Hinweise intern auf taube Ohren stoßen, zeugt von einer verheerenden

Frühwarnsystem für »Whistleblower«

Fehlerkultur im Unternehmen. Und dass man sie für ihre Hinweise auch noch büßen lässt, ist Blame Culture in Extremform.

Sanktionieren Sie nicht Fehler, sondern das Vertuschen von Fehlern

TPS: Vertuschen verboten

Die tief verwurzelte Scham, zu eigenen Fehlern zu stehen, lässt sich nur schwer »ausschalten«, positive Vorbilder hin oder her. Um eine konstruktive Fehlerkultur weiter zu fördern, lohnt der Blick nach Japan. Innerhalb des Toyota Production Systems muss mit Sanktionen rechnen, wer einen Fehler *vertuscht*, nicht, wer einen Fehler *begeht*. Der Effekt ist ebenso simpel wie wirksam. Wer das Verschleiern von Fehlern sanktioniert, provoziert eine neue Form der Kosten-Nutzen-Rechnung: Ich komme glimpflicher davon, wenn ich einen Fehler melde. Tue ich das nicht, gehe ich das Risiko ein, »bestraft« zu werden – und sei es nur in Form peinlicher Nachfragen. Löst dagegen wie üblich das Melden von Fehlern Sanktionen aus, ist es andersherum: Sage ich nichts, habe ich immerhin die Chance, dass der Fehler unentdeckt bleibt und dass ich ungeschoren davonkomme. In dem Fall habe ich also nichts zu verlieren, wenn ich lieber den Mund halte.

Der Changemanagement-Experte Winfried Berner empfiehlt vor diesem Hintergrund eine ebenso simple wie wirkungsvolle Verhaltensänderung im Umgang mit Fehlern: Die Vorgesetzten müssten lernen, bei Fehlern nicht mehr zu fragen: »Wie konnte das passieren?«, sondern: »Seit wann wissen Sie das?«[20] Setzt man das konsequent um, wächst die Wahrscheinlichkeit, dass Fehler möglichst zügig thematisiert werden. Damit beugt man Eskalationen und unerwünschten Folgewirkungen vor.

ANTI-CRASH-FORMEL

Sanktionieren Sie nicht den Fehler, sanktionieren Sie das Verschweigen des Fehlers! Fragen Sie also nicht: »Wie konnte das passieren?!« Fragen Sie lieber: »Seit wann wissen Sie das?«

Führen Sie eine Fehleranalyseroutine ein

Im Idealfall ist es in einem Unternehmen »normal«, sich sachlich über Fehler auszutauschen und damit zukünftigen Fehlern vorzubeugen. Dieses Ideal ist umso eher zu verwirklichen, je stärker Mitarbeiter sich mit dem Unternehmen und seinem Erfolg identifizieren. Wem beides herzlich gleichgültig ist, der wird kaum Anlass sehen, sich durch die Thematisierung von Pannen und Versäumnissen in eine eher unangenehme Situation zu manövrieren. Man könnte auch sagen: Je motivierter Mitarbeiter sind, je mehr Eigenverantwortung sie übernehmen, desto eher werden sie einen konstruktiven Umgang mit Fehlern mittragen. In diesem Punkt berührt sich die Frage der Fehlerkultur in einer Organisation erneut mit der der Unternehmenskultur. Auf diesen Zusammenhang weist auch Carsten Jasner in einem Artikel zum Thema Sicherheit hin: »In Krankenhäusern gelten jene Stationen als besonders leistungsfähig, deren Mitarbeiter ermutigt werden, untereinander über Fehler zu reden. Eine starre Hierarchie scheint ähnlich tödlich zu sein wie der Glaube an Routine und Automatisierung.«[21] Wer Menschen entmündigt, darf eben nicht hoffen, dass sie sich im Umgang mit Fehlern als mündige Mitarbeiter entpuppen.

Ideale Bedingungen für eine positive Fehlerkultur

Die Kunst guter Menschen- und Unternehmensführung besteht auch darin, dem Austausch über Fehler einen funktionierenden Rahmen zu geben. Das muss nicht unbedingt ein formelles Verfahren sein. Wolf Lotter berichtet von einem kleinen Berliner Unternehmen, in dem 16 Mitarbeiter mit der Trockenlegung feuchter Büros und Wohnungen beschäftigt sind. Dort versammelt man sich regelmäßig zur »Freitagsrunde«, um sich bei Bier und Grillwürstchen in lockerer Atmosphäre auszutauschen. Das erinnert an die »Communities of Practice«, die die Xerox AG ins Leben rief, als sie erkannte, dass die wirksamste »Fortbildung« ihrer Servicetechniker nicht technische Kurse und Handbücher waren, sondern gemeinsame Pausen. Dort erzählten die alten Hasen »war stories« von der Kopiererfront, die allen Beteiligten halfen, manche Irrwege zukünftig zu vermeiden.[22]

Einen geeigneten Rahmen schaffen

Dem Austausch über Fehler Normalität geben, ihn zur Routine zu machen, das ist also die Herausforderung. Was bei den Handwerkern die Freitagsrunde ist, könnte im Büro der Punkt »Pannenvorsorge« auf der Agenda des wöchentlichen Jour fixe sein. Möglicherweise ist schon viel damit gewonnen, sich vom Wort »Fehler« und seinen negativen Assoziationen zu lösen und die Aufmerksamkeit aller gezielt auf die Vorsorge für die Zukunft zu richten. Ein einfacher Fragenkatalog könnte die Auseinandersetzung versachlichen:

Hilfreiche Fragen
– Worum geht es? Was ist passiert?
– Was waren die Ursachen?
– Welche praktischen Konsequenzen ziehen wir für die Zukunft daraus?
– Wer kümmert sich um die Umsetzung?
– ...

ANTI-CRASH-FORMEL

Sorgen Sie dafür, dass die Aufarbeitung von Fehlern zu einer Routineübung wird. Entwickeln Sie dafür ein Verfahren, das zu Ihrem Arbeitsalltag und Ihrer Unternehmenskultur passt.

Wenn Sie in Ihrem Businessalltag so gut wie nie mit Fehlern konfrontiert werden, sollte Sie das misstrauisch machen. Denn: »Je komplexer die Systeme, desto öfter ist Montag«, wie Wolf Lotter in Anspielung auf die berüchtigten Montagsautos schreibt.[23] Wahrscheinlich erfahren Sie bisher nur nichts vom Sand im Getriebe! Zum Schluss hier noch mal alle Maßnahmen, mit denen Sie dem Vertuschen von Fehlern vorbeugen können.

Fehlervertuschung – und was Sie tun können

DIE ANTI-CRASH-FORMELN AUF EINEN BLICK

1. Eine positive Fehlerkultur (Non-Blaming Culture) setzt eine Unternehmenskultur voraus, die von Offenheit, Fairness und gegenseitigem Respekt geprägt ist. Und sie akzeptiert, dass Fehler zum Arbeitsalltag dazugehören.

2. Ob Fehler tatsächlich als »Lernchancen« begriffen werden können, hängt entscheidend davon ab, wie offen das Management mit eigenen Fehlern umgeht.

3. Ein konstruktiver Umgang mit Fehlern bedeutet, Ursachen zu suchen statt Schuldige, und diese Ursachen abzustellen.

4. Eine laxe Haltung gegenüber einzelnen Fehlern rächt sich, denn: Sie wissen nie, an welcher Position einer Fehlerkette Sie sich bereits befinden. Machen Sie sich das stets bewusst und handeln Sie entsprechend.

5. Wer will, dass andere Fehler offenlegen, muss Fehler enttabuisieren. Konkret heißt das: Er muss zu eigenen Fehlern stehen. Das gilt insbesondere für Führungskräfte.

6. Sanktionieren Sie nicht den Fehler, sanktionieren Sie das Verschweigen des Fehlers! Fragen Sie also nicht: »Wie konnte das passieren?!« Fragen Sie lieber: »Seit wann wissen Sie das?«

7. Sorgen Sie dafür, dass die Aufarbeitung von Fehlern zu einer Routineübung wird. Entwickeln Sie dafür ein Verfahren, das zu Ihrem Arbeitsalltag und Ihrer Unternehmenskultur passt.

7. Crash-Kommunikation

oder: Wenn Killerphrasen den Ton angeben

> + + + 1980er-Jahre + + + Eine McDonnell Douglas schießt im Landeanflug über die Landebahn hinaus + + + Alle Insassen kommen ums Leben + + +

Start und Landung sind die kritischsten Phasen eines Fluges: Etwa 70 Prozent aller Unfälle ereignen sich hier. Dass manche Passagiere beim ersten Bodenkontakt erleichtert applaudieren, wird von Vielfliegern zwar belächelt, ist so gesehen aber verständlich. Wer Hunderte von Landungen absolviert hat, verliert diese Gefahr aus den Augen – fatalerweise manchmal auch im Cockpit. Der Kopilot einer MD 82 ist der »Pilot Flying«. Etwa zwei Minuten vor der Landung warnt er den Kapitän: »Wir sind zu hoch und zu schnell.« Antwort des Kapitäns: »Das kriegen wir schon hin.« Eine Minute später noch mal das Gleiche: »Wir sind zu hoch und zu schnell.« 20 Sekunden vor der Landung will der Kopilot erneut etwas sagen. In diesem Moment stupst der Flugingenieur den Kapitän an und fragt: »Was ist der Unterschied zwischen Enten und Kopiloten? Enten können fliegen.« Eine halbe Minute später sind alle drei tot, denn: Sie waren zu hoch und zu schnell, und das Flugzeug kam nicht mehr auf der Landebahn zum Stillstand. Mit ihnen starben alle Passagiere, weil die Maschine bei dem Crash in Brand geriet.

Diese Geschichte erzählen Fluglehrer gerne, wenn sie den Eindruck gewinnen, ihr Flugschüler wird allmählich übermütig und neigt dazu, Gefahren zu unterschätzen – vor allem, wenn abends beim Landebier zu euphorisch über die eigenen Heldentaten und zu abfällig über die vermeintliche Ängstlichkeit anderer Piloten schwadroniert wird. Tatsächlich schießen immer wieder Flugzeuge über die Landebahn hinaus, oft kommt es dabei zu Bränden, mit verheerenden Folgen für die Insassen.[1] Die Geschichte illustriert aus meiner Sicht aber noch einen anderen, sehr wesentlichen Punkt: Es ist gefährlich, wenn Mitarbeiter nicht gehört werden. Und das gilt nicht nur in der Luft, sondern auch am Boden.

Lehrreiche Geschichte

»Das kriegen wir schon hin«, ist ein Pseudoargument, eine bloße Floskel, mit der weitere Diskussionen abgewürgt werden. Solche Wendungen kennen Sie aus dem Unternehmensalltag sehr wahrscheinlich auch: »Das haben wir schon immer so gemacht.« (Oder wahlweise: »... noch nie so gemacht.«) »Das ist zu teuer.« »Das bringt doch nichts.« »Bei uns geht das nicht.« »Dafür fehlt Ihnen der Überblick.« Punkt. Basta. Oder auch: »Was 75 Jahre gut war, kann auch noch 50 Jahre halten.« Das sagte Alfred Kreidler, Chef der Kreidler-Werke in Stuttgart, zu Betriebsräten, die ihn beknieten, den völlig überalterten Maschinenpark aus der Vorkriegszeit endlich zu erneuern. Firmenpatriarch Kreidler setzte lieber auf kostspielige Reparaturen. Wenig später musste der früher so erfolgreiche Hersteller von Motorrädern und Mopeds Konkurs anmelden.[2]

Typische Killerphrasen

In der Kommunikationswissenschaft spricht man auch von Killerphrasen, wenn Sachdiskussionen mit unfairen Mitteln ausgebremst werden. Killerphrasen sind nur ein Beispiel destruktiver Kommunikation (wenn auch ein sehr wichtiges). Wer sich mit Unternehmenspleiten und Flugzeugcrashs beschäftigt, kommt sehr schnell zu der Erkenntnis, dass Kommunikationsmängel einen entscheidenden Anteil daran haben. Sich wandelnde Märkte und Kaufgewohnheiten, Verzettelung in der Produktpalette, mangelndes Controlling, aggressive Billigkonkurrenz – all das kann Unternehmen gefährlich werden. Zum Crash kommt es aber erst dann, wenn diesen Herausforderungen nicht angemessen begegnet wird. Und dabei spielen die

Schlüsselfaktor Kommunikation

Kommunikationsmuster in Unternehmen eine wichtige Rolle. Für Kommunikationspannen im Flugzeugcockpit gilt dasselbe.

Das Crash-Beispiel: Dawson, Texas, Mai 1968

Unglückliche Umstände – und Fehler

Immer wieder gibt es Unglücke, die so vermeidbar wären und deren Ursachen so banal sind, dass sie auch Insider sprachlos machen. Dazu gehört der Absturz einer Lockheed Electra der Braniff Airlines auf einem Inlandsflug von Houston nach Memphis im Mai 1968. Zu jener Zeit war die Braniff eine der größten und angesehensten Fluglinien in den USA. Bei dem Crash starben außer der Besatzung 80 Passagiere. An jenem Tag tobte ein schweres Gewitter, eine große Gewitterfront, vor der der Meteorologe die Besatzung schon bei der Vorbesprechung am Boden gewarnt hatte. Insofern herrschten auch hier die für viele Crashs typischen unglücklichen »Umstände«. Doch alle anderen Maschinen, die an diesem Nachmittag im Luftraum über dem Süden der USA unterwegs waren (und das waren nicht wenige), erreichten sicher ihr Ziel. Was war bei Braniff Flug Nummer 352 anders? Der Kapitän hatte gegen den Rat des Fluglotsen und anders als alle (!) anderen Piloten beschlossen, die Gewitterfront zu durchfliegen (nach einer »Lücke« zu suchen). Während alle übrigen Maschinen das »Monstergewitter« östlich umgingen und einen entsprechenden Umweg nach Dallas in Kauf nahmen, steuerte die Maschine nach Westen, in der Hoffnung, dort ein Loch in dem tobenden Sturm zu entdecken. Der Voicerecorder zeichnete in den letzten Flugminuten Folgendes auf:

Dialog im Cockpit

KAPITÄN: »Das sieht wie ein Loch aus, siehst du, da oben ...«
KOPILOT: »Yeah ...«

Um 16:41 Uhr werden die Passagiere vom Kapitän gebeten, das Rauchen einzustellen und sich anzuschnallen, für den Fall »dass wir durch ein etwas ruppigeres Gebiet müssen«. Es wird langsam holprig.

Um 16:46 Uhr fragt der Fluglotse in Dallas, der ausdrücklich vor dem Gewitter gewarnt und erfolglos vorgeschlagen hatte, nach Osten auszuweichen: »352, glauben Sie, dass das Gebiet, in das Sie gerade hineinfliegen, frei ist, oder haben Sie da eine Lücke gesehen?«

KOPILOT: »… es ist nicht frei, aber wir denken, dass wir da eine Lücke sehen … Haben Sie irgendwelche Berichte über Hagel in diesem Gebiet?« [Hagel ist extrem gefährlich, auf dem Wetterradar aber nicht sichtbar.]

FLUGLOTSE: »Nein, Sie sind diejenigen, die [der Front] am nächsten gekommen sind. Ich kann Ihnen da nicht helfen, da kann keiner helfen, ich habe keinen versucht dazu zu bringen, [diese Front] zu durchfliegen … sie sind alle nach Osten ausgewichen …«

KAPITÄN *(eine Antwort des Kopiloten abwürgend):* »Nein, rede mit dem nicht so viel. Ich habe seine Gespräche zu diesem Thema gehört. Der versucht doch nur, uns dazu zu bringen zuzugeben, wir hätten hier einen Fehler gemacht, als wir versucht haben, hier durchzufliegen.«

KOPILOT: »… aber da sieht es für mich wirklich schlimm aus …«

Das Ende

Inzwischen werden die Turbulenzen immer heftiger. Der Kapitän – übrigens ein »46-jähriger Veteran« mit 17 Jahren Flugerfahrung[3] – fliegt unbeirrt weiter. Mitten im Gewitter ist es schlagartig dunkel. Um 16:47 Uhr ertönt wegen der heftigen Schläge, die inzwischen auch die Elektrik beeinflussen, ein Warnton des Fahrwerks. Schließlich versucht der Pilot doch noch, mitten in der Gewitterfront umzukehren. In der 180-Grad-Wende erfasst um 16:47:30 Uhr eine Turbulenz das Flugzeug und dreht die Maschine auf den Rücken. Nach einigen hektischen Manövern bricht sie um 16:47:42 Uhr auseinander.

Totales kommunikatives Versagen

Im offiziellen Untersuchungsbericht der nationalen Flugsicherheitsbehörde wird es später heißen, es habe keine Probleme mit den Kommunikationssystemen gegeben und der Funkkontakt sei bis zuletzt intakt gewesen.[4] Stimmt, die Kommunikationstechnik hat funktioniert. Und doch hat man es mit kommunikativem Versagen zu tun – vor allem mit einem Kapitän, der hartnäckig alle Warnungen in den Wind schlägt, weder auf Kopiloten noch Lotsen hört, und mit einem Kopiloten, der es nicht schafft, sich gegen seinen Chef durchzusetzen. Draußen tobt ein

Inferno, und man »denkt«, dass man eine Lücke sieht? Es geht um Dutzende von Menschenleben, und eine Diskussion über mögliche Hagelgefahr wird mit einem »Rede nicht so viel, der will doch nur, dass wir Fehler zugeben« einfach abgewürgt? Der Kopilot befürchtet, die Entscheidung könnte falsch (und damit lebensgefährlich) sein und begnügt sich mit einer zögernden Andeutung (»sieht ... aber schlimm aus«)? Das ist kaum weniger absurd als der Entenwitz im Eingangsbeispiel.

CRASH-WARNUNG

Wenn die Kommunikation nicht klappt, klappt bald so einiges nicht mehr. Kommen in Ihrem Unternehmen Mitarbeiter zu Wort? Werden ihre Hinweise ernst genommen?

Ein Unternehmensbeispiel: Grundig – der Niedergang einer Traditionsmarke

Max Grundig: der Patriarch

»Wofür können Sie denn schon Verantwortung tragen? Vielleicht für Ihr Einfamilienhaus, aber nicht für den Konzern. Der gehört doch mir.«[5] So Max Grundig Anfang der 1980er-Jahre angeblich zum Vorstand der Grundig AG – zu einer Zeit, als die Umsätze des Unternehmens aufgrund der Konkurrenz aus Fernost drastisch einbrachen. Mit dem Namen Grundig ist eine beispiellose Erfolgsgeschichte verbunden, die 1945 mit dem Radio-Gerätebausatz »Heinzelmann« begann. Ab 1951 produzierte man auch Fernseher. Das Unternehmen wuchs rasend schnell und war bald der größte Hersteller von Rundfunkgeräten in Europa. Ende der 1970er-Jahre beschäftigte Grundig fast 40 000 Mitarbeiter in 30 Fabriken. Dann setzte ein unaufhaltsamer Niedergang ein. Günstige Produkte japanischer Herkunft überschwemmten den Markt – eine Gefahr, die Max Grundig zunächst als »reine Legende« abtat. Schließlich betreibe er »First-Class-Fabriken«, während »viele japanische Betriebe wie Klitschen« aussähen.[6]

Ende einer Ära

Der Firmenpatriarch behielt das Ruder im Unternehmen weiter fest in der Hand, auch nachdem die Grundig-Werke GmbH längst in die Grundig AG umgewandelt worden war (1972). Die Anteilsmehrheit übertrug der Gründer an eine eigens dafür ins Leben gerufene Max-Grundig-Stiftung. Präsident der Stiftung: Max Grundig. Vorsitzender des Aufsichtsrats der AG: Max Grundig.[7] Der Rest ist schnell erzählt: Aufgrund anhaltender wirtschaftlicher Schwierigkeiten fusionierte Grundig Anfang der 1980er-Jahre mit dem niederländischen Philips-Konzern, der 1984 seine Beteiligung erhöhte. Firmengründer Max Grundig musste die Leitung abgeben. 1998 stieg Philips zugunsten eines bayerischen Konsortiums wieder aus, 2003 musste Grundig Insolvenz anmelden, nachdem die Banken die Kreditlinien nicht mehr verlängerten. Der insolvente Konzern wurde zerschlagen, große Teile gingen an eine türkische Holding. Heute werden unter dem Namen »Grundig« in der Türkei Flachbildfernseher produziert. In Nürnberg, wo zeitweise mehr als 20 000 Menschen für Grundig arbeiteten, kümmern sich heute nur noch einige Hundert um Marketing und Vertrieb.[8]

Die Folgen destruktiver Kommunikation

Für den Niedergang des Traditionsunternehmens gibt es sicher eine Reihe von Gründen, darunter die Billigkonkurrenz aus Fernost, auf die man erst mit großer Verspätung und dann auch nicht gerade glücklich reagierte (beispielsweise mit einer ganzen Reihe unterschiedlicher Videosysteme, die der etablierten VHS-Norm nicht mehr Paroli bieten konnten). Doch wenn die in der Presse kolportierten Zitate stimmen, war der herrische Kommunikationsstil des Gründers zumindest Mitursache dafür, dass das Unternehmen wie ein unbeweglicher Tanker unaufhaltsam auf die Pleite zutrieb. Wie viele Ideen, wie viel Engagement kann man noch von Vorständen erwarten, denen man ruppig sagt, sie könnten allenfalls für ihr Häuschen daheim Verantwortung tragen? Wie mutig müssen Mitarbeiter sein, um in einem solchen Klima noch vor Gefahren zu warnen und Verbesserungsvorschläge einzubringen? Wie viel Widerspruch kann ein Vorgesetzter dann wohl erwarten, selbst wenn er sich in wichtigen Unternehmensfragen völlig verrannt hat? Wenn in einem Unternehmen sachliche Diskussionen unmöglich gemacht, wenn Einwände und Bedenken abgewürgt, neue Ideen ausgebremst und Mitarbeiter mundtot gemacht werden, ist das gefährlich. Killerphrasen sind ein verbreitetes, aber nicht das einzige Indiz für destruktive Kommunikation.

»Destruktive Kommunikation« – der Crash beginnt beim Reden

Teneriffa: ein Paradebeispiel für destruktive Kommunikation

Was meine ich mit destruktiver Kommunikation? Um diese Frage zu beantworten, kehren wir kurz noch einmal an den Anfang des Buches zurück: zum verheerenden Crash auf Teneriffa Ende der 1970er-Jahre, bei dem im Nebel auf der Startbahn des Flughafens Los Rodeos zwei Jumbos zusammenstießen und fast 600 Menschen starben. Die Bedingungen damals waren zweifellos schwierig – der kleine Flughafen der Kanareninsel war überfüllt, die Sicht war miserabel. Andererseits wussten beide Besatzungen, dass ihre Maschinen in unmittelbarer Nähe auf eine Starterlaubnis warteten, im Cockpit saßen erfahrene Piloten und alle technischen Kommunikationssysteme waren intakt. Zu dem Unglück kam es nicht, weil Technik versagte oder weil es nebelig war, sondern weil die Kommunikation der Beteiligten nicht klappte. Schon eingangs habe ich gefragt:

Was wäre wenn ... Alternativvorschläge

1. Was wäre passiert, wenn der Kopilot der KLM-Maschine seinem Kapitän, der starten wollte, widersprochen hätte (»Ich halte das für zu gefährlich!«)?
2. Was wäre passiert, wenn die orientierungslose Cockpitmannschaft der Pan Am-Maschine bei der Flugsicherung Alarm geschlagen hätte (»Wir sind noch auf der Bahn!«)?
3. Was wäre passiert, wenn der KLM-Kapitän beim schwer verständlichen und daher unklaren Kommando der spanischen Flugsicherung nachgefragt hätte (»Das heißt: Wir haben Starterlaubnis?«)?
4. Was wäre passiert, wenn die KLM sicherheitshalber nachgefragt hätte, ob die Piste definitiv frei ist (»Hat Pan Am 1736 die Piste verlassen?«)?
5. Was wäre passiert, wenn der Pilot der KLM für alle hörbar (und damit automatisch auch für die Pan Am-Besatzung) gesagt hätte: »KLM 4805 – beginne mit dem Start!«?

Nichts von alledem geschah; vermutlich weil die Beteiligten … **Hinderungsgründe**

- Angst hatten, einer Autorität zu widersprechen (1.),
- das Gesicht wahren wollten und daher Unwissen oder Unsicherheit nicht zugeben mochten (2. und 4.),
- lieber das hörten, was sie hören wollten, statt noch einmal nachzuhaken (3.),
- es für überflüssig hielten, die anderen deutlich über ihr Tun zu informieren (5.).

Hand aufs Herz: Wie oft läuft es im Unternehmensalltag ganz ähnlich? Ich wage die Wette, dass Sie nur an das letzte Abteilungsmeeting zurückdenken müssen, und Ihnen werden zumindest zwei, drei vergleichbare Beispiele einfallen. Kennzeichnend für »destruktive« Kommunikation sind in meinem Verständnis Verhaltensweisen wie ängstliche Zurückhaltung, Verschweigen von Bedenken oder Absichten, Opportunismus, schwammige Andeutungen, übereilte Interpretationen, Zurückhalten von Informationen, darüber hinaus auch Drohungen oder Einschüchterungsversuche, Unterstellungen und persönliche Angriffe. »Konstruktiv« wäre dagegen der offene, respektvolle und lösungsorientierte Umgang miteinander – ein Ideal, dem die Praxis nur selten entspricht. Meistens steckt hinter Crash-Kommunikation noch nicht einmal böse Absicht, etwa das Interesse, Karrierekonkurrenten »auflaufen zu lassen«. Vielmehr finden wir regelmäßig Gewohnheiten oder schlicht mangelndes Problembewusstsein vor. Reden kann doch schließlich jeder, oder?

Formen destruktiver Kommunikation

Wie Kommunikation (nicht) funktioniert

Wenn wir uns nicht gerade im fremdsprachigen Ausland oder mitten im Ehekrach befinden, ist Kommunikation in unserem Alltagsverständnis eine einfache Angelegenheit: Wir kleiden unser Anliegen in Sprache und gehen ganz selbstverständlich davon aus, dass unser Gegenüber versteht, was wir »meinen«. Diesem Alltagsdenken entspricht ein stark vereinfachendes Kommunikationsmodell: Hier packt ein Sender (S) eine Botschaft (B) in Worte, denen ein Empfänger (E) eben diese Botschaft entnimmt. Verwenden beide denselben »Kode« und sen-

Containermodell der Kommunikation

den / empfangen auf demselben Kanal, kann eigentlich nichts schiefgehen:

Vereinfachendes Kommunikationsmodell

> Gemeinsamer Kode
> **Sender (S) → Botschaft (B) → Empfänger (E)**
> Gemeinsamer Kommunikationskanal

In der Sprachwissenschaft nennt man diese Vorstellung ein »Containermodell« der Kommunikation. Die Wissenschaftler haben sich längst von dieser naiven Vorstellung verabschiedet, denn Kommunikation ist deutlich komplexer. Welche Faktoren spielen hierbei eine Rolle?

1. BEDEUTUNGSVIELFALT

Das »Vier-Ohren-Modell«

Das Containermodell geht von einer unmissverständlichen Botschaft aus, einer eindeutigen, klaren Bedeutung. Sprache ist aber nun mal nicht eindeutig. Sie müssen sich nur eine normale deutsche Durchschnittsfamilie vorstellen. Glauben Sie wirklich, dass alle Familienmitglieder unter »Ordnung, Pünktlichkeit, Fleiß« oder einfach unter »Ruhe« auch nur annähernd das Gleiche verstehen? Jedes einzelne Wort kann schon unterschiedlich interpretiert werden (und das wird es ja auch häufig). Nun bilden wir aber aus diesen mehrdeutigen Worten auch noch ganze Sätze. Wen überrascht es da noch, dass diese Sätze dann ganz unterschiedlich wirken können?

Der Hamburger Psychologe Friedemann Schulz von Thun hat das in seinem bekannten »Vier-Ohren-Modell« virtuos erklärt. Jede Äußerung enthält neben der *Sachaussage* auch einen *Appell* an den Empfänger; sie sagt außerdem etwas darüber aus, wie es dem Sender geht *(Selbstaussage)*; und sie definiert die *Beziehung* der beiden Gesprächspartner.

Beispiele für die Bedeutungsvielfalt von Sprache

In Kommunikationsseminaren wird das gerne mit dem Standardbeispiel des (männlichen) Beifahrers erläutert, der sagt: »Du, da vorn ist grün.« (Sachaussage: »Die Ampel steht auf

Grün«; möglicher Appell: »Gib Gas!«; Selbstaussage: »Ich habe es eilig« oder »Ich könnte viel besser Auto fahren als du«; Aussage über die Beziehung: »Ich sage dir, wie du Auto zu fahren hast!«) Wie wird die (weibliche) Fahrerin wohl reagieren? Dieses stereotype Seminarbeispiel verstellt schon fast den Blick dafür, wie universell der Effekt wirkt. Wenn beispielsweise der Kopilot der Braniff-Maschine mit Blick auf die Gewitterfront zögerlich sagt: »... aber da sieht es für mich wirklich schlimm aus ...«, steckt darin neben der Gefahreneinschätzung ein Appell (»Wollen wir nicht doch lieber umkehren?«), eine Selbstaussage (Besorgnis) und ein Hinweis auf die Beziehung (»Ich deute mal vorsichtig etwas an; das Sagen haben natürlich Sie als Kapitän.«).

Gleichzeitig wird deutlich, wie groß der Interpretationsspielraum eines eigentlich simplen Satzes ist: Der Kapitän kann diese Nebenbedeutungen aufgreifen, in der Stresssituation ungewollt überhören oder auch bewusst ausblenden. Der Empfänger entscheidet, auf welchem Ohr er hört. Leider trifft er diese Entscheidung meist unbewusst. Wir blenden drei von vier Botschaften aus. Achten Sie doch mal darauf, welches Ihr Lieblingsohr ist. (Kleiner Tipp: Ganz selten ist es das Sachohr.) Verändert sich Ihr Lieblingsohr, wenn Sie unter Stress geraten? Haben Sie vielleicht für verschiedene Menschen ein bestimmtes Lieblingsohr?

Interpretation durch den Empfänger

2. KOMPLEXE AUSDRUCKSMITTEL

Ebenso gerne wie das »Vier-Ohren-Modell« wird eine Untersuchung des US-Psychologen Albert Mehrabian zitiert, der zufolge nur 7 Prozent der Bedeutung einer Botschaft verbal, also durch die Worte an sich, 38 Prozent durch die Stimmlage und 55 Prozent nonverbal (durch Gestik, Mimik, Körperhaltung) erzeugt würden.[9] Dass Mehrabian speziell die Wirkung von Präsentationen vor Publikum untersuchte, wird dabei selten erwähnt, wenn man von der »55-38-7-Regel« spricht. Dennoch wissen wir alle, dass nonverbale Mittel die verbale Aussage sogar ins exakte Gegenteil verkehren können. Das ist zum Beispiel bei ironischen Äußerungen so. Wenn Sie es nur entsprechend betonen, kann

Die »55-38-7-Formel«

in dem Satz »Bei diesem Projekt haben Sie sich wirklich selbst übertroffen!« eine vernichtende Kritik stecken. Wir empfangen und senden Bedeutungen auf ganz vielen Wegen, über Betonungen, Lautstärke, Stimmqualität, Gesichtsausdruck, Körperhaltung, durch Einbeziehung der aktuellen Situation. Hätte der Kopilot losgebrüllt: »Aber da sieht es für mich wirklich schlimm aus!«, mit angstverzerrtem Gesicht und abwehrend hochgerissenen Händen, wäre die Botschaft eine andere gewesen und der Appell zur Umkehr vielleicht angekommen.

> **ANTI-CRASH-FORMEL**
>
> *Zwischenmenschliche Kommunikation ist alles, nur nicht eindeutig. Wir verwenden bewusst und unbewusst zahlreiche Ausdrucksmittel. Die Kehrseite dieser Vielfalt: Vieldeutigkeit und Fehleranfälligkeit.*

3. DOMINANZ DER BEZIEHUNGSEBENE

Die Beziehung bestimmt den Inhalt

Wie Schulz von Thun betont auch der Philosoph und Sprachwissenschaftler Paul Watzlawick, dass jede Äußerung etwas über die Beziehung der Gesprächspartner aussagt. Watzlawick lenkt jedoch die Aufmerksamkeit darauf, dass der Beziehungsaspekt im Zweifelsfall stärker wirkt: »Jede Kommunikation hat einen Inhalts- und einen Beziehungsaspekt, derart, dass letzterer den ersteren bestimmt«.[10] Wir kennen das im Alltag, wenn gute Argumente auf taube Ohren stoßen, weil man sich zuvor »im Ton vergriffen« hat. Und wir berücksichtigen das instinktiv, wenn wir auf einen »guten Zeitpunkt« warten, um beim Chef oder zuhause am Esstisch einen heiklen Punkt zur Sprache zu bringen. Wenn die Beziehungsebene stimmt, kommen Sachinformationen eben besser an. Stimmt sie nicht, ist die Kommunikation insgesamt gestört.

Fatale Zurückhaltung

Wie extrem dieser Effekt sein kann, zeigt der Fall des Avianca-Absturzes 1990, den wir im ersten Kapitel schildern. Sie erinnern sich vielleicht: Die Maschine kam aus Medellin und wurde wegen schlechten Wetters von der Flugaufsicht des New Yorker Zielflughafens in mehrere Warteschleifen dirigiert. Anschließend missglückte der erste Landeanflug, und die Maschine musste durchstarten. Obwohl der Treibstoff inzwischen fast aufgebraucht war, schaffte es der kolumbianische Kopilot nicht, dem energisch auftretenden Fluglotsen am Kennedy Airport deutlich zu machen, wie verzweifelt die Lage war. Er bestätigt weiter eilfertig dessen Anweisungen und begnügt sich mit vorsichtigen Andeutungen: »Climb and maintain three thousand, and ah, we're running out of fuel, sir.« (»Wir gehen auf 3000, und äh, wir haben nur noch wenig Treibstoff.«) Da das bei allen Maschinen kurz vor der Landung der Fall ist, hört sich das für den Fluglotsen wenig dramatisch an. Irgendwann scheint der Kopilot ganz aufzugeben und antwortet auf die insistierende Nachfrage des Kapitäns (»What did he say?«) nur noch: »The guy is angry.«[11] Jeden Moment kann der Sprit ausgehen, und der Kopilot lässt sich von der vermeintlich schlechten Laune in der Flugüberwachung einschüchtern? Da sage noch mal jemand, im Job werde »sachlich« miteinander geredet. Offensichtlich ist das nicht einmal im Angesicht einer Katastrophe der Fall.

ANTI-CRASH-FORMEL

Stimmt die Beziehungsebene, funktioniert in der Regel auch der inhaltliche Austausch. Stimmt sie nicht, prägen beispielsweise Streit, Abneigung oder Misstrauen die Atmosphäre, sind Kommunikationspannen vorprogrammiert.

Gute Kommunikation muss man wollen

Die häufigste Form menschlicher Kommunikation sei das Missverständnis, hat ein kluger Mensch einmal gesagt. Der gegenseitige Austausch ist höchst komplex – und damit auch anfällig für Fehlinterpretationen. In der Fliegerei hat man daraus eine radikale Konsequenz gezogen: Die Kommunikation im Cockpit ist heute so weit wie möglich reglementiert und standardisiert.

Standardisierte Sprache im Cockpit

Piloten reden eben nicht, wie ihnen der Schnabel gewachsen ist; für alle denkbaren Operationen gibt es inzwischen feste Formeln. Das minimiert die Unwägbarkeiten und Missverständlichkeit des »normalen« sprachlichen Umgangs.

Konstruktive Kommunikation im Unternehmen

Der Unternehmensalltag ist zu vielfältig und bunt, als dass man wie in der Luftfahrt die Mehrdeutigkeit der Sprache so weit wie eben möglich ausschalten könnte. Doch man weiß natürlich längst, welche wichtige Rolle die funktionierende Kommunikation für den Unternehmenserfolg spielt. Jahr für Jahr werden Mitarbeiter in Tausenden von Seminaren für die Untiefen des Miteinanderredens sensibilisiert.[12] Ein Schnellkurs im »Vier-Ohren-Modell« bringt allerdings wenig, wenn das Drumherum im Unternehmen nicht stimmt. »Gute« Kommunikation muss im Unternehmen insgesamt gewollt und gelebt werden. Dabei verstehe ich unter »guter« – konstruktiver – Kommunikation eine überwiegend sach- und lösungsorientierte Kommunikation, die von Fairness und Offenheit geprägt ist. Gegenseitiger Respekt, Wertschätzung, das Bemühen, sein Gegenüber zu verstehen, sind der Nährboden, auf dem konstruktive Kommunikation gedeiht. Wenn diese Basis fehlt, kann man noch so viel über Sach- und Beziehungsebene dozieren – ändern wird das wenig.

Voraussetzung: eine positive Unternehmenskultur

Gute Kommunikation funktioniert nur eingebettet in eine positive Unternehmenskultur. Das gilt natürlich auch für Trainings- und Beratungsunternehmen. Ich kenne mehr als ein Team, in dem regelmäßig Sätze fallen wie: »Der soll sich bloß nicht so wichtig nehmen« oder »Was bildet sich der Jungspund ein?« Können Sie sich vorstellen, dass hier konstruktiv an Problemen gearbeitet wird? Glauben Sie, dass hier die Beteiligten alle Informationen sofort offenlegen oder kreativ Vorschläge machen? Oder vermuten Sie vielleicht schon nach dieser kurzen Beschreibung, dass der »Jungspund« längst auf der Suche nach einem anderen Job ist?

Wirtschaftliche Gründe für gute Kommunikation

»Gute Kommunikation« klingt für Sie wie eine typisch romantische Gutmenschenillusion, weit weg vom rauen Unternehmensalltag? Sicher: Immer fair, immer offen, das ist ein Ideal, das man bestenfalls ehrlich anstreben kann, aber nie ganz erreichen wird. Dabei geht es keineswegs um eine gemütliche Kuschelatmosphäre. Auch das Austragen von Konflikten gehört zu einer positiven Unternehmenskultur. Wer regelmäßig unter den Teppich kehrt, stolpert irgendwann über die Beulen. Deswegen führen beispielsweise Piloten im Anschluss an den Flug routinemäßig eine Nachbesprechung durch, in der auch Konflikte bereinigt werden. Darüber hinaus hat der Wohlfühlfaktor eine knallharte wirtschaftliche Komponente. »Manager unterschätzen oft, wie mieses Betriebsklima von Mitarbeitern auf die Kunden und schließlich das Geschäft durchschlägt«, stellt das *Handelsblatt* angesichts der Talfahrt von Unternehmen wie Karstadt, Ihr Platz oder Dresdner Bank fest.[13] Eine Studie der angesehenen Wharton School (University of Pennsylvania) wartet dazu mit harten Zahlen auf. Die Wirtschaftswissenschaftler befragten Mitarbeiter der *Fortune*-Liste der »100 best Companies to work for« nach dem Grad ihrer Zufriedenheit. Ergebnis: Die Aktien der Unternehmen mit zufriedenen Mitarbeitern erzielten 1998 bis 2005 im Schnitt doppelt so hohe Kursgewinne wie die Aktien von Unternehmen mit geringerer Mitarbeiterzufriedenheit.[14]

Dass Zufriedenheit sehr stark damit zusammenhängt, wie das Unternehmen mit seinen Mitarbeitern umgeht, versteht sich von selbst. Kommunikation ist dabei ein wesentlicher Faktor. Und schließlich: Faire Kommunikation ist wie eine Einzahlung auf ein Vertrauenskonto, von dem man in schwierigen Zeiten abheben kann, zum Beispiel bei Veränderungsprozessen und Auseinandersetzungen. Ein solcher »Vorschuss« ist dringend nötig – Ad-hoc-Appelle in Krisenzeiten sind fruchtlos. Oder glauben Sie etwa, dass in Rüsselsheim bei Opel irgendjemand noch einen Pfifferling auf die Worte der GM-Manager gab, die im Herbst 2009 nach dem geplatzten Magna-Deal durch Europa tourten?

ANTI-CRASH-FORMEL

Gute Kommunikation funktioniert nur eingebettet in eine positive Unternehmenskultur.

Alltägliche Kommunikationssünden

Gründe für destruktive Kommunikation

Welche Funktion hat destruktive Kommunikation im Unternehmen? Und wie kann man sie erkennen? Noch einmal: Meistens wird destruktive Kommunikation nicht bewusst und absichtlich eingesetzt. Aber ob nun bewusst oder unbewusst – pauschal gesagt, dient unfaire Kommunikation dazu,

- Kritiker mundtot zu machen,
- neue Ideen oder Veränderungen abzublocken,
- unliebsame Aufgaben oder Mehrarbeit abzuwimmeln,
- Verantwortung abzuwälzen,
- persönliche Interessen durchzusetzen,
- eigene Fehler nicht zugeben zu müssen.

Schauen wir uns an, mit welchen Mitteln diese Ziele verfolgt werden.

Killerphrasen ...

Killerphrasenkategorien

Lassen Sie die folgende Sammlung einmal auf sich wirken: Welche Formeln haben Sie selbst schon zu hören bekommen (oder auch verwendet?). Die Motive dahinter zu entdecken, erfordert vermutlich nicht viel Rätselraten.

1. »Das haben wir schon immer (noch nie) so gemacht.«
2. »Das ist aber schwierig (aufwendig, kostenintensiv, ...)!«
3. »Das hat damals auch nicht geklappt.«
4. »Das haben wir schon alles versucht!«
5. »Das haben schon ganz andere versucht!«
6. »Das ist (hier) nicht durchsetzbar.«
7. »Das funktioniert hier (in diesem Unternehmen) nicht.«
8. »Das macht der Chef garantiert nicht mit.«
9. »Es hat bisher doch auch so funktioniert.«
10. »Das schaffen wir nie!«
11. »Dafür haben wir jetzt nicht die Zeit.«
12. »Das geht im Augenblick nicht.«
13. »Ohne die Diskussion abwürgen zu wollen ...«

14. »Wir sollten das nicht überstürzen.«
15. »Kommen wir doch zum eigentlichen Thema zurück …«

16. »Das klappt schon.«
17. »Das kriegen wir schon hin.«
18. »Sie immer mit Ihren Bedenken …«
19. »Bremser und Bedenkenträger bringen uns jetzt nicht weiter.«

20. »Dafür sind wir nicht zuständig.«
21. »Das ist nicht unsere Sache.«
22. »Das geht uns nichts an.«
23. »Ich bin hier nur die Vertretung.«

24. »Das können Sie wohl kaum beurteilen.«
25. »Dafür fehlt Ihnen die Erfahrung.« / »Dafür sind Sie zu jung.«
26. »Wenn Sie sich unbedingt lächerlich machen wollen …«
27. »… und die Erde ist eine Scheibe, hahaha.«
28. »Meinen Sie das im Ernst?«
29. »Um die Sache mal objektiv zu betrachten …«
30. »An Ihrer Stelle würde ich das auch behaupten …«

Motive für bestimmte Killerphrasen

Die Sammlung ließe sich fortsetzen. Killerphrasen zielen darauf ab, das Gegenüber mundtot zu machen und unliebsame Diskussionen zu verhindern. Oft geht es dabei um die Verteidigung des Status quo (1. bis 10.), gern auch unter der Überschrift »Erst mal vertagen« (11. bis 15.), um das Abwürgen von Bedenken (16. bis 19.), das Abwimmeln von Aufgaben (20. bis 23.) oder das Einschüchtern beziehungsweise Verunsichern des anderen, dem man wahlweise mangelnde Kompetenz oder unlautere Motive unterstellt (24. bis 30.). Die Killerphrase kommt immer im Gewand des Pauschalen und patronisierend-gönnerhaft daher. Der andere wird inhaltlich nicht ernst genommen, sondern von oben herab ausgebremst: Da man keine sachlichen Gegenargumente hat, rettet man sich auf die Beziehungsebene.

Unternehmenseigene Phrasen

Neben bekannten Floskeln pflegen viele Abteilungen oder Unternehmen ihre ganz speziellen Killerphrasen. Beispiele:

31. »Das wollen unsere Kunden nicht.«
32. »Das ist mit dem Zwischenhandel nicht zu machen.«
33. »Es geht eh alles nur über den Preis.«
34. »Wir bei XY ...«
35. »Wir als Marktführer ...«

Der Niedergang der Schweizer Uhrenindustrie

Killerphrasen sind nicht nur Indiz für einen Mangel an Wertschätzung für das Gegenüber, sie sind außerdem typisch für eine innovationsfeindliche Kultur. Meist geht es darum, dass sich möglichst nichts ändern soll, nicht im Kleinen und schon gar nicht im Großen. An dieser »Bisher ging es doch auch so«-Mentalität sind viele Unternehmen (wie Grundig oder Kreidler), aber auch ganze Branchen gescheitert. Ein bekanntes Beispiel ist die Schweizer Uhrenindustrie, die in der zweiten Hälfte der 1970er-Jahre in der Bedeutungslosigkeit versank. Die Japaner eroberten mit ihren Quarzuhren den Weltmarkt. Ironie des Schicksals: Diese Technik war ursprünglich in der Schweiz entwickelt und 1970 von verschiedenen Schweizer Firmen auf der Basler Uhrenmesse vorgestellt worden. Doch die erfolgsverwöhnte Branche war felsenfest der Auffassung, dass eine »richtige« Uhr eben ein kleines Räderwerk im Innern hat und alles beim Alten bleiben soll. Die Folge: Von 1977 bis 1983 halbierte sich der Uhrenexport, der Weltmarktanteil der Schweizer sank von 43 auf 15 Prozent, 50 000 der früheren 90 000 Arbeitsplätze verschwanden.[15]

Was Killerphrasen bewirken

Killerphrasen wirken wie Denkverbote (siehe den Klassiker: »Das haben wir schon immer so gemacht.«), sie vergiften das Klima, weil sie das Gegenüber abwerten (»Das haben schon ganz andere versucht!«) und sie machen den Alltag mühsam (»Dafür bin ich nicht zuständig!«). Wenn Sie das verhindern wollen, tun Sie alles gegen Killerphrasen!

ANTI-CRASH-FORMEL

Ächten Sie Killerphrasen! Dahinter verstecken sich Denkverbote, Trägheit und Arroganz.

... und andere destruktive Formen der Kommunikation

Killerphrasen sind ein wichtiges Indiz dafür, dass im Unternehmen wenig konstruktiv miteinander geredet und so Pannen und Crashs riskiert werden. Andere Kommunikationsformen, die ähnlich verheerend wirken, aber seltener thematisiert werden:

1. SCHWEIGEN

Etliche Flugzeugunglücke wurden durch schweigende Kopiloten mitverursacht, die tatenlos zusahen, wie der Kapitän am Steuer gravierende Fehler beging (siehe Kapitel 2). Schweigen kann auch im Unternehmen ein Indiz für Unsicherheit und Angst sein. In einer solchen »Schweigekultur« fehlen die warnenden Stimmen, die es braucht, um Fehlentwicklungen zu korrigieren. Denken Sie an Philipp Daniel Merckle, der »eine Kultur der Sprachlosigkeit« mitverantwortlich dafür machte, dass sein Vater Adolf Merckle ein kaum noch durchschaubares Firmengeflecht schuf und einen Großteil seines Vermögens an der Börse verzockte. In autoritären Strukturen, in stark hierarchischen Firmenkulturen, ist diese Form des Schweigens häufig anzutreffen.

Indiz für Angst

Schweigen kann ebenso gut ein Ausdruck von Trotz und Widerstand, bestenfalls Gleichgültigkeit sein. Jeder, der schon einmal in einem Meeting Mitarbeiter oder Kollegen für seine Ideen gewinnen wollte und sich nach einem lebhaft-engagierten Vortrag einer Mauer des Schweigens gegenübersah, weiß, wovon ich rede. Man spricht wie gegen eine Wand: verschränkte Arme, Blättern in Unterlagen oder volle Konzentration auf den Blackberry, aber keinerlei verbale Resonanz. Was nonverbal rüberkommt, reicht von »Red du nur« bis »Ohne mich«. Dieses Schweigen hat eine Vorgeschichte. In Unternehmen spielen darin häufig Sparmaßnahmen, Streichen lieb gewonnener Privilegien, aber auch Enttäuschungen über Irreführungen oder nicht eingelöste Versprechen eine Rolle. Schweigen heißt also nicht immer Zustimmung. Hinter diesem trotzigen bis lethargischen Schweigen verbergen sich die etwa zwei Drittel gleichgültig-

Indiz für Widerstand

unmotivierten Mitarbeiter, von denen der Gallup Engagement Index Jahr für Jahr berichtet, und auch das knappe Achtel, das innerlich bereits gekündigt hat. Interessanterweise führen die Gallup-Forscher Mangel an Anerkennung, Interesse, Kommunikation durch den direkten Vorgesetzten als Hauptgrund für die Misere an – kurz: Schweigen.[16]

Indiz für Macht Und schließlich gibt es noch das eisige Schweigen, mit dem Mächtige ihr Gegenüber vernichten. Auch hier wird geschwiegen, doch nicht in hilflosem Trotz, sondern mit der Macht des Überlegenen. VW-Chef Ferdinand Piëch wird nachgesagt, dass er diese Form vernichtenden Schweigens als Zeichen seiner Ungnade auch gegenüber Topmanagern mit Genuss zelebriere.

> **ANTI-CRASH-FORMEL**
>
> **Schweigen, wo eine Reaktion gefragt wäre, ist ein Alarmsignal. Ob Angst, Verweigerung oder alarmierende Attacke, hängt von der Machtposition des Schweigers ab.**

2. ZUSTIMMUNG

Die Kehrseite von Zustimmung Natürlich freuen wir uns alle über Zustimmung; deswegen sind wir selten geneigt, sie zu hinterfragen. Wovon ich hier spreche, ist jedoch nicht der durchdachte und begründete Konsens, sondern das eilfertige Nicken zu allem, was einem vorgesetzt wird. Es gibt Sitzungen, in denen das Gros der Anwesenden schon zu nicken beginnt, bevor der Vorgesetzte seine Sätze überhaupt beendet hat. Theoretisch könnte sein Statement noch in die eine wie die andere Richtung gehen – egal, man ist mit allem einverstanden. Opportunismus, Resignation, Gleichgültigkeit, persönliche Karriereambitionen, Mangel an eigenen Ideen: All das kann hinter dieser reflexhaften Zustimmung stecken. Für Mann oder Frau an der Spitze ist das zunächst ganz angenehm. Nur: Viel bewegen kann man mit so einem Jasagerclub selten.

> **ANTI-CRASH-FORMEL**
>
> Werden Sie misstrauisch bei allzu eilfertiger Zustimmung – vielleicht stecken hinter dem schnellen Konsens ganz andere Gründe?

3. JAMMERN UND KLAGEN

»Der einzige Mist, auf dem nichts wächst, ist der Pessimist.« Ich mag diesen Spruch, weil er drastisch vor Augen führt, was Jammern und Schwarzsehen in der Sache bringt: nämlich nichts. Gut, es mag den Jammernden kurzfristig entlasten, wenn er seinem Herzen Luft macht, aber einer Lösung bringt es ihn (und das Unternehmen) keinen Deut näher. Die Energie, die man fürs Jammern braucht, könnte man nutzbringender anders einsetzen. In Unternehmen hierzulande wird gern und viel gejammert, und zwar auf allen Ebenen: über den ungerechten Chef, die hohen Steuern und die niedrigen Gehälter, das Kantinenessen und das Wetter (zu heiß, zu trocken, zu kalt, zu nass), die überzogenen Vorgaben aus dem Vorstand, die böse Billigkonkurrenz aus Fernost, die Idioten in der Entwicklungsabteilung (im Produktmanagement, im Vertrieb, im Lager …) und so weiter und so fort.

Jammern als Lieblingsbeschäftigung

Das mag bis zu einem gewissen Punkt menschlich sein. Gefährlich wird es, wenn es zum bevorzugten Gesprächsinhalt in den Büros und Produktionshallen wird und in jeder Suppe zwanghaft nur noch die Haare gesucht werden. Dann lähmt das (leider oft ansteckende) Gemecker und Gejammer die Tatkraft, verstellt den Blick für Chancen und absorbiert einen unverhältnismäßigen Teil der Aufmerksamkeit. Wohin Jammern führen kann, zeigt der Fall der beiden Northwest-Piloten, die so in eine Diskussion über Arbeitsregelungen ihres Arbeitgebers vertieft waren, dass sie am Flughafen Minneapolis glatt vorbeiflogen (Kapitel 5). Dass es dabei um Lobeshymnen ging, ist kaum anzunehmen.

Gefahren des Jammerns

> **ANTI-CRASH-FORMEL**
>
> Passen Sie auf, dass vor lauter Jammern Ziele und Lösungen nicht aus dem Blick geraten.

4. LIPPENBEKENNTNISSE, LÜGEN, DROHUNGEN

Was Lippenbekenntnisse anrichten (können)

Es gibt Sätze, die meist nur ein müdes Grinsen provozieren: »Die Mitarbeiter sind unser höchstes Gut.« »Der Kunde steht bei uns im Mittelpunkt.« »Wir gehen offen und fair miteinander um.« »Querdenker gefragt.« Das sind einfach nur vage Absichtsbekundungen, oft ohne Erdung in der Wirklichkeit – Lippenbekenntnisse eben, auf die allenfalls naive Zeitgenossen hereinfallen. Auf den ersten Blick schaden sie wenig, auf den zweiten unterminieren sie das Vertrauen in die Kommunikationskultur im Unternehmen. Wenn so schludrig mit der Wirklichkeit umgegangen wird, wie ernst soll man dann alles andere nehmen, das täglich gesagt und behauptet wird? Der Übergang vom Lippenbekenntnis zur taktischen Lüge ist fließend (»Nein, wir denken nicht daran, Personal abzubauen.« »Nein, das Unternehmen wird nicht verkauft.«). Häufig glaubt das Management, zu einem bestimmten Zeitpunkt keine andere Wahl zu haben – man will die Belegschaft nicht »kopfscheu« machen oder nicht mit Vorläufigkeiten an die Öffentlichkeit gehen. Dabei wird häufig der Grad der Demotivation und der Vertrauensverlust unterschätzt, der sich einstellt, sobald die Katze dann doch aus dem Sack ist. Reiner Wein zur rechten Zeit (oder auch das Eingeständnis, dass die weitere Entwicklung noch nicht absehbar ist) wirkt weniger destruktiv.

Wie Drohungen wirken

Und dann gibt es noch die Abteilungen, in denen ein wahres Schreckensregiment herrscht und Drohungen, Einschüchterungen oder Bloßstellungen an der Tagesordnung sind. »Ich mache Sie fertig.« »Das werden Sie noch bereuen!« »Wenn Sie dem nicht zustimmen, sorge ich dafür, dass Sie hier kein Bein mehr auf die Erde kriegen.« Solche Sätze fallen normalerweise in unbeobachteten Zweisituationen (es soll Leute geben, die gerne den Fahrstuhl dafür nutzen). Aber wer öffentlich bekundet, es sei mal wieder Zeit »jemanden ans Scheunentor zu nageln«, nimmt auch in Meetings kein Blatt vor den Mund.

»Crash-relevant« sind solche Kommunikationsmuster, weil sie – genau wie Killerphrasen – mundtot machen, Einwände und Kritik verhindern, Veränderungen blockieren. In einer zunehmend komplexen und schnelllebigen Wirtschaft ist das auf Dauer verheerend. Niemand ist mit Unfehlbarkeit gesegnet, und auch autoritäre »Alleinherrscher« irren sich früher oder später. Die negativen Folgen überstrapazierter Hierarchien waren ja in Kapitel 2 unter dem Stichwort »Machtdistanz« bereits Thema.

Verheerende Folgen

> **ANTI-CRASH-FORMEL**
>
> Lippenbekenntnisse, Lügen oder gar Drohungen gefährden auf die Dauer den Unternehmenserfolg: Das Engagement sinkt, Korrektive werden ausgeschaltet und Innovationen blockiert.

Professionelle Kommunikation im Unternehmen

Mit gutem Beispiel voranzugehen und im Alltag selbst möglichst ohne Killerphrasen, gleichgültiges Schweigen, Opportunismus, folgenlose Jammerei oder gar Drohungen auszukommen, ist zweifellos ein guter Vorsatz. Führungskräfte sollten nicht unterschätzen, wie stark ihr eigenes Auftreten den »Abteilungston« prägt. Daneben gilt: Wer sensibel ist für die Untiefen der Kommunikation, kann gelassener reagieren und Kommunikationsklippen besser umschiffen. Außerdem helfen ein paar praktische Instrumente dabei, sachlicher und lösungsorientiert miteinander zu reden.

Vorteile fairer Kommunikation

7 goldene Regeln für gegenseitiges Verstehen

»Eigentlich« wissen wir ja, wie schwierig es oft ist, Misstöne und Missverständnisse zu vermeiden. Trotzdem ärgern die meisten Menschen sich öfter, als ihnen lieb ist, und sagen im Eifer des Gefechts Dinge, die ihnen später leid tun. Zu mehr Gelassenheit und Souveränität in der Kommunikation verhelfen folgende »Regeln« und Überlegungen.

1. JEDER LEBT IN SEINER WELT

Den anderen »sehen«

Jeder von uns schleppt ein Päckchen von Prägungen, Wahrnehmungsweisen, Erfahrungen, Glaubenssätzen und Wertvorstellungen mit sich herum. Gehen Sie also nicht davon aus, dass die Welt Ihres Gegenübers sich mit Ihrer eigenen deckt. Was der eine für einen »sachlichen Hinweis« hält, ist für den anderen vielleicht schon eine herbe Kritik. Und was der eine ganz selbstverständlich »gemeint« hat, geht am Gegenüber möglicherweise vorbei, weil es vor einem anderen Erfahrungshorizont gedeutet wird.

2. ALLES, WAS MAN SAGT, KANN MISSVERSTANDEN WERDEN

Beständig auf der Hut sein

… selbst eine arglose Bemerkung übers Wetter (»Sind wir jetzt schon so weit, dass wir uns in solchen Small Talk flüchten müssen?«). Denken Sie an die Geschäftigkeit des New Yorker Fluglotsen, die der eingeschüchterte Kopilot der Crash-Maschine als »Ärger« deutete.

3. 90 PROZENT DER KOMMUNIKATION VERLAUFEN NONVERBAL

Auf nichtsprachliche Signale achten

… und zwar über Gestik, Mimik, Stimme, Betonung, Distanzverhalten und Körperhaltung. Wenn ein Vorgesetzter die Schilderung eines Vorhabens beispielsweise mit »Noch Fragen?« beendet, kann das mit der entsprechenden Körpersprache von einer freundlichen Einladung bis zur Einschüchterung alles bedeuten.

4. MAN KANN NICHT NICHT KOMMUNIZIEREN

Das ist sicherlich der meistzitierte Satz von Paul Watzlawick. Jedes Verhalten wird kommunikativ gedeutet – auch das »Nichtverhalten«. Ob Sie grüßen oder nicht, reden oder schweigen, Blickkontakt halten oder vermeiden: Sie können gar nicht anders, als Signale auszusenden.

Sie kommunizieren immer!

5. ES GEHT NIE NUR »UM DIE SACHE«

Dass es im Job »sachlich« zugeht, ist ein hartnäckiger Mythos. Statusüberlegungen, Eigeninteresse und die Angst vor Gesichtsverlust laufen immer mit. Deshalb ist es durchaus ein Unterschied, ob Kritik unter vier Augen oder öffentlich geäußert wird. Und genau aus diesem Grund ist der beliebte Satz »Das geht ja nicht gegen Sie persönlich!« nichts als eine hohle Phrase.

»Sachlichkeit« ist ein Märchen

6. EMOTIONEN SIND STÄRKER ALS DIE RATIO

Sie können noch so sehr recht haben – wenn die Beziehungsebene nicht stimmt, wird Ihnen das nichts nützen. Wer bemüht ist, seinen Selbstwert zu retten, diskutiert weder »sachlich«, noch ist er in der Lage zu lösungsorientierten Vorschlägen. Oder haben Sie noch nie gedacht: »Mit *dem* nicht!«? Dann sind Ihnen sicher auch Retourkutschen, auf stur schalten, den anderen vorführen und ähnliche Verhaltensweisen völlig fremd …

Emotionen zählen doppelt

7. HINTER JEDEM VERHALTEN STECKT EIN MOTIV

… auch wenn es für den Adressaten nicht gleich erkennbar ist. Vielleicht wehrt sich jemand mit Händen und Füßen gegen ihren »vernünftigen« Vorschlag, weil er ihn »nach oben« nicht vermitteln kann? Vielleicht ist er nur so stur, weil Sie das letzte Mal seinen Vorschlag abgelehnt haben? Oder er muss Gegenargumente finden, weil er von vornherein einen anderen Partner favorisiert hat.

Den anderen durchschauen

Wer sich immer wieder klarmacht, dass er oder sie selbst wie auch das Gegenüber diesen Mechanismen unterliegt, wird möglicherweise in Stresssituationen oder bei Meinungsunterschieden gelassener reagieren und gelegentlich über den eigenen Schatten springen.

> **ANTI-CRASH-FORMEL**
>
> Wer die Untiefen der Kommunikation kennt, bleibt in heiklen Situationen gelassener.

Nützliche Instrumente gegen Denkverbote und Killerphrasen

Jeder von uns will das Gesicht wahren, seinen Status verteidigen, gut dastehen, eigene Ziele verwirklichen. Das macht es manchmal schwer, Einwände nicht mit Killerphrasen abzubügeln und Neuerungen offen anzunehmen. Ein paar praktische Instrumente helfen gegen alte Gewohnheiten.

1. KILLERPHRASEN BRANDMARKEN

Rezepte für den Einzelnen

Wie Sie sich als Einzelner gegen Killerphrasen am besten wehren, können Sie in vielen Büchern nachlesen: Sie können sie lächelnd an sich abprallen lassen und ignorieren. Sie können sie als Killerphrase brandmarken (»Das ist eine Killerphrase, die uns hier nicht weiterbringt.«). Eine andere Möglichkeit ist, mit einer Gegenfrage zu kontern (»Das geht nicht.« → »Was genau spricht dagegen?« »Dafür fehlt Ihnen die Erfahrung.« → »Was sollte ich denn Ihrer Ansicht nach berücksichtigen?«).

Rezepte für die Gemeinschaft

Wenn man den Abteilungston insgesamt verändern will, kann man sich auf Spielregeln einigen. Beispiel: Immer, wenn eine Killerphrase fällt, wird ein Euro in die Killerphrasenkasse fällig. Mit jeder Sitzung wechselt der »Kassenwart«. Oder: Der Moderator der Sitzung zeigt die gelbe Karte. Nach zwei Gelben gibt es Rot, das heißt Sprecherwechsel. Wenn Ihnen das zu albern ist, probieren Sie doch Folgendes: Notieren Sie die beliebtesten Killerphrasen der Abteilung auf einem Flipchart und hängen sie dies gut sichtbar im Besprechungsraum auf. Sie werden überrascht sein, wie häufig und wie wirksam auf dieses Poster verwiesen werden wird.

2. DENKVERBOTE AUFHEBEN

Denkhüte als Anregung

Damit Unternehmen und Abteilungen sich weiterentwickeln können und nicht in überholten Verfahrensweisen und Anschauungen erstarren, dürfen »Abweichler« nicht von vornherein geächtet werden. Eine bewährte Methode, neue Ideen und Sichtweisen zuzulassen, sind die »Denkhüte« des Mediziners Edward de Bono. Die Gesprächspartner schlüpfen dabei in verschiedene Rollen, je nachdem, welchen »Hut« sie gerade tragen. Schwarz steht dabei für kritisches Denken (Nachteile, Risiken, Probleme), Gelb für Optimismus (Vorteile, Chancen), Weiß für strenge Faktenorientierung (Tatsachen, Zahlen, Daten), Rot für die emotionale Komponente (Gefühle, Intuition, Meinungen), Grün für Kreativität (neue Ideen, Provokatives, Verrücktes) und Blau schließlich für die ordnende Vogelperspektive, die alle anderen Sichtweisen einbezieht (etwa als Moderator oder am Schluss einer Diskussion).[17] Zur Markierung der Rollen müssen Sie natürlich keine Hüte basteln, eine Farbkarte tut es auch. Früher gab es den Hofnarren, der ganz bewusst einen anderen Hut trug. Heute lohnt es sich, gerade bei Richtungsentscheidungen und wichtigen strategischen Fragen, eingefahrene Gleise gezielt zu verlassen. Dabei kann die ganze Gruppe gemeinsam den Hut wechseln (also erst »weiße«, dann »rote«, dann »grüne« Aspekte diskutieren) oder die Rollen unter sich aufteilen.

Brainstorming als Anregung

Brainstormings zielen in eine ähnliche Richtung: Auch hier geht es darum, Ideen und Gedanken ohne »Zensur« äußern zu können und voreilige Bewertungen oder Abwertungen von Äußerungen zu vermeiden. Die Hutmethode hat darüber hinaus den Vorteil, dass sie mit der Zuweisung von deutlich markierten Rollen einen distanzierteren Umgang mit Positionen erlaubt.

3. ANTENNEN AUSFAHREN – MITARBEITERWISSEN NUTZEN

Das Potenzial der Mitarbeiter sehen

»Bremser« und »Bedenkenträger« haben einen schlechten Ruf in Unternehmen. Sobald ein Satz mit »Ja, aber ...« beginnt, schalten manche Führungskräfte auf Durchzug. Dabei ist zweifellos eine schwierige Gratwanderung gefragt: Man muss bloße Nörgeleien und Bequemlichkeiten von berechtigten Warnungen unterscheiden. Viel ist schon gewonnen, wenn Führungskräfte sich von Überlegenheits- und Macherfantasien verabschieden, die so mancher mit der Führungsrolle verbindet (alles wissen, alles können und immer den Ton angeben – natürlich höflich verpackt und gewünscht »kooperativ«). Die meisten Aufgaben und Arbeitsgebiete sind heute viel zu komplex, als dass eine Führungskraft Detailprobleme auch nur annäherungsweise übersehen könnte. Doch wer nicht alles weiß und auch gar nicht wissen kann, ist gut beraten, das Wissen seiner Mitarbeiter ernst zu nehmen und gezielt abzuschöpfen. Wofür stellt man sonst qualifiziertes Personal ein?

Nachfragen lohnen sich

Mitarbeiter im direkten Kundenkontakt oder im operativen Geschäft wissen häufig ganz gut, woran es krankt und was man ändern sollte. Gehört werden sie selten. »Das funktioniert hier nicht!« kann eine pauschale Killerphrase sein, es kann sich dabei aber auch um eine begründete Einschätzung handeln. Den anderen zu fragen: »Warum meinen Sie das?« und sich selbst: »Was wäre, wenn es stimmt?«, kann sich immerhin lohnen. Ähnliches gilt für andere warnende Hinweise, zum Beispiel: »Das könnte Probleme geben!« Was hindert Sie nachzuhaken: »Wie kommen Sie zu dieser Einschätzung?« Eigentlich sollten Sie froh sein, wenn Mitarbeiter sich (noch) trauen, Warnungen zu äußern. Denn dass man sich mit Erfolgsmeldungen beliebter macht, weiß jeder.

Den Leuten zuhören

Erinnern Sie sich an die Notlandung der Transat auf den Azoren nach 120 Kilometern Gleitflug (Kapitel 5)? Ursache dieses Beinahecrashs war ein Leck im Triebwerk des Airbus 330. Es führte (zusammen mit einer Fehleinschätzung der Piloten) dazu, dass der Maschine mitten über dem Atlantik das Kerosin ausging. Aber die Ursache des Lecks war ein nicht ganz genau passendes Ersatzteil, das bei der Wartung der Maschine in die Hydraulik eingebaut wurde und eine Kraftstoffleitung beschädigte. Darauf hatte der Techniker seinen Vorgesetzten aufmerksam gemacht – doch der winkte nur ab.

> **ANTI-CRASH-FORMEL**
>
> Führen Sie gezielt Routinen und Spielregeln ein, die verhindern, dass Mitarbeitereinschätzungen und -warnungen voreilig abgebügelt werden oder untergehen.

Abschließend auch hier alle Anti-Crash-Formeln noch einmal im Überblick.

Destruktive Kommunikation – und was Sie tun können

DIE ANTI-CRASH-FORMELN AUF EINEN BLICK

1. Zwischenmenschliche Kommunikation ist alles, nur nicht eindeutig. Wir verwenden bewusst und unbewusst zahlreiche Ausdrucksmittel. Die Kehrseite dieser Vielfalt: Vieldeutigkeit und Fehleranfälligkeit.

2. Stimmt die Beziehungsebene, funktioniert in der Regel auch der inhaltliche Austausch. Stimmt sie nicht, prägen beispielsweise Streit, Abneigung oder Misstrauen die Atmosphäre, sind Kommunikationspannen vorprogrammiert.

3. Gute Kommunikation funktioniert nur eingebettet in eine positive Unternehmenskultur.

4. Ächten Sie Killerphrasen! Dahinter verstecken sich Denkverbote, Trägheit und Arroganz.

5. Schweigen, wo eine Reaktion gefragt wäre, ist ein Alarmsignal. Ob Angst, Verweigerung oder alarmierende Attacke, hängt von der Machtposition des Schweigers ab.

6. Werden Sie misstrauisch bei allzu eilfertiger Zustimmung – vielleicht stecken hinter dem schnellen Konsens ganz andere Gründe?

7. Passen Sie auf, dass vor lauter Jammern Ziele und Lösungen nicht aus dem Blick geraten.

8. Lippenbekenntnisse, Lügen oder gar Drohungen gefährden auf die Dauer den Unternehmenserfolg: Das Engagement sinkt, Korrektive werden ausgeschaltet und Innovationen blockiert.

9. Wer die Untiefen der Kommunikation kennt, bleibt in heiklen Situationen gelassener.

10. Führen Sie gezielt Routinen und Spielregeln ein, die verhindern, dass Mitarbeitereinschätzungen und -warnungen voreilig abgebügelt werden oder untergehen.

Schluss

Ressourcen nutzen – Company Resource Management

»Große Fluglinien sind sicherer denn je«, fasst die *Deutsche Presseagentur* im Februar 2009 die aktuelle, jährlich erstellte Übersicht des Hamburger Unfalluntersuchungsbüros JACDEC (»Jet Airliner Crash Data Evaluation Center«) zusammen.[1] Bei den 60 größten Airlines der Welt wurden 2008 zwei Unfälle verzeichnet, und auch die endeten »glimpflich«. Dass Sie heute als Passagier beim Einsteigen in ein Flugzeug weniger Angst haben müssen als beim Einsteigen in das Taxi vor dem Flughafen, verdanken wir gezielten Maßnahmen zur Beherrschung des »menschlichen Faktors« in den letzten 30 Jahren: dem Crew Resource Management.

Fliegen: eine sichere Angelegenheit

Angesichts dieser Erfolgsgeschichte verwundert es nicht, dass andere sicherheitsrelevante Branchen auf die Erkenntnisse aus der Luftfahrt aufmerksam wurden, so zum Beispiel die Medizin. 62 bis 73 Prozent der »Reanimationssituationen« im Krankenhaus seien Expertenschätzungen zufolge vermeidbar, stellt beispielsweise das Institut für Notfallmedizin und Medizinmanagement am Klinikum der Universität München unter Berufung auf eine US-Studie fest und empfiehlt ein »Team Resource Management«.[2] Im Klartext: Zwei von drei Patienten müssen nur deshalb reanimiert werden, weil vorher etwas schiefgelaufen ist. Als Einflussfaktoren werden unter anderem genannt: »Wochenende, Normalstation, ›ungeeignete‹ Situation«. Es scheint ratsam zu sein, seinen Herzinfarkt auf einen Wochentag zu legen. US-Krankenhäuser haben CRM-Programme eingeführt, in denen Krankenschwestern unter anderem lernen, dem operierenden Chirurgen zu widersprechen.[3] Auch beim Österreichischen Bundesheer wird über mehr »Sicherheit im Einsatz durch

CRM überall im Einsatz

Crew Resource Management« nachgedacht; das US-Verkehrsministerium testet ein »Rail CRM Training« für den Eisenbahnverkehr; und auf einer einschlägigen Tagung der Deutschen Gesellschaft für Luft- und Raumfahrt (DGLR) diskutieren Experten über den Nutzen einer verbesserten Kooperation in der Seeschifffahrt, im Schienenverkehr, in »High Risk«-Organisationen oder bei »Weltraum-Langzeitmissionen«.[4]

Company Resource Management Überall da, wo Leben auf dem Spiel steht, scheint die Bereitschaft groß, potenzielle Fehlerquellen aufzuspüren und die Zusammenarbeit zu verbessern. Aber müssen wirklich erst Menschenleben in Gefahr sein, um den Untiefen menschlichen Reagierens und Handelns gezielt und umsichtig zu begegnen? Die gleichen Reaktionsmuster, Wahrnehmungsfehler und Kommunikationspannen entfalten auch in ganz »normalen« Unternehmen ihre gefährliche Wirkung. Dort kosten sie zwar nicht das Leben, häufig aber Arbeitsplätze und nicht selten Millionen. Ein durchdachtes Company Resource Management könnte dem ähnlich wirksam gegensteuern wie das CRM in der Luftfahrt der Crashgefahr.

Grundidee Ideen für ein solches Company Resource Management sind in den vorangegangenen Kapiteln entwickelt worden. Die Kernidee: Wir sollten »typisch menschliche« Faktoren ernst nehmen und sie in der Unternehmensführung systematisch berücksichtigen – statt ihnen rein technokratisch, bürokratisch oder mit der neuesten »Management by«-Mode den Garaus machen zu wollen. Unternehmenserfolg entscheidet sich auch und gerade an »weichen« Faktoren. Wer das nicht berücksichtigt, zahlt Lehrgeld, viel Lehrgeld, wenn er Pech hat und die berüchtigte Verkettung unglücklicher Umstände die Lage eskalieren lässt. Sonntagsreden und imposante Leitbilder helfen aus dieser Falle nicht heraus. Was es braucht, sind konkrete Maßnahmen. Die wichtigsten sind im Folgenden zusammengefasst:

1. STRESSSITUATIONEN MINIMIEREN UND VORBEREITEN

Stress vermeiden Unter Stress häufen sich Fehlleistungen – von Wahrnehmungsfehlern bis zu Kommunikationspannen. Company Resource

Management bedeutet hier: Extremsituationen vorbeugen, Krisen durchspielen (Worst-Case-Szenarien), kritische Faktoren identifizieren (Alarmsystem) und Standardprozeduren für den Fall der Fälle entwickeln.

2. SELBSTHERRLICHKEIT IN DER FÜHRUNG VERMEIDEN

Chefs, denen jedes Korrektiv fehlt, laufen Gefahr, an ihrer Selbstherrlichkeit zu scheitern. Niemand ist gegen Fehlentscheidungen gefeit, und auf Führungsebene können sie schwerwiegende Folgen haben. Company Resource Management bedeutet: eine Führungskultur etablieren, in der kritische Meinungen Gehör finden. **Neue Führungskultur schaffen**

3. ZIELE SETZEN, ABER AUCH REGELMÄSSIG HINTERFRAGEN

So unerlässlich Ziele sind: Sie können auch blind und taub für Risiken machen. Je mehr Zeit und Geld bereits in die Zielerreichung investiert wurde, desto größer ist die Gefahr, dass ein Ziel zur fixen Idee wird. Company Resource Management heißt: Zielfixierung vermeiden – durch ein funktionierendes Risikocontrolling, eindeutige Wendemarken und die Bereitschaft zur Notlandung bis kurz vor dem Ziel. **Ziele realistisch beurteilen**

4. DAS WESENTLICHE IM BLICK BEHALTEN

Operative Hektik überdeckt tatsächlich oft geistige Windstille: Projektkaskaden und fruchtlose Debatten halten dann zwar jedermann in Atem, bringen das Unternehmen aber nicht wirklich voran. Company Resource Management bedeutet: relevante Unternehmensdaten und Umfeldfaktoren jederzeit im Blick behalten (Situationsbewusstheit), sich systematisch von überflüssigen Prozessen und Gewohnheiten trennen (»Müllabfuhr«) sowie für eine kontrollierte Umsetzung von Entscheidungen sorgen. **Sich auf das Relevante konzentrieren**

5. ROLLEN KLAR DEFINIEREN

Arbeit sinnvoll teilen und delegieren

Wer macht was? Wenn Zuständigkeiten verschwimmen und Schnittstellen nicht funktionieren, ist Chaos vorprogrammiert. Je größer und komplexer eine Organisation ist, desto erfolgskritischer wird eine professionelle Arbeitsteilung. Company Resource Management sorgt für eindeutige Spielregeln in »neuralgischen« Bereichen, echte Übernahme von Verantwortung und gegenseitige Abstimmung (Closed-Loop-Prinzip).

6. FEHLER MANAGEN

Positive Fehlerkultur anstreben

Auch wenn sich viele Unternehmen inzwischen zu einer »positiven Fehlerkultur« bekennen, setzen nur wenige dieses Bekenntnis in konkrete Maßnahmen um. Company Resource Management heißt: Nicht Fehler werden sanktioniert, sondern das Vertuschen von Fehlern. Es gibt klare Routinen zur Aufarbeitung von Fehlern – und das Management nimmt sich selbst davon nicht aus.

7. GUTE KOMMUNIKATION FÖRDERN

Offen und fair kommunizieren

Wenn die Kommunikation im Unternehmen nicht klappt, klappt bald so einiges nicht mehr. Von Killerphrasen und Drohungen über Ausschweigen und Jammern bis zu reflexhafter Zustimmung reichen negative Kommunikationsroutinen, die sich bewusst oder unbewusst einschleichen. Company Resource Management sensibilisiert für ein lösungsorientiertes Miteinander, ächtet Denkverbote und Killerphrasen.

In summa: Company Resource Management mobilisiert alle Ressourcen, die es braucht, um ein Unternehmen auf Erfolgskurs zu halten.

Anmerkungen

Vorwort (Seite 7 ff.)

1 Eine detaillierte Darstellung des Unfalls gibt Xavier Waterkeyn in seinem Buch *Air Desaster. Katastrophen der Luftfahrtgeschichte*. München: GeraMond Verlag 2009, S. 110 ff.

Einführung (Seite 9 ff.)

1 Eine *Route Clearance* klingt heute so: »KLM 999, you are cleared to Frankfurt via X and Y«; eine *Take off Clearance* klingt so: »KLM 999 you are cleared for take off runway 09.«
2 *Wirtschaft Konkret* Nr. 414, S. 7. Im Internet unter www.wirtschaft-konkret.de/de/insolvenzursachen/insolvenzursachen.html.
3 www.n-tv.de, Artikel »Klare Gründe für Insolvenzen: Meistens Management-Fehler«.
4 *Der Spiegel* 35/2006, S. 153.

Kapitel 1 (Seite 15 ff.)

1 Peter Laudenbach, »Augenblicke der Freiheit«, *Brand eins* 03/2008, S. 116 ff., hier S. 120 f.
2 Gerald Hüther, *Biologie der Angst. Wie aus Stress Gefühle werden*. Göttingen: Vandenhoeck & Ruprecht, 8. Aufl. 2007, S. 36 f.
3 Franz Reither, *Komplexitätsmanagement. Denken und Handeln in komplexen Situationen*. München: Gerling Akademie Verlag 1997, S. 110.
4 *Frankfurter Rundschau* vom 11.02.2009, S. 3 (»Krise frisst Erinnerungen«)
5 Den Film finden Sie auch im Internet bei Youtube unter http://www.youtube.com/watch?v=hwCzasHBXNc > Gorilla (CRM BBALL Marketing FIN).
6 Paul Watzlawick, *Wie wirklich ist die Wirklichkeit? Wahn, Täuschung, Verstehen*. München: Piper Verlag 2007, S. 81.
7 Malcolm Gladwell, *Überflieger. Warum manche Menschen erfolgreich sind – und andere nicht*. Frankfurt: Campus Verlag 2009, hier: S. 167.
8 Vgl. Gladwell, a.a.O., S. 172 f. und Waterkeyn, a.a.O., S. 134 ff.
9 Reither, a.a.O., S. 113.
10 Waterkeyn, a.a.O., S. 157.

Kapitel 2 (Seite 42 ff.)

1 *Spiegel online* 2001: »Angst über den Wolken: Der Absturz der Boeing 757 vor Puerto Plata« (www.spiegel.de).

2 »Ursachen von Insolvenzen«. Studie des ZIS im Auftrag der Euler Hermes Kreditversicherung; hier: S. 20. Download unter www.wirtschaft-konkret.de/de/insolvenzursachen/insolvenzursachen.html.
3 Dietmar Hawranek/Dirk Kurbjuweit, »Die Drei-Welten-AG«; in: *Der Spiegel* 9/2001, S. 96ff.
4 Zit. n. ebd.
5 *Focus* vom 14.02.2007 (»DaimlerChrysler: Chronik einer Auto-Ehe«; im Internet unter www.focus.de).
6 *Wirtschaftswoche* vom 03.05.2004 (Peter Brors, Christoph Hardt, Carsten Herz, »Die letzte Finte des Herrn der Welt AG«; im Internet unter www.wiwo.de).
7 *Handelsblatt* vom 28.07.2005 (»Schrempp-Rücktritt beflügelt Dax«; im Internet unter www.handelsblatt.com).
8 »Ursachen von Insolvenzen«, a.a.O., hier: S. 22.
9 *Spiegel online* vom 02.05.2009 (»Merckles Sohn fordert Rückkehr zu den Prinzipien ehrbarer Kaufleute«, im Internet unter www.spiegel.de).
10 Quelle: http://arbeitsblaetter.stangl-taller.at/STRESS
11 Gladwell, a.a.O, S. 159ff.
12 Siehe *Waterkeyn*, a.a.O., S. 149f.
13 Gladwell, a.a.O., S. 196ff.
14 Ebd., S. 196.
15 Hofstedes Buch liegt auf Deutsch in einer Neuausgabe vor: Geert Hofstede, *Lokales Denken, globales Handeln: Interkulturelle Zusammenarbeit und globales Management*. München: Beck-dtv 2009.
16 L. Helmreich/Ashleigh Merritt, »Culture in the Cockpit: Do Hofstede's Dimensions Replicate?«; zit.n. Gladwell, a.a.O., S. 186 und 262.
17 Im Spiegel-Interview unter dem Titel »Der Stress beginnt am Boden«; *Der Spiegel* 31/2009, S. 112.
18 Thomas Gordon, *Managerkonferenz. Effektives Führungstraining*. München: Heyne Verlag, 16. Aufl. 1999, S. 25.
19 Steffen Heuer, »Ritterspiele«, *Brand eins* 4/2009, S. 65ff., hier S. 65.
20 Reither, a.a.O., S.62ff. und 67.
21 Hüther, a.a.O., S. 43. »Coping« meint hier Bewältigung oder Anpassung.
22 Im Internet unter www.geva-institut.de. Weniger autoritäre Chefs wünschen sich beispielsweise die Schweden. Nur 17 Prozent von ihnen meinen, ein Vorgesetzter solle »eindeutige Anweisungen« geben und sich nicht von »abweichenden Vorstellungen beeinflussen lassen«.
23 Oswald Neuberger, *Führen und führen lassen*. Stuttgart: Lucius & Lucius, 6. Aufl. 2002, S. 100.
24 Nachzulesen ist das Kofler-Interview in: Roger Rankel, *Sales Secrets*. Wiesbaden: Gabler Verlag 2008, S. 169ff., hier: S.173.
25 Quelle: www.google.de/intl/de/corporate/culture.html. Weitere Beispiele für Unternehmen, die starre Hierarchien gezielt vermeiden, gibt Frank Schäfer, *Erfolgreiche Kooperation in Unternehmen*. Frankfurt: Campus Verlag, S. 23ff.
26 Paul Watzlawick: *Anleitung zum Unglücklichsein*. München: Piper Verlag 1984, S. 37f.
27 *Spiegel online* vom 26.09.2006 (»Siemens-Mitarbeiter revoltieren im Internet«).

Kapitel 3 (Seite 73 ff.)

1 Im Internet unter www.nzz.ch (Meldung vom 03.02.2004).
2 Jan-Arwed Richter/Christian Wolf, *Mayday! Flug ins Unglück*. München: GeraMond Verlag 2006, S. 131 ff.
3 Matthias Hannemann, »Aus Erfahrung gut«, *Brand eins* 08/2007, S. 74 f.
4 Zit. n.: Richter/Wolf, a.a.O., hier: S. 132.
5 Zit. n. ebd., S. 134.
6 Zit. n. ebd.
7 Christian Wolf berichtet von einem »Widerwille(n) gegen das Fliegen nach Instrumenten«, ebd. S. 136.
8 Schlussbericht Nr. 1793 des Büros für Flugunfalluntersuchungen, S. 84; im Internet unter www.bfu.admin.ch/common/pdf/1793_d.pdf.
9 Meldung vom 28.04.2008: »Ex Crossair-Spitze vor Strafgericht«; im Internet unter www.swissinfo.ch.
10 Michael Kuntz, »Ferdinand Piëch und der Phaeton – Ein luxuriöses Hobby«, in: *Süddeutsche Zeitung* vom 04.04.2008; im Internet unter www.sueddeutsche.de.
11 Quelle: www.volkswagen.de/vwcms/master_public/virtualmaster/de3/modelle/phaeton/zahlen_fakten/infomaterial_preise.html
12 Thomas Hillenbrand, »60 deutsche Autos – Der VW Phaeton«; *Spiegel online* vom 06.07.2009; im Internet unter: www.spiegel.de.
13 *manager magazin* vom 14.11.2005, »VW Phaeton – Goodbye America«; im Internet unter www.manager-magazin.de.
14 Zit. n. Hillenbrand, a.a.O.
15 Quelle: Wikipedia (Artikel »Versteigerung der UMTS-Lizenzen in Deutschland«).
16 Quelle: www.flatrates-umts.de/allgemein/2010-versteigerung-von-umts-lizenzen-887.
17 Petra Badge-Schaub, »Handeln in Gruppen«; in: Petra Badge-Schaub/Gesine Hofinger/Kristina Lauche: *Human factors: Psychologie sicheren Handelns in Risikobranchen*. Berlin: Springer Verlag 2008, S. 113 ff.
18 Eine detaillierte Darstellung des Verlaufs der Besteigung gibt der US-amerikanische Journalist und Teilnehmer Jon Krakauer in seinem Buch *In eisige Höhen*. München: Piper Verlag, 9. Aufl. 2008.
19 Tatjana Meier, »Piloten berechneten Kerosin-Verbrauch falsch«; in: *Berliner Zeitung* vom 22.07.2009 (im Internet unter www.berlinonline.de).
20 Petra Badge-Schaub/Eckart Frankenberger, *Management kritischer Situationen*. Berlin: Springer Verlag 2004, S. 91.
21 Badge-Schaub, »Handeln in Gruppen«, a.a.O., S. 126.
22 Vgl. www.toxinfo.org/publikationen/GizMuenchenJahresbericht2004_2005.pdf.
23 Die Kaupthing Bank als größte isländische Bank wurde im Oktober 2008 von der isländischen Finanzaufsicht für zahlungsunfähig erklärt.
24 Interview vom 10.07.2006 unter der Überschrift »Ich war absolut dumm«; im Internet unter www.taz.de.
25 Quelle: Wikipedia, Stichwort »Sevesounglück«.
26 Reither, a.a.O., S. 74.
27 Vgl. zum Beispiel Falko E. P. Wilms (Hg.), *Szenariotechnik. Vom Umgang mit der Zukunft*. Bern: Haupt Verlag 2006.

Kapitel 4 (Seite 102 ff.)

1 Ein Unfallprotokoll inkl. des Cockpitdialogs in den letzten 10 Minuten hat das German Lockheed L 1011 Information Center veröffentlicht (im Internet unter www.eucomairlines.de/unfall/easte401.html).
2 In einem Interview unter dem Titel »Tendenz zum Aktionismus«. *Brand eins* 3/2008, S. 77 ff., hier: S. 77.
3 *Wirtschaft konkret* Nr. 414: »Ursachen von Insolvenzen«, a.a.O., S. 7 und S. 20.
4 Unfallprotokoll des German Lockheed L 1011 Information Center, a.a.O.
5 Waterkeyn, a.a.O., S. 106.
6 German Lockheed L1011 Information Center, a.a.O.
7 Quelle: ebd.
8 Thomas Kirn, »Jürgen Schneider: Cheferotiker in einer Welt voller Baulust«, *Frankfurter Allgemeine Zeitung* vom 28.06.2007; im Internet unter www.faz.net.
9 Der Film mit Ulrich Mühe und Iris Berben kam 1996 in die Kinos.
10 Fredmund Malik, *Führen – Leisten – Leben. Wirksames Management für eine neue Zeit.* München: Heyne Verlag 2001, S. 73 und S. 74.
11 Reither, a.a.O., hier: S. 58.
12 Interview am 06.04.2009 mit dem *manager magazin* unter dem Titel »Managerversagen in der Autobranche: Die Weitsicht hat gefehlt«; im Internet unter www.manager-magazin.de.
13 A.a.O., S. 79.
14 Miriam Meckel, *Das Glück der Unerreichbarkeit.* Hamburg: Murmann Verlag 2007.
15 Lothar Seiwert, *Das Bumerang-Prinzip: Mehr Zeit fürs Glück.* München: dtv, 2. Aufl. 2005, S. 120.
16 Paul A. Craig, *Pilot in Command: A Strategic Action Plan für Reducing Pilot Error.* New York: MacGraw-Hill 1999, hier: S. 48.
17 Ebd., S. 41 ff.
18 *innovations-report* vom 19.05.2005; im Internet unter www.innovations-report.de/html/berichte/studien/bericht-44490.html. Inzwischen scheint diese Einsicht auch manchen Aufsichtsrat erreicht zu haben: Für 2008 meldet die Beratung trotz der Finanzkrise eine leicht sinkende Fluktuationsrate im Topmanagement. In Deutschland räumten in diesem Zeitraum 17 Prozent der CEOs ihren Sessel, und damit 2,7 Prozent weniger als noch 2007. (Pressemeldung Booz & Company vom 12.05.2009; im Internet unter www.presseportal.de/meldung/1403382/).
19 Malik, a.a.O., S. 378.
20 Ebd., S. 374.

Kapitel 5 (Seite 133 ff.)

1 *Süddeutsche Zeitung* vom 23.10.2009, im Internet unter www.sueddeutsche.de; *Kölner Stadt-Anzeiger* vom 24.10.2009, im Internet unter www.ksta.de.
2 »240 Kilometer verflogen. Irrflug-Piloten verlieren Lizenz«, in: *Süddeutsche Zeitung* vom 28.10.2009; im Internet unter www.sueddeutsche.de.
3 *Wirtschaftswoche* vom 15.06.2006; im Internet unter www.wiwo.de.
4 *Handelsblatt,* Meldung: »Führungsstreit bei EADS beendet« (02.07.2006); im Internet unter www.handelsblatt.com.

5 *manager magazin:* »Machtkampf und Krise bei EADS« (02.07.06); im Internet unter www.manager-magazin.de.
6 Ebd.
7 »Airbus-Probleme lösen Führungskrise aus«; *Wirtschaftswoche* vom 15.06.2006; im Internet unter www.wiwo.de.
8 Meldung vom 03.07.2006 »Top-Manager der EADS treten zurück«; im Internet unter www.fazfinance.net.
9 »Abschied von der Doppelspitze« (16.07.2007); im Internet unter www.zeit.de.
10 »Champagner für den Airbus-Chef« (30.12.2008); im Internet unter www.nzz.ch.
11 Heinz-Dieter Meier, »Spannungsfeld Cockpit: Crew Coordination«; in: *Rotorblatt* 1/1996 und 2/1996. Im Internet unter www.german-helicopter.com.
12 Vgl. David A. Vise/Mark Malseed, *Die Google-Story.* Hamburg: Murmann Verlag 2006.
13 www.google.de (Link: »Google Management«).
14 Reinhard K. Sprenger, *Das Prinzip Selbstverantwortung.* Frankfurt: Campus Verlag 2005, S. 9.
15 Kenneth Blanchard/Patricia Zigarmi/Dea Zigarmi, *Der Minuten-Manager: Führungsstile.* Reinbek bei Hamburg: Rowohlt Verlag, 3. Aufl. 2005.
16 Eigene Übersetzung aus dem Englischen. Zu finden ist der Untersuchungsbericht (»Accident Investigation Final Report: All Engines-out Landing Due to Fuel Exhaustion. Air Transat Airbus A330-243 Marks C-GITS. Lajes, Azores, Portugal. 24 August 2001«) im Internet unter http://www.moptc.pt/tempfiles/20060608181643moptc.pdf
17 Markus Reiter, »Managersprache: Wild wucherndes Wirtschaftskauderwelsch«, *Frankfurter Allgemeine Zeitung* vom 29.07.2006; im Internet unter www.faz.net.

Kapitel 6 (Seite 160ff.)

1 Richter/Wolf, a.a.O., S. 63ff.
2 Wolf Lotter, »Fehlanzeige«; in: *Brand eins* 08/2007, S. 44ff., hier S. 51.
3 »Luftfahrt: Modell Schimpanse. Eine Serie von Luftfahrt-Zwischenfällen schockte US-Fluggäste«; in: *Der Spiegel* 30/1987, S. 151f. Im Internet unter http://wissen.spiegel.de.
4 Richter/Wolf, a.a.O., hier: S. 68.
5 »Luftfahrt: Modell Schimpanse«, a.a.O.
6 Dorothea Siems, »Schuldfrage: Die Manager sind die Sündenböcke der Finanzkrise«; in: *Die Welt* vom 10.05.2009, im Internet unter www.welt.de.
7 Beat Balzli u.a., »Der Erreger lebt weiter«; in: *Der Spiegel* 38/2009, S. 108ff.; hier: S. 113.
8 Wolf Lotter, »Fehlanzeige«; in: *Brand eins* 08/2007, S. 44ff., hier: S. 44 (Es handelt sich um den Aufmachertext des Essays.)
9 Christiane Sommer, »Verkabelt II. Ein Zwölf-Milliarden-Dollar Projekt droht wegen zu kurzer Kabel zu scheitern. Wie konnte das passieren?«; in: *Brand eins* 03/2008, S. 90f., hier: S. 91.
10 Lotter, a.a.O.
11 »Luftfahrt: Modell Schimpanse«; in *Der Spiegel* Nr.30 vom 20.07.1987; im Internet unter http://wissen.spiegel.de.

12 Waterkeyn, a.a.O., S. 124. Ebd. S. 123 ff. findet sich ein ausführliches Unfallprotokoll, das hier zusammengefasst wird.
13 *Die Welt* vom 03.04.1996: »Die Katastrophe von Tschernobyl begann als Experiment«; im Internet unter www.welt.de.
14 Eine Chronik des Unternehmensuntergangs gibt Henryk Hielscher, »Acandor: Wie Missmanagement KarstadtQuelle ruinierte«; in: *Wirtschaftswoche* vom 08.06.2009; im Internet unter www.wiwo.de.
15 Matthias Hannemann, »Aus Erfahrung gut. Wie ruiniert man ein Unternehmen?«; in: *Brand eins* 08/2007, S. 74 ff.
16 Im Internet unter http://www.manager-magazin.de/magazin/artikel/0,2828,337509,00.html
17 Interview unter dem Titel »Ich nehme mich selbst nicht so wichtig«; in: *Stern* vom 04.10.2007; im Internet unter www.stern.de.
18 Von »to blow the whistle«, also mit einer Trillerpfeife Alarm geben, verpfeifen.
19 Cornelia Geißler, »Was ist ein Whistleblower?«; in: *Harvard Business Manager* Januar 2006, S. 13.
20 Winfried Berner, »Fehlerkultur: Die Suche nach einem besseren Umgang mit der menschlichen Unvollkommenheit«, hier: S. 11 (im Internet unter www.umsetzungsberatung.de).
21 Carsten Jasner, »Gefühle Sicherheit«; in: *Brand eins* 07/2009, S. 52 ff.
22 Lotter, a.a.O. Mehr zu den Xerox-Communities im Internet unter http://elearning-reviews.com/seufert/docs/xeroxcase-weitergabe-implizites-wissen.pdf.
23 Lotter, a.a.O., hier: S. 49.

Kapitel 7 (Seite 184 ff.)

1 Einige aktuelle Beispiele stellt ein Artikel des *Focus* vom 20.08.2008 zusammen (»Flugzeugunglücke: Start und Landung sind am gefährlichsten«); im Internet unter www.focus.de.
2 »Unternehmer: Nichts ohne mich«; *Der Spiegel* 11/1981, S. 102 ff., hier: S. 103.
3 Richter/Wolf, a.a.O., hier S. 30. Auch die Voicerecorder-Transkripte sind diesem Band entnommen.
4 National Transportation Safety Board, Aircraft Accident Report, June 19, 1969, S. 13; im Internet unter http://libraryonline.erau.edu/online-fulltext/ntsb/aircraft-accident-reports/AAR69-03.pdf.
5 »Unternehmer: Nichts ohne mich«; in: *Der Spiegel* 11/1981, S. 102 ff.; hier: S. 104.
6 »Unternehmen: Heinzelmann gegen Postillon«; in: *Der Spiegel* 17/2003, S. 126.
7 Quelle: Who's Who-Artikel »Max Grundig«; im Internet unter www.whoswho.de.
8 »Insolvenzen: Grundig«; *Spiegel online* vom 19.06.2009; im Internet unter www.spiegel.de.
9 Mehrabian, Albert/Susan R. Ferris: »Inference of attitudes from nonverbal communication in two channels«; in: *Journal of Consulting Psychology* 31 (1967), S. 248 ff.
10 Paul Watzlawick/Janet H. Beavin/Don D. Jackson, *Menschliche Kommunikation*. Bern: Huber Verlag, 9., unveränd. Aufl. 1996, S. 56.

11 Das Voicerecorder-Protokoll ist im Internet unter www.tailstrike.com/250190.htm zu finden.
12 Unter www.seminarmarkt.de spuckte die Datenbank am 18.11.2009 beim Stichwort »Kommunikation« 3751 Angebote aus – und das ist nur ein Teil des Marktes.
13 Lars Reppesgaard, »Missmanagement: Wie sich Firmen selbst demontieren«; in: *Handelsblatt* vom 28.09.2006; im Internet unter www.handelsblatt.com.
14 Olaf Storbeck, »Zufriedene Mitarbeiter sind produktiver: Von wegen Sozial-Klimbim«; in: *Handelsblatt* vom 16.07.2007; im Internet unter www.handelsblatt.com. Für die Wharton-Studie siehe http://papers.ssrn.com/sol3/papers.cfm?abstract_id=985735.
15 Quellen: »Geschichte der Armbanduhren« (www.uhrenwerkzeug.com) und »333 Millionen Mal Brot für die Uhrenindustrie«; *Bieler Tagblatt* vom 31.05.2006; im Internet unter www.bielertagblatt.ch.
16 Eine Übersicht der Gallup-Ergebnisse für Deutschland in den Jahren 2001 bis 2008 finden Sie im Internet unter http://pdf.berkemeyer.net/Gallup-Studie.pdf.
17 Edward de Bono, *Six Thinking Hats*. Boston: Back Bay Books, 13. überarb. Aufl. 1999.

Schluss (Seite 213 ff.)

1 *Spiegel online* vom 10.02.2009 (»Unfallstatistik: Große Fluglinien sind sicherer denn je«); im Internet unter www.spiegel.de.
2 M. Ruppert et al., »Team-Resource-Management beim Krankenhausnotfall«; im Internet unter www.inm-online.de/pdf/aktuelles/veroeffentlichungen/divi2004_trm_kh-notfall.pdf.
3 Quelle: »Crew Resource Management Benefits Doctors, Nurses, and Patients Alike«; im Internet unter www.nurse-recruiter.com.
4 Michael Mikas, »Psychologie: Mehr Sicherheit im Einsatz durch Crew Resource Management«; in: *Truppendienst* 5/2009 (im Internet unter www.bundesheer.at); »Rail Crew Resource Management (CRM): Pilot Rail CRM Training Development and Implementation« (im Internet unter www.fra.dot.gov/downloads/Research/ord0703-I.pdf); »51. Fachausschusssitzung Anthropotechnik: Kooperative Arbeitsprozesse«, 27.–28. Oktober 2009.

Stichwortverzeichnis

55-38-7-Regel *193*
360-Grad-Befragung *69*

A380 *135f., 167*
Abhauen *20, 24, 33, 108*
Abstimmung *33, 69, 103, 135, 138, 143–145, 216*
Ad-hoc-Aktionen *108, 110, 118, 122*
Advocatus Diaboli *99*
Airbus *135–137, 167*
Air Florida *173*
Air Traffic Control (ATC) *9*
Air Transat *155*
Aktionismus *12, 108–112, 116, 122, 125, 128f.*
Aktive Fehler *171, 175*
Alarmsystem *17, 36f., 92, 215*
ALAS Nacionales *43*
Ammer, Dieter 178
Anflugminimum *76, 96*
Angreifen *20, 25, 33, 108*
Angst *9, 13f., 20, 56, 67, 87, 166, 191, 201, 207, 213*
Ankommeritis *74, 83*
Appell *192*
Apple *61*
Arbeitsteilung *47f., 130, 143f., 152, 216*
Arroganz *94, 200*
Aufdringliche Angelegenheiten *115*
Aufwandsrechtfertigung *86, 96*
Autopilot *42, 44, 85, 102, 104f., 121, 160, 162*

Auto-Repair-Funktion *29*
Avianca *32, 194*

Badge-Schaub, Petra 81, 86
Banker *53, 106f., 164–166*
Bedenkenträger *99, 199, 210*
Beinahe-Crash-Beispiel
– Azoren *155, 210*
– Barentssee *49*
– New York, Hudson River *62*
– Nordatlantik *160, 162*
– Wien *83*
Berner, Winfried 180
Bernhard, Wolfgang 45
Beziehungsebene *51, 192, 194, 196, 199, 207*
Biologische Filter *28*
Biologische Grundausstattung *13*
Birginair *42f.*
Bitter, Georg 13
Blame Culture *160ff., 173, 177, 180*
Bordingenieur *42, 50, 102, 104, 184*
Botschaft *191–193*
Brainstorming *209*
Braniff Airlines *186, 193*
Bremser *99, 199*
Brin, Sergey 66, 143
Buitenen, Paul van 179

Call-outs *48*
Captain's Decision *62–64, 76*
Caribbean Airlines *39*
Cc-Wahn *113, 149*

Cerberus *46*
Checkliste *17, 36, 39, 139f., 144, 146, 148, 155f., 171*
Chirac, Jacques 137
Chrysler *12, 45f., 111, 178*
Chunk (Häppchen) *152f.*
Claassen, Lutz 103
Closed-Loop-Prinzip *139, 157f., 216*
Communities of Practice *181*
Company Resource Management *213–216*
Containermodell *192*
Continental Airlines *160–163*
Controlling *34, 43, 103, 118, 128, 185*
Craig, Paul A. 120f.
Crash-Beispiel
– Dawson, Texas *186*
– Guam *49*
– Madrid *15, 16*
– Miami *102f.*
– New York *32, 194*
– Puerto Plata *42f.*
– Teneriffa *7, 9, 190*
– Washington *173*
– Zürich *73, 75, 169*
Crash-Kommunikation *184f.*
Crew Coordination Concept (CCC) *138*
Crew Resource Management (CRM) *7f., 31, 33, 50, 90, 213*
Crossair *73–75, 77, 79, 86, 88, 169*

DaimlerChrysler *45f., 137*
Datenflut *113*
Debattenkultur *125, 128*
de Bono, Edward *209*
Delegieren *114, 142, 150–154, 216*
Delta Air Lines *160, 162f.*
Denkebbe *113*
Denkhüte *209*
Denkverbote *200, 208f., 216*
Descartes, René 19
Destruktive Kommunikation *47, 185, 190f., 198, 201*
Deutsche Banker *165*
Deutsche Landesbanken *165*
Deutsche Politiker *165*
Dresdner Bank *197*
Dringendes *114*
Drohungen *191, 204f., 216*
Durchstarten *32, 39, 50, 77, 195*

EADS *136f., 140, 167*
Eastern Airlines *102f.*
Eichel, Hans 80
Eigenverantwortung *144f., 148, 151, 154, 181*
Eisenhower-Prinzip *114*
Emotionen *14, 20, 23, 83, 97, 141, 207, 209*
Empfänger *191–193*
EnBW *103*
Enders, Tom 136f.
Entscheidungen *9, 12, 18, 37, 39, 46f., 55, 57f., 60, 62–69, 86, 117, 124, 128f., 140, 145f., 166, 176–178, 188, 193, 209, 215*
Entscheidungsscheu *128f.*
Entschleunigung *39*
Enttabuisierung von Fehlern *177, 179*
Erfahrung *23, 28, 30f., 47, 49, 52–54, 62, 64, 68, 73, 75, 93, 135, 152f., 161, 171, 174, 187, 206*

Ergänzungen *29f.*
EU-Kommission *179*

FAA (Federal Aviation Administration) *135*
Fahrlässigkeit *90, 171f.*
Fehlentscheidungen *12, 19, 64, 166, 177, 215*
Fehler *12, 14, 16f., 37f., 40, 43, 48, 51f., 56, 61, 67, 81, 82f., 94, 103, 110, 134, 160f., 163–173, 175–182, 194, 198, 201, 214, 216*
Fehleranalyse *40, 181*
Fehleranalyseroutine *181*
Fehlerkette *166, 170, 173, 175, 177*
Fehlerkultur *67, 161, 166f., 180f., 216*
Fehlermanagement *162, 177*
Fehlertypen *170*
Fehlervertuschung *173, 179, 183, 216*
Fehlleistung *16, 18, 20, 37, 171–173, 214*
Filter der Vorerfahrungen *28*
Filter des Interesses *28*
First fly the aircraft *106*
Fischer, Scott 81
Flight Management System (FMS) *83*
Fluglotse *10, 21, 48, 105, 135, 172, 186f., 195, 206*
Flugsimulator *23, 34*
Forgeard, Noël 136f.
Frese, Michael 161
Frühwarnsystem *37f., 179*
Führungskraft *14, 43, 46, 55–57, 60, 62f., 65, 69, 99, 124, 145–147, 149f., 152f., 167, 177, 179, 205*
Führungskrise *135*
Führungskultur *55, 215*
Führungsmythen *60f.*

Gallois, Louis 137

Gehirn *20f., 27f., 30, 89, 117*
Generalisierung *30*
Geschwindigkeitsmesser *42f.*
Gewissenhaftigkeit *90f.*
Gladwell, Malcolm 32, 49, 51
Go-around *39, 78*
Google *65, 124, 143*
Gordon, Thomas 56
Großhirn *20, 23, 26*
Ground Proximity Warning System (GPWS) *76*
Grundig *188f., 200*
Grundig, Max 188
Gruppendenken *86*

Hall, Rob 81
Hapag-Lloyd *83*
Hirnforschung *20, 59*
Hofstede, Geert 51
Homburg, Christian 111
Human Factors *9*
Humbert, Gustav 136f.
Hüther, Gerald 22, 59

Ihr Platz *197*
IKB-Bank *18*
ILS-Anflug *75*
Innere Kündigung *151, 202*
Insolvenz *12, 24f., 28, 31, 33f., 43, 46, 63, 74, 89, 103, 108, 140, 170, 175, 189*
INS-System *163*
Instrumenten-Landesystem (ILS) *75f.*
Instrumentenlandung *76*
Intellektuelle Notfallmaßnahmen *33*
International Airport Transportation Association (IATA) *170*
Investmentbanker *53, 164f., 169*
Irrflug-Beispiel
– Minneapolis *134*

JACDEC (Jet Airliner Crash Data Evaluation Center) 213
Jammern 99, 203f., 216
Jasner, Carsten 181
Jobs, Steve 61
Junghans 25, 35

Kai Tak 133
Kant, Immanuel 19
Kapitän 10f., 42–44, 46f., 49, 52, 54, 71, 73, 75–77, 102, 104, 133, 139, 141, 149, 174, 184, 186f., 190, 193, 195, 201
Kapitänsparadoxon 47, 71
Karstadt-Quelle-Konzern 30, 175
Kellerman, Barbara 56
Kemmler, Reiner 52
KfW 18f., 35, 40
Killerphrasen 86, 184f., 190, 198–200, 205, 208, 210, 216
Kirch-Media 63
KLM 9–11, 190
Kofler, Georg 63
Kommunikation 8, 11, 31, 33, 47, 50f., 57, 66, 70, 113, 130, 139, 157f., 167, 171, 185, 187, 189–192, 194–198, 201f., 204f., 208, 214, 216
Kommunikationskultur 47, 57, 66, 204
Kommunikationspanne 8, 11, 186, 195, 214
Kommunikationssünden 198f.
Kompetenzen 65, 139, 145–148, 151f.
Komplexität 14, 23f., 33, 51, 65, 103, 124, 126, 131, 139, 152
Königreich des Kompass 116

Konstruktive Kommunikation 196
Kontrollillusion 88f., 118
Kontrollsystem 92, 164
Kontrollverlust 22f.
Kooperative Führung 55, 57f., 65, 67, 149, 210
Kopilot 10f., 32, 42f., 47–49, 51f., 61, 67, 76f., 86, 102, 104f., 133, 139, 141, 149, 174, 184, 187, 190, 193–195, 201, 206
Korean Air 49f.
Korean Airlines 48f., 52, 57
Korrektiv 67f., 70, 99, 205, 215
Kreidler, Alfred 185
Kreidler-Werke 185, 200
Krisensimulation 34f.
Kulturwandel 177
Kummerkasten 70

Landeklappen 15f., 36
Lebensrisiken 88f.
Lehman Brothers 18, 164, 166
Lethargie 128, 201
Lieblingsaufgaben 54f., 112
Linde 61
Lippenbekenntnisse 147, 204f.
Lotter, Wolf 166, 181f.
Lügen 56, 204f.
Lustprinzip 87

Machtdistanz 51, 55, 60, 65, 205
Malik, Fredmund 107, 130f.
Märklin 25, 140
Matthäus-Maier, Ingrid 18
Meckel, Miriam 113
Mehrabian, Albert 193
Meili, Christoph 179
Menschliche Faktoren 12, 161

Menschliches Versagen 7, 9, 16, 19
Mental radar screen 120
Merckle, Adolf 46, 201
Merckle, Philipp Daniel 46, 201
Milgram-Experiment 58
Milgram, Stanley 59
Minima 75f., 169, 171
Missed Approach Point 96
Missverständnisse 32, 113, 142–144, 154, 157f., 195, 206
Mitarbeiter 24, 26, 31, 34, 43, 46, 48, 55f., 58, 60–62, 64–66, 71, 126, 128, 146–154, 163, 170, 179, 181, 185, 188f., 196f., 201, 210f.
Mitarbeiterbefragung 60, 69, 197
Mitarbeiterkategorien 152
Mitarbeitermeinung 61, 66, 70
Mitarbeitermotivation 99
Mitarbeiterwissen 210
Mitarbeiterzufriedenheit 197
Mitsubishi 12, 45
Mount Everest 81, 86
MSAW (Sicherheitshöhen-Warnsystem) 49
Murphy, Edward A. 98
Murphy's Law (Murphys Gesetz) 98

Nachbesprechung 133, 197
National Transportation Safety Board (NTSB) 138
Neuberger, Oswald 60
Neuralgische Bereiche 37, 40, 140, 155f., 216
Neurologie 20, 59
Nicht-Präzisionsanflug 75
Non-Blaming Culture 166, 168, 177
Non-precision approach 75f.
Non-Punishment Reporting System 67, 163

Northwest Airlines *134, 203*
Notfallplan *34, 36, 40*

Operative Hektik bei geistiger Windstille *108, 215*

Page, Larry 66, 143
Pan Am *9–11, 190*
Pannen *9, 12, 18, 38, 142, 144, 147, 155f., 161, 175, 181f., 201*
Pannenvorsorge *182*
Passive Fehler *171, 175*
Pedanterie *90*
Phaeton *78, 81*
Piëch, Ferdinand 57, 78f., 202
Pilot *9f., 12, 15–17, 19, 23, 32, 39, 43f., 47f., 50–52, 73–77, 79, 83, 88f., 93, 102, 104, 116–118, 120f., 133f., 157, 160, 163, 169, 171, 190, 196f., 203, 210*
Pilotenausbildung *34, 138, 157, 161*
Pilot Flying (PF) *47, 58, 133, 139, 144, 149, 157, 184*
Pilot Non-Flying (PNF) *47f., 54, 58, 139, 144, 157*
Planung *53, 108, 116, 120*
Planungsoptimismus *86, 98*
Porsche *12, 61, 78, 93*
Positive Fehlerkultur *67, 166–168, 181, 216*
Positive Unternehmenskultur *196f.*
Premiere (TV-Sender) *63*
Professionelle Arbeitsteilung *152, 216*
Professionelle Defizite *171*
Professionelle Kommunikation *205*
Professionelle Steuerung *124*
Professionelles Fehlermanagement *177*
Professionelles Stressmanagement *34*

Projektkaskaden *125, 128, 215*

Qualitätsmanagement (QM) *40, 140*
Quelle (Versandhaus) *30, 122, 175*

Ratio *19f., 37, 59, 83, 87, 97, 114, 141, 207*
Ratiopharm *46*
Reflex-Amöbe *21, 108*
Reich der Stoppuhr *115*
Reich des Banalen *114f.*
Reich des Trubels *114f.*
Reither, Franz 23, 33, 57, 64, 95, 108, 112
Reitzle, Helmut 61
Reptiliengehirn *20*
Resultatorientierung *107*
Richter, Jan-Arwed 163
Risiken *51, 58, 63, 74, 83, 86f., 89f., 92f., 95, 99f., 110, 156, 171, 209, 215*
Risikocontrolling *89, 93, 99, 215*
Risikoklassen *91f.*
Risikomanagement *92*
Rolle *47, 52, 54, 66, 99f., 133, 139, 142, 144–147, 151, 209, 216*
Ruhezeiten *17*
Rumsfeld, Donald 56

Sachaussage *192*
Sachebene *181f., 185, 189, 192–196, 199, 205, 207*
Sachohr *193*
Sambeth, Jörg 94
Schickedanz, Madeleine 30
Schmidt, Eric 143
Schneider, Jürgen 106f.
Schnittstellen *113, 141–144, 216*
Schnittstellenmanagement *143*

Scholz, Christian 177
Schrempp, Jürgen 12, 45f., 57
Schröder, Ulrich 18
Schuld *129, 166, 172*
Schuldzuweisungen *9, 138, 172f.*
Schulz von Thun, Friedemann 192, 194
Schweigen *67, 70, 201f., 205, 207, 216*
Schweizer Uhrenindustrie *200*
Seehofer, Horst 122
Seiwert, Jürgen 114
Selbstaussage *192*
Selbstherrlichkeit *215*
Selbstsicherheit *91*
Selbstüberschätzung *53, 93, 175*
Selektive Wahrnehmung *20, 26, 31, 64, 86, 89*
Sender *191f.*
Seveso *94, 175*
Sicherheit *12, 14, 36, 51, 61, 77, 88, 94, 104, 118, 122, 156f., 161, 163, 169, 175, 181, 213*
Sicherheitsrelevante Bereiche *12, 14, 94, 161, 173, 213*
Sichtlandung *49, 76*
Siemens *70*
Situational awareness *117*
Situationsbewusstheit *116f., 119, 215*
Situative Führung *152*
Slot *17*
Sommer, Christiane 167
Sorglosigkeit *53, 90, 93*
Soziale Konflikte *59*
Spanair *15f., 19, 36, 40*
Sprenger, Reinhard K. 148f.
Stammhirn *20, 24, 26*
Standard Operating Procedures (SOPs) *17, 40, 48, 139, 146*

Staying ahead of the aircraft 116, 122
Steuersäule 44, 105
Steuerung (im Unternehmen) 124, 127
Stick Shaker 44
Stopp-Marke 96, 98
Strategic Action Plan 121
Strategie 14, 36, 99, 111f., 114, 120, 125, 178
Stress 9, 15, 19–24, 31, 33f., 41, 118, 193, 214
Stressmanagement 34
Stressoren 23, 34, 37f.
Stressprävention 34
Strömungsabriss 44
Sullenberger, Chesley B. 62f.
Systematische Müllabfuhr 130f., 215
Szenariotechnik 99

Tchibo 178
Team 24, 33, 35, 37, 39, 69, 92, 99f., 131, 135, 138, 143, 151, 196
Teufels Anwalt 99f.
Total Quality Management (TQM) 40
Tot stellen 20, 25, 33, 108
Toyota 111, 168
Toyota Production System (TPS) 168, 180
Tracks (Luftkorridore) 162
Trimpop, Rüdiger 21, 23, 31
Tschernobyl 175
Tunnelblick 12, 21, 32, 64, 74, 118
Tyrannei des Dringenden 114

Überforderung 22f., 150–152, 172
Überheblichkeit 90
Überkontrolle 149
UBS 179
UMTS-Mobilfunklizenzen 79
Unsicherheit 33, 51, 90, 110, 177, 191, 201
Unterforderung 152
Unterkontrolle 149f.
Unternehmensbeispiel
– Airbus 135
– DaimlerChrysler 45
– Dr. Jürgen Schneider 106
– Grundig 188
– KfW 18
– VW 78
– Weltwirtschaftskrise 164
Unternehmensblog 70
Unternehmenskultur 70, 167f., 181f.
US-Banker 165
US-Hauskäufer 165
US-Notenbank 165
US-Regierung 165

Verantwortung 9, 52, 60, 82, 86, 105, 113, 118, 135, 138f., 144, 146, 150–152, 154, 166, 172, 177, 198, 216
Verschweigen von Fehlern 166, 180
Verzerrungen 28, 32
Vier-Ohren-Modell 192f., 196
Voicerecorder 104, 186

Vorstandswechsel 126
VW 12, 78f., 94, 202

Wahrnehmungsfilter 27f., 31
Wahrnehmungsveränderungen 31
Wahrnehmungsverzerrungen 28, 32
Warnlämpchen 36–38, 58, 68, 112
Watzlawick, Paul 26, 31, 67f., 194, 207
Wegpunkt 83, 163
Wehner, Theo 168
Weltwirtschaftskrise 91, 164
Wendemarken 96, 98, 215
Whistleblower 179
Wichtiges 114
Wiedeking, Wendelin 12, 61, 93
Worst-Case-Szenario 34, 98, 100, 215

Xerox AG 181

Zeitdruck 10, 17, 20f., 23, 38, 64, 116, 145
Zetsche, Dieter 46, 178
Ziel 12, 45, 61, 66, 73f., 78–81, 83, 85, 92–98, 114, 116, 124, 140f., 150, 204, 208, 215
Zielfixierung 74, 79–81, 84f., 100, 215
Zimmermann, Peter 74
Zuhören 62, 64, 66, 210
Zuständigkeiten 65, 121, 130, 133–135, 137f., 142–144, 146–148, 151, 153f., 216
Zustimmung 201f., 216

Über den Autor

 Als Berufspilot, Unternehmer und Managementtrainer zählt Peter Klaus Brandl zu den gefragtesten Vortragsrednern im deutschsprachigen Raum. Seit 1993 berät und trainiert er Leistungsträger in Unternehmen in den Bereichen Kommunikation, Kundengewinnung, Verhandlungstechniken und Konfliktmanagement. Seine Kunden profitieren dabei von seiner langjährigen Managementpraxis als Vertriebsleiter und Geschäftsführer. Parallel dazu startete er eine zweite Karriere als Pilot und Fluglehrer.

In seinen Vorträgen und Seminaren führt Peter Klaus Brandl heute Managementwissen und Erkenntnisse aus dem Crew Resource Management in der Fliegerei erfolgsorientiert zusammen. Er erreicht jährlich Tausende von Teilnehmern und ist Mitglied der Top 100 Excellent Speakers. Zu seinen Kunden zählen große Unternehmen wie Audi Akademie, Commerzbank AG, Credit Suisse AG, Fresenius Medical Care AG, MTU Südafrika, aber auch ambitionierte Mittelständler. Weitere Informationen unter www.brandl-training.com.

Business-Bücher für Erfolg und Karriere

Katja Kerschgens
Reden straffen statt Zuhörer strafen
ISBN 978-3-86936-187-1
€ 19,90 (D) / € 20,50 (A)

Gitte Härter
Sorry!
ISBN 978-3-86936-246-5
€ 17,90 (D) / € 18,50 (A)

Harald Scheerer
Endlich erfolgreich miteinander sprechen
ISBN 978-3-86936-241-0
€ 17,90 (D) / € 18,50 (A)

Patric P. Kutscher
Stimmtraining
ISBN 978-3-86936-247-2
€ 17,90 (D) / € 18,50 (A)

Claudia Fischer
Telefon Power
ISBN 978-3-86936-186-4
€ 17,90 (D) / € 18,50 (A)

Josef W. Seifert
Visualisieren Präsentieren Moderieren
ISBN 978-3-86936-240-3
€ 19,90 (D) / € 20,50 (A)

Elisabeth Ramelsberger, Michael Rossié
Medientrainig kompakt
ISBN 978-3-86936-243-4
€ 19,90 (D) / € 20,50 (A)

Dorothee U. Lüttmann, Patrick Schwarzkopf
Pimp up your Coffee Break
ISBN 978-3-86936-244-1
€ 19,90 (D) / € 20,50 (A)

Hartmut Laufer
Grundlagen erfolgreicher Mitarbeiterführung
ISBN 978-3-89749-548-7
€ 19,90 (D) / € 20,50 (A)

Johannes Stärk
Assessment-Center erfolgreich bestehen
ISBN 978-3-86936-184-0
€ 29,90 (D) / € 30,80 (A)

Chris Brügger, Michael Hartschen, Jiri Scherer
Simplicity.
ISBN 978-3-86936-245-8
€ 19,90 (D) / € 20,50 (A)

Aljoscha Long
Gib alles, was du hast – und du bekommst alles, was du willst
ISBN 978-3-86936-242-7
€ 19,90 (D) / € 20,50 (A)

Weitere Informationen finden Sie unter www.gabal-verlag.de